KATHREMER

KATHREMER

Universsum
Magnetism och Levitation

Ulrika Skog

Websida: ulrikaskog.net
Youtube kanaler: *Kathremes* (engelska) och *Din inre resa*

Kathremer är en reviderad upplaga av
Vägen till den nya jorden, 2022

Omslag av Ulrika Skog
Sättning av Mia Fallby, m-Dsign.com

Förlag: BoD • Books on Demand, Stockholm, Sverige
ISBN: 978-91-8080-087-7

Tryck: Libri Plureos GmbH, Hamburg, Tyskland

FÖRORD

Nikodemus inleder:

Varför skriver vi då en bok om universums heliga kraft? Det är nämligen så att universum inte riktigt agerar som ni har fått lära er. Därför kommer vi både nu och i framtiden att skriva om en del böcker eftersom delar av den information som ni har fått lära er har blivit förvrängd, för att ni ska lära fel. Av den anledningen kommer vi att använda ord i stället för uträkningar i framtiden för att förhindra att andra kan skapa fler krypterade program där endast de har tillgång till rätt information.

Det kommer även att dyka upp fler vetenskapsmän och kvinnor i framtiden som tar över där exempelvis Stephen Hawking slutade sin karriär. Det är nämligen viktigt när vi nu ska in i en ny era att vi rättar till de fel som har tilldelats er. Det är detta som är vårt huvudsyfte: att skriva om en del böcker, att skriva om en del kunskap som andra har försökt täppa igen, vilket har skett för att ni inte ska utvecklas åt det mer fria och självständiga hållet. Men oroa er inte, vår makt, kärlekens makt, kommer alltid att segra.

I den här boken kommer vi endast att dela en del nytt; resten måste vänta tills tiden är rätt. Därför är det väsentligt att vi just nu behåller delar av den gamla informationen. Så använd den informationskälla som ni har men försök ta in nytt, är vårt råd.

Boken berör alltså endast grundkärnan av vad exempelvis ett integrerat kopplingssystem är och består av, eftersom ni måste först förstå vad tid och rum är på djupet innan ni helt förstår vad ett integrerat kopplingssystem är på djupet. Men vi kommer att vidareutveckla vårt integrerade kopplingssystem och mycket annat i framtiden, där vi förbättrar de delar som behöver tydliggöras. För det är utifrån universums heliga kraft som vi kommer att omfamna framtiden och till slut lära oss att växa som ett enat folk.

Vidare har Ulrika kanaliserat all information, både från sitt högre jag, från oss änglar och kathremer. Därför är detta inget som hon ska ta ansvar för. Hon skriver en bok, men informationen är alltså vårt ansvar. Det kan låta konstigt att en författare inte ska stå till svars för det som skrivs, eftersom de flesta måste göra det. Men i det här fallet anser vi att det är nödvändigt eftersom mycket av den information som vi ger henne äger hon själv ingen kunskap om.

Därför kastar vi oss inte in i ämnen som kanske motsätter en del frågor och de svar som vetenskapen behöver idag. Där skulle vi inte lämna Ulrika, i detta hav av frågor. Således är det viktigt och för allas bästa att vi inte fördjupar oss alltför mycket utan endast lämnar ut det vi får från vår högsta Herre.

Sist i boken finns en presentation som innehåller information om vem Kathremerna är och hur det kommer sig att vi skriver tillsammans. Börja gärna med den så får du en bättre förståelse av vem de är och deras kunskaper.

Boken skrevs under åren 2020 till 2021.

TACK

Tack, älskade ni. Alla av er, ärkeänglar och änglar som lär mig allt om livet. Era oändliga lärdomar som alltid finns att tillgå om vi bara vågar förändra, om vi bara vågar möta vårt nattsvarta inre. Min skyddsängel, så underbar och ren. Alltid har du stått vid min sida. Och guider, tack för ert evinnerliga stöd och de kunskaper ni lär ut.

Tack även till er, våra fina vänner Kathremerna, för att ni hjälper oss människor under den svåra tid som råder nu. Tack även till dig Stephen Hawking, min fantastiska lärare, för den styrka du alltid ger mig och de läror som du är här för att bistå oss människor med. Det är äkta kärlek som går rakt in i mitt hjärta.

Jag älskar er mer än livet själv.

Tack även till dig, min älskade man. Tack älskade du, min vän, min man, mitt allt, min allra viktigaste näringskälla i livet. Ett stöd när vindarna tar i. En oro, en trötthet som ibland gör sig gällande, då finns du där med din öppna, mjuka famn. En famn jag alltid vill leva i. En famn jag alltid känner mig trygg i. Tack älskade du, mannen i mitt liv, som fick mig att blossa ut i kärlekens omfång igen. Jag älskar dig idag. Jag älskar dig för alltid.

Tillsammans är vi starka, du och jag.
You are my sunshine!

INNEHÅLL

INLEDNING

MITT STJÄRNRUM

Ulrika berättar:

Här står jag nu i mitt stjärnrum, mitt i universum, och i mitt inre talar jag till min far (Nikodemus är min skyddsängel. Han är min urfader, därför kallar jag honom för far). Det är snart dags för mig att ännu en gång gå ner till ett nytt jordeliv, och de känslor jag kände då förmedlar jag nu ner till er, taget från min egen verklighet, från tiden innan jag gick ner till jorden.

Jag står kvar i mitt stjärnrum och jag nås av en inre känsla inför den resa vi ska göra nu, att jag ska försöka nå min egen spegelbild. Att försöka nå mitt inre jag och försöka belysa den själ, den person som är jag, som är mitt inre sanna jag.

Min far stiger in och vi samtalar:

– Tiden är inne nu, mitt barn, för dig att åter träda in i ett nytt jordeliv. Du kommer att få leva med psykisk ohälsa, men endast för att du ska få känna hur det är. Men framför allt kommer du att gå in i dig själv för ett tag, vilket ger dig tid att läka och växa till den person du är ämnad att vara i det här jordelivet. Då kan ensamhet vara en vacker och välkommen känsla att nå.

Du kommer även att söka bekräftelse på jorden eftersom det är en stor era som pågår då, där människan alltmer söker sig utanför än innanför. För människan är vilsen och lider i sitt inre. De har blivit förblindade av det yttre och den epok av materialism som pågår vid den tiden, vilket gör både människan och moder jord väldigt sjuk. Detta ska vi hjälpa dem med, så att de kan hitta tillbaka till sig själva igen. Därför behöver du själv få möta det vi ska skriva om sen.

– Tack, far. Jag förstår också att det är det enda sättet för oss att fortsätta växa tillsammans, så att vi slipper dela på oss igen, som vi var tvungna att göra en gång när en annan skyddsängel kom in i mitt liv, vilket finns att läsa om i vår bok ”När änglarna tog vid”.

– Ja, precis. Vi ska nu och för alltid leva och verka tillsammans, du och jag, mitt barn. Ty din själ har nu kommit dit den ska vara och frodas i Guds kärlek.

– Åh, så härligt, älskade far. Det värmer så i mitt hjärta. Jag längtar redan efter dig.

– Och jag efter dig, mitt barn. Men glöm inte, vi finns alltid här och kommer alltid att stödja dig när du faller. För du kommer att falla, ibland riktigt hårt, men då lyfter vi upp dig igen, så oroa dig inte. Din man kommer också att vara vid din sida, och du vid hans. Detta har varit en del av er plan sedan länge.

Jag står kvar i mitt stjärnrum. Där står jag i ett vakuum av färgsprakande fenomen, det är som att universum omsluter hela min själ. Jag kopplar in mig på jordens frekvens och hör jordbundna vetenskapsmän och kvinnor samtala. De talar i gåtor. Det känns både främmande och oroväckande, för de använder ord som jag aldrig tidigare har hört talas om.

Far, de säger att universum en dag kommer att slockna. Men vi vet att det aldrig kan ske, för då skulle vår själ dö. Då skulle allt vi har byggt upp tillsammans falla samman som romerska ruiner, och då skulle meningen med livet ta slut. Men far, varför talar människan så? Varför diskuterar de om en värld de vet så lite om? Hur kan vi få dem att förstå att allt vi lever i och verkar för är för evigt? Att universum aldrig kommer att slockna. Hur kan vi förmedla vidare dessa kunskaper och få dem att förstå?

Jag tittar ner mot jorden igen. Far, jag fryser, ändå är jag inte rädd. Jag fryser av min inre gråt, hur människor kan vaka över varandra som de gör där nere. Allt stök plågar mig. Det gör så ont när människor skadar varandra. Hur kan vi få dem att sluta? Jag orkar inte se på!

Jag våndas av att gå ner igen. Att än en gång låta min själ få nå de inre plågor som jag behöver nå för att lära. Men jag vet också att det är enda sättet att nå en plats närmare Gud. Och jag ska göra allt som står skrivet i min makt och lite därtill för att det även ska ske.

Det är dags nu, far. Vi kommer att höras igen, du och jag. Det vet jag, för det har du sagt och då känner jag mig trygg. På återseende, far. Jag älskar dig mer än livet självt …

… Jag har kommit ner nu, far. Vi har påbörjat vår resa. Vi har påbörjat våra läror. Men det finns ingen kärlek här. Den kärlek jag längtar efter att finna, som i himlen, som i mitt stjärnrum. Men nu har jag lärt mig, att all kärlek inte är äkta. Att all kärlek inte är sann, som den mellan dig och mig, far. Men nu när vi har funnit varandra igen kan jag äntligen fylla det tomrum som behövde fyllas, vilket ger mig den kraft jag behöver för att fortsätta vår resa.

Jag har levt min barndom, och vi har skrivit vår första bok, den som var klar långt innan jag föddes. Men det börjar tära på min kropp. Alla lärdomar har börjat ta ut sin rätt. De plågar min inre själ och dess yttre har börjat få tydliga problem i form av ohälsa. Men jag ska vara stark, far. Jag ska läka mig själv så att vi kan fortsätta vår resa, så att vi kan hjälpa och försöka läka både människan och moder jord, ett uppdrag som vår kärleksfulla Gud har gett oss. Och tillsammans med galaktiker och andevärlden kan vi åstadkomma mirakulösa underverk. Jag vill i alla fall tro det. Men vad gör vi nu? Far.

– Vi kommer nu att fortsätta vår färd och resa ut i universum, den värld som vi alla kommer ifrån. För det är där du kommer att vidareutveckla din själ. Det är här din högsta lära finns, mitt barn, att bistå moder jord och förmedla vidare de kunskaper som du har fått lära dig i universum. Vi börjar med månen och din själ.

DEL 1

HUR VI KAN LÄRA AV UNIVERSUMS HELIGA KRAFT

KAPITEL 1

MÅNEN

INLEDNING

Änglarna berättar:

Innan ni förstår hur jorden fungerar måste ni först förstå hur ert eget energiflöde fungerar. Därför inleder vi med själen.

Det är nämligen så att både solens och månens energivågor, hur de färdas, kommer att spegla hur långt vi kan färdas i framtiden – när vi transporterar oss med hjälp av universums kraft. Av den anledningen inleder vi med hur energier påverkar din själ. För om du förstår det kommer du även att förstå energiflödet som finns mellan jorden och hela universum.

Det är genom kunskapen om dig själv som vi kan hjälpa moder jord. Och eftersom vi alltid arbetar utifrån ett grundperspektiv är det också det vi inleder med, och i det här fallet pratar vi om månen och din själ. Men det blir ingen fördjupad lära utan vi ger endast en förenklad grund för att ni ska förstå hur allt i universum är synkroniserat. Efter det tar vi oss vidare till månen.

MÅNEN OCH DIN SJÄL

Ärkeängel Haniel berättar:

Själen påverkas alltid av månen och det är då månens kraftfält som ni känner av. Därför kommer många att känna av den förhöjning av energiflöde som månen snart kommer att släppa fram. Både för att visa sin kraft och klarhet, men även för att bistå moder jord med den kraft som hon behöver under sin läkning.

Själen påverkas även av månens olika cykler, om det är fullmåne, halvmåne och så vidare. Och den energivåg som kommer in då kan ni alltså använda för att förstå både ert eget och moder jords energifält.

– En del säger att de inte påverkas av månen. Stämmer det? Frågar jag Haniel.

– Det finns många som säger att de inte påverkas av månen. Det är i alla fall vad de tror att de inte gör. Men alla påverkas av månens dragningskraft eftersom själen påverkas av den. Skillnaden ligger i hur väl du har lärt dig att lyssna efter din inre röst för att nå månens utsända kraft.

Fast egentligen är det inte så konstigt att det är så. Vi lever i en stressig värld där det mesta handlar om det yttre. Och har vi då inte tid att lära känna vårt eget inre blir det även svårt att känna och förstå andras inre, exempelvis månen.

Detta är också en anledning till att vi har så många ljusarbetare på jorden idag som gör sin personliga resa. Både för att försöka förstå sin egen och andras insida, där de sedan förmedlar vidare sina kunskaper till andra, exempelvis om månens integrerade känslor och hur vi kan sammanföra dem med solens och jordens känslor.

Att vi kallar det ”känslor” beror på att det är i ditt inre, i dina inre känslor, som månens dragningskraft möter din själ. För allt som människan känner landar alltid först i ditt inre, innan du känner av effekten i det yttre.

– Hur kommer det sig att månen påverkar oss, speciellt vid fullmåne?

– Som allt annat, när vi pratar om universum, pratar vi alltid om ett samspel. Universum kan nämligen aldrig enbart styras av sig självt; allt sker i samklang med allt annat. Så att vi kan känna av och påverkas av månen grundar sig i det kraftfält som finns i universum. Allt är en sammanlänkad kedja. Så egentligen är det inte bara månen ni känner av.

Samma sak gäller oss i andevärlden. För det är som att allt blir dag fastän det är natt, då även vi påverkas av fullmånens härliga dragningskraft. Och även vi försöker då dra nytta av månens kraft genom att fylla på med ny energi. För det är egentligen det som sker vid fullmåne att både själen och moder jord fyller på med ny energi.

Om vi inte skulle göra det, skulle vi gå runt och känna oss tomma. Därför kan själen inte leva på jorden om den inte kan integrera sig med universum. Din själ är nämligen skapad av universums heliga kraft, så utan kontakt med något stort som kommer från universum skulle själen dö. Därför behöver den, för sin egen överlevnad, leva på en planet som kan integrera sig med universum.

– Gör inte alla planeter det?

– Så är det. Här vill vi endast förklara den vikt det utgör, så att människan förstår hur viktig månen är för själens överlevnad.

– Djuren, då, deras själ är väl också skapad i universum, eller?

– Så sant, men för att en själ ska kunna leva och verka på jorden behöver den följa det mönster som moder jord har satt upp, vilket djuren redan gör. Det är dessutom tack vare detta mönster som djuren alltid kommer att övermästra människan, trots alla era maskiner och kunskaper. Vi ska ta fjärilen som ett exempel.

FJÄRIL

Ärkeängel Ariel berättar:

Att fjärilen kan flyga vet nog redan de flesta. Men hur många vet egentligen att de även kan agera som satelliter? För det är det de gör. Så förutom att de njuter av livets vackra skörd, är alltså deras uppgift att flyga runt och fungera som satellituppfångare. Dessutom är det från just fjärilen som ni kommer få lära er hur ni kan fånga upp universums ljud i framtiden.

– Hur kan en fjäril agera satellituppfångare? Frågar jag Ariel.

– Det gör de genom sina känslospröt. Det är alltså genom dem som de fångar upp universums signaler. Det är också så de navigerar. Fjärilen har nämligen inget *skarpt seende*, som vi kallar det. Den ser inte vart den ska härnäst eftersom den *känner* vart den ska härnäst. Därför vet den alltid i förväg vart den ska härnäst.

Denna typ av självstyrande navigering kan även människan lära sig av – hur en fjärils graciösa karaktär kan ta sig fram så lätt utan någon som helst tanke på att själv försöka styra vart det bär av härnäst. Den följer helt enkelt sitt eget inbakade navigeringssystem. Men det är framför allt universums energivågor som gör att fjärilen kan navigera runt på egen hand. De är nämligen, precis som många människor, högkänsliga.

Har ni inte märkt någon gång hur en del barn dras till just fjärilen? Detta beror oftast på att barnet själv är högkänsligt, och det är just deras högkänslighet som gör att de, precis som vissa människor, känner av månen.

Precis som Ulrika gör, som ibland lider av sin högkänslighet. Men fjärilen lider inte av sin högkänslighet eftersom den vet att dess känslighet kommer den väl till gagn. Den använder alltså både sin högkänslighet och månens energier för att navigera runt.

– Ursäkta, men jag förstår inte. Hur använder fjärilen sin känslighet?

– Som vi tidigare nämnde så är det fjärilens känselspröt som känner av universums energivågor, och för att kunna göra det behöver den ha en inbyggd känslighet. Denna känslighet finns i kroppen; det är där det centrala navigeringssystemet sitter. Man skulle kunna tro att det är vingarna som utgör fjärilens känslighet men så är det alltså inte.

Naturligtvis behöver fjärilen sina vingar för att kunna flyga, men vingarna fungerar endast som ett sätt att förflytta sig. Precis som en bil där vi behöver hjul för att bilen ska kunna röra sig. Men det är inte hjulen som skapar rörelsen; det är allt som finns inuti bilen som skapar rörelsen. Så egentligen används hjulen för att vi ska kunna använda den rörelse som det inre har skapat.

Fjärilen har ännu en förmåga som kommer från universums kraftiga energifält och det är dess skörhet. Känslighet är en sak men skörhet en annan, och i det här fallet betyder skörhet att den är lätt. För det är viktigt att fjärilen är fjäderlätt; annars skulle den inte kunna flyga trots sina stora vingar. Så utan universums gravitation skulle fjärilen alltså inte kunna ta ett enda vingslag. Därför kan den också påverka sin egen tyngd, den gravitation som finns i universum och som fjärilen känner av.

Kanske en del säger: Men det är väl vingarnas slag som får fjärilen att flyga? Ja, svarar vi då, det är rätt. Men varifrån kommer den kraft som gör att fjärilen kan flyga? Jo, den hämtar sin kraft från universum som den sedan drar ner och in i sin kropp, vilket i sin tur skapar rörelse, som i sin tur ökar frekvensen så att fjärilens vingar sätts i rörelse.

Ni kommer att förstå längre fram. Ni kommer nämligen att utveckla ett bättre navigeringssystem efter just fjärilens förmåga, koncept och konstruktion. Och den enda kraft som ni behöver då för att navigera är den som universum ger er.

Dessutom är det inte så svårt som ni kanske tror. För svaren finns redan på plats i naturen – så länge människan inte förändrar naturen. För om ni följer de cykler som redan finns där når ni också mycket längre fram i era resultat.

Valet är alltså ert, älskade ni. Vårt råd är alltid att ni följer det som redan fungerar, och sedan vidareutvecklar utifrån det. För när ni både förstår hur själens energisystem fungerar och hur djuren samarbetar med hela universum då förstår ni även hur universums dragningskraft fungerar. Och när ni förstår den kan ni, tillsammans med solens kraft, använda den som en förnybar energimätare – eller vågmätare, om ni hellre vill.

Så länge ni varken förstår
moder jords eller ert eget energiflöde
blir det svårt att finna ett bättre,
förnybart energiflöde.

MÅNENS DRAGNINGSKRAFT

Ärkeängel Haniel berättar:

När människan diskuterar förnybar energi pratar ni oftast om sol, vind och vatten. Men hur kommer det sig att månen inte har fått samma slagkraft inom denna förnybara energigrupp? För även månen tillför energivågor. Så varför utesluter då människan en av våra mest betydelsefulla och kraftfulla samarbetspartners som finns där ute? Det beror på, och som vi nämnde ovan, att ni ännu inte har en djupare förståelse för varken era egna eller månens energier. Därför blir det svårt att nå en hållbar lösning eftersom alla delar ännu inte är på plats. Och den absolut viktigaste delen är månens dragningskraft.

Dragningskraften tillför nämligen ny energi och används för att upprätthålla balansen mellan solen, jorden och månen. Den fungerar som en slags *balansupprättare*, som vi kallar det, där den både tillför och tar emot den energi som ibland kan bli för stark för människan. Därför behöver vi något som upprätthåller en balans.

Månen får oss även att rotera, och det är just rörelse vi är ute efter när vi pratar om förnybar energi. För det är just rörelse, de energivågor som både solen och månen avger, som månens fält kan upprätthålla, i den energi som har kommit i obalans. Med obalans menar vi när solens strålar antingen är för svaga eller för starka, eller på annat sätt inte går att samla in, då kan månen balansera upp det.

Därför, när ni forskar inom förnybar energi och använder solen som hjälp, behöver ni även ta hjälp av månen. Månen omges nämligen av ett kraftfält, och de energivågor som svävar mellan jorden och månen kan hjälpa er att återställa den obalans som kan uppstå när ni experimenterar med förnybar energi.

Den saknade länken = Månen

Hur gör vi då när vi länkar samman månen med solen och får ut den dragningskälla som månen kan balansera? Att månen har ett yttre lager som mestadels består av månhav, lavaslätter, och högländer vet nog redan de flesta. Men hur många vet egentligen hur månens inre lager ser ut, och hur den med hjälp av både solen och jorden kan tillföra sig mer energi?

Vi ska ta joner som ett exempel: (En jon är en atom som inte har lika många elektroner i sitt yttre skal som den har protoner i sin inre kärna).

Månen består nämligen av miljontals joner, och om vi kunde väga dem på en våg skulle ni se att alla väger lika mycket – det finns alltså inga ojämnheter i det som månen består av. Skulle du sedan frigöra jonerna skulle de landa i en balanserad gång rakt framför dina fötter, om de både gick att se och fånga upp. Det är detta som gör att joner kan agera balansbärare.

– Hur kan det finnas joner på månen? Frågar jag Haniel.

– Allt som finns och verkar i universum utgår alltid från en och samma lära – att ge och ta. Och i det här fallet sker det ett utbyte av joner via magmaflödet.

Ni förstår, för att en planet ska kunna avge en stark dragningskraft behöver den innehålla sådant som kan göra det, vilket den gör genom den värme som magman avger. På så sätt kan magmaenergi färdas genom universums olika dimensioner, för att förvalta och skapa ett starkare flöde, och det är här månens dragningskraft kommer in. Det är alltså genom den som jorden kan agera som en slags strömbärande källa till månen, som i sin tur omvandlar energin till andra joner, som i sin tur skickar tillbaka joner till jorden, som moder jord sedan förvaltar och sprider ut i naturen, vilket på sikt även gynnar människan, om vi lever och verkar i naturen. Därför finns det joner på månen, tack vare jordens magma. Det är så det fungerar i universum. Allt samarbetar.

Nu menar vi inte att magma flyger mellan jorden och månen; utan månen känner av jordens kraftiga energiflöde som den sedan använder för egen del. Det är så allt förmedlar sig i universum, trots avståndet. Men avstånd är ingen nackdel i universum.

– Varför just magma? Och är inte månens magma kall?

– Vi förstår din fråga, och vi ska försöka förklara så kortfattat vi kan. För det är just magmaenergi som vi är ute efter, och som en del redan vet så behöver inte energin vara just varm för att den ska generera energi.

En gång i tiden fanns det faktiskt ett vackert flöde av magma på månen. Men allteftersom tiden gick skiftade det över till ett kallare klimat, vilket gjorde att magman stelnade. Men att den stelnade betyder inte att energin avdunstar; den är fortfarande funktionsduglig. Annars skulle varken människan eller jorden känna av månens effekt.

– Finns det annat på månen som utgör en grund till månens dragningskraft? För är det inte så, älskade ni, att det samarbete som pågår i universum även påverkar månens dragningskraft, om den är svag eller stark?

– Ja, naturligtvis är det så. Allt som finns i universum styrs alltid tillsammans, och eftersom allt integrerar med varandra påverkas de även av varandra. Vad vi menar är att om inte jorden bestod av mineraler, som månen behöver för att kunna agera som dragningskälla, kan den inte heller göra det. Därför är alla planeter i universum skapade med olika egenskaper. Annars kan de inte dra nytta av varandra.

Tänk om hela universum skulle bestå av en enda färdig kryddpåse, där alla skulle nås av samma innehåll. Vad skulle vi lära oss av det? Och hur skulle vi då kunna integrera oss och dra nytta av varandra? Därför är det så viktigt att det finns joner på månen; annars skulle jorden inte kunna dra nytta av månens dragningskraft, inte som den gör idag. Och om jorden inte bestod av magma skulle månen inte nå den samverkan som sker mellan våra världar.

Så ni ser, allt i universum är utstakat in i varenda liten cell, in i varenda liten *miljondel*, som vi kallar det. Annars skulle det inte fungera. Och det är just detta vi vill förmedla till människan. Att ni inte bara utnyttjar solen, utan även tänker på hur solen integrerar sig med jorden, månen och resten av universum. Och när ni studerar själen på djupet då förstår ni också månens energier på djupet.

Vidare består månen av så mycket mer än joner, och att vi endast nämner joner berör de budskap som vi vill förmedla när det gäller just magmaenergi, och hur ni kan lära er hur allt integrerar sig med varandra. Se bara på hur Jupiter agerar och sänder ut joner till sina närliggande månar.

Jupiter

Även Jupiters måne IO sprutar ut joner från sina vulkaner, vilket påverkas av Jupiters magnetfält. Jupiters magnetfält fraktar sedan vidare dessa laddade partiklar från månen IO till grannmånen Europa som är en ismåne. Denna ismåne, som vi kallar den eftersom en stor del är täckt av is, skapar sedan sin egen förändring, tack vare Jupiters gravitationsförmåga.

För många forskare skulle denna ismåne inte kunna bestå av annat än is, eftersom den ligger så långt från solen. Men det är inte alltid solen som smälter partiklar. Även gravitationen kan agera ut som en värmekälla, vilket den även gör genom att sända ut strålar som skapar friktion, vilket i sin tur värmer upp och exempelvis smälter Jupiters måne Europa från insidan. Allt samarbetar.

Det är så alla partiklar färdas och samarbetar med sin omgivning – så även solen, månen och jorden.

Summering:

Månens dragningskraft svävar fram och tillbaka i flödet av energivågor. Partiklar landar så småningom på jorden, exempelvis i magman, som sedan för magmaenergin tillbaka till månen, via det kraftfält som universum består av, och är också det som månen behöver i retur.

Några exempel på ämnen: Kväve – Natriumklorid – Fosfor – Järn (magnetism) – Magnesium – Järnoxid. Salter och metaller är de som är av allra största vikt eftersom de utgör en stark grund både för er på jorden och för månen.

JONISERAD ENERGINIVÅ

Ärkeängel Mikael berättar:

Även den *joniserade energinivån*, som vi kallar det men som ni kallar joniseringsenergi, är ett framtida koncept för hur vi kan lära oss att förvalta universums kraft. Därför kommer joner, inklusive de som finns på månen, att spela en stor roll i vårt framtida bränslesystem som en användbar energikälla.

Innan vi börjar vill vi först förklara varför just joner kan ge oss en bättre miljö. Därför kommer vi nu att låta en av våra framstående talare, vår nyinkomne andliga vägledare, att berätta sin del. Det är en del som vi har utsett till hans, eftersom hans kunskaper om universum är enorma. Trots det kan vi varken avslöja för mycket eller ge alltför avancerad information. Vi delar bara det vi får, varken mer eller mindre.

Guds andliga vägledare berättar:

Tack, för förtroendet, och jag ska naturligtvis göra mitt bästa för att dela den kunskap som jag har lärt mig och bevittnat i universum, och på den nivå som människan känner sig bekväm med. Men innan jag kan förklara hur flödet av joniserad energinivå kommer att fungera i framtiden behöver jag först gå in på den kraft som neutronstjärnan besitter och det som hör till atomens konstruktion. Det är alltså två punkter, men jag kommer bara att beröra joniserad energinivå (vi kommer att diskutera neutronstjärnan och atomer senare).

- Vi behöver neutronstjärnans teknik, både för att kunna omvandla och skapa rörelse.

- Elektroner är de som befinner sig på atomens yttre hölje. Protoner och neutroner befinner sig på insidan.

Så hur kan vi då förena båda? Och hur kan vi använda detta kraftfulla fenomen i framtiden? Dessutom, varför pratar vi om atomer, elektroner, protoner, neutroner och neutronstjärnan i det här sammanhanget? Och vad är egentligen joniserad energinivå? För att förklara det och för enkelhetens skull inleder vi med vad en jon och energi är.

- En atom har alltid samma antal elektroner som protoner. Men den kan också omvandlas till en jon, vilket sker när elektronerna antingen lämnar sitt skal (då bildas en positivt laddad jon) eller tar upp fler elektroner (då bildas en negativt laddad jon). En jon är alltså en tidig atom som har en elektrisk laddning och har aldrig samma antal elektroner som protoner.

- Energi är den del som krävs och frigörs när elektronerna lyfts bort från en tidig atom.

Därav namnet joniserad energinivå.

När elektroner frigörs påverkas de alltså antingen negativt eller positivt, och det är utifrån denna händelse som en förändring sker. Men huruvida det blir en positiv eller negativ förändring beror på i vilket tillstånd dessa grundläggande fenomen befinner sig i då.

Vi kan kalla det för *den omvandlande processen*. Den omvandlade processen innebär alltså en frigörelse av elektroner, vilket utökar kretsen. När vi utökar kretsen kan vi också sammanfoga resterande element som kommer att finnas med i vårt framtida bränslesystem (vi kommer att diskutera detta längre fram).

– Varför gör vi det, och vad händer med elektronerna när de inte längre finns kvar? Frågar jag Guds andliga vägledare.

– De finns kvar. De har bara gått över till ett annat utrymme och de tävlar nu i en annan gren, där de kan förgrena sin kraft tillsammans med andra delar. Därav sker en omvandling av elektroner.

– Finns det inga elektroner kvar, då?

– Det bildas nya hela tiden, och även detta ingår i den omvandlande processen. Det blir som i en cirkel där allt till slut bara går runt och runt. Det bildas nytt – frigörs, och så börjar hela processen om igen.

– Vilken av dem är bra, plus eller minus?

– De är lika bra, för i det här fallet är nästan all förändring av godo. Men om ni kan lära er att skifta mellan båda vore det det bästa åtagandet.

– Varför det? Blir de inte lite förvirrade då?

– Haha, du är för rolig. Nej, den världen, med både plus och minus, har människan alltid delat på. Varför det, undrar vi? Det finns många goda exempel, där både plus och minus kan integrera sig med varandra. Om ni i stället låter dem samarbeta blir kraften ännu större, än den redan är. Så att inkludera båda, inom den joniserade sfären, är en bra väg att gå. Om ni gör det kommer ni också att hitta fler användningsområden och fler intressanta föremål (ledtråd.)

Därför är det viktigt att vi behåller elektronerna medan vi tillsätter andra element, eftersom om vi omvandlar atomen till något annat eller frigör den helt innan vi tillsätter andra element, kan atomen inte agera som vi vill. Då sker ingen omvandling. Så för att kunna använda denna omvandling behöver vi studera jonisering på en högre nivå än vi redan gör och sedan implementera samma teknik i våra bilar.

Hur gör vi det? Jo, om vi tar en atom, exempelvis den som ska agera som värmeaggregat, kommer ni snart märka att värmen avtar, eftersom energin inte varar för evigt. Så för att få värmeaggregatet att förbli positivt, så att värmen kvarstår, behöver vi först omvandla atomen till det som den var ämnad att vara från början. Därför omvandlar vi en atom, för att den sedan ska kunna agera med rätt energi till rätt element; annars tappar den sin funktion.

– Ursäkta, men ibland vill ni att vi utökar innan vi kan sammanfoga. Men här ska vi behålla elektronerna innan vi tillsätter. Hur menar ni? Jag förstår nog inte riktigt.

– Vi menar så här: Vi sammanfogar *efter* det att vi har utökat och tillsatt andra viktiga beståndsdelar. Det är nämligen först efter att en omvandling har skett som vi kan börja sammanfoga alla delar igen, vilket ökar vår energikapacitet. Förstår du, Ulrika?

– Tack, då förstår jag.

Summering:

Frigörelse av elektroner sker, men endast en bit ut, för att utöka kretsen. Det innebär att de fortfarande finns kvar men i ett annat utrymme, eftersom de har förflyttat sig. Efter det kan vi lägga till andra viktiga element. Det är här en omvandling sker, där vi kan omvandla ett ämne till ett annat. Sedan sammanfogar vi alla ingredienser igen. De blir då starkare, vilket ökar kapaciteten.

Även här behöver ni bli bättre på att använda magnesium i er behållare, eftersom utan magnesium kan ni inte påbörja er resa. Därför behöver tekniken få gå stegvis. eftersom utan magnesium eller andra viktiga beståndsdelar når ni inte framtidens joniserade energinivå. Och tänk på: allt samarbetar. Även om en del plus inte alltid går samman med minus, så försök ändå! Fortsätt att agera pluskanal i en minusvärld, då kommer ni också kunna länka samman era joner.

Även nukleotider är en god grund att stå på i denna fråga, och tillsammans med joner och magnesium kommer ni snart förstå vad vi menar. Nukleotider kommer alltså att spela en stor roll i cellens både energilagring och energitransport, där de ska lära sig att både minnas, lagra och transportera. De kommer alltså att agera som en minnesbank, så att energin vet till nästa gång hur den ska lagra och förvalta sitt innehåll.

– Hur kan nukleotider utgöra en stark grund i joniserad energinivå?

– Du förstår, om det utförs på rätt sätt kan vi faktiskt lagra en joniserad energinivå, men inte på samma sätt som när vi lagrar energi i ett batteri. Här förespråkar vi lagringen som sker när vi tillför energi för att åstadkomma jonisering. Det är detta vi kan tillämpa även på våra nukleotider. Men det är inte själva byggstenarna vi är ute efter. Här syftar vi på den teknik som används som ett sätt att lagra, minnas, förvalta och transportera energi.

JONISERINGSENERGI MED INFRARÖTT LJUS

Kazandra berättar:

För att kunna lagra och transportera energin behöver vi även nå ett joniseringsperspektiv. Vi kan nämligen multiplicera en jon – dela den i två, samtidigt som vi använder infrarött ljus. På så sätt uppnår vi ett *joniseringsperspektiv.* Detta joniseringsperspektiv kan sedan användas för att omvandla ny ström i en krets så att kraften kan gå och gå.

Men för att göra detta behöver vi en accelerator som kan leda infrarött ljus. Det infraröda ljuset ger nämligen mer styrka åt den joniserade enheten. Acceleratorn fungerar alltså som en växel, den växlar kraften, exempelvis i en bil.

För att joniseringen ska kunna binda samman sig behöver den något som kan addera sin egen kraft, och det är här jonerna kommer in. När kraften ökar, ökar nämligen jonerna sin inre styrka. Sedan omvandlas de till frigående partiklar som rör sig längs en specifik gångbanan.

För att få i gång och hålla i gång acceleratorn behöver vi alltså hela tiden fördubbla kraften, vilket leder till joniseringsenergi i infrarött ljus. Därefter har vi joniseringsenergi – en ny kraft som kan multiplicera sig själv genom olika strömbärande kretsar. Dessa kretsar, eller kanske snarare gångar, kan ni sedan använda för att stimulera kraften. Det är också här ert infraröda ljus kommer in. Genom att använda ljuset kan ni binda samman den multiplicerade kraften och sedan addera ytterligare kraft till ert nytillkomna projekt.

Vi behöver även en transistor. Det blir nämligen den som kommer att överföra kraften från utsidan. Därav blir det en transistor som kan nå utomstående krafter och vidarebefordra kraften. Transistorn placeras utanför acceleratorn och är alltså den som kommer att leda kraften. När partiklarna sedan ökar i styrka kommer transistorn att känna av det och överföra kraften till acceleratorn. Det är då en ökning av kraften sker, det vill säga en ytterligare omvandling sker och är alltså den som sedan multiplicerar sig själv.

Transistorn fungerar alltså som en vägvisare/förmedlare och är därför viktig att inkludera i vårt framtida projekt. Detta kommer nämligen inte bara att skapa ett helt nytt ljus. Kraften inom joniserad energinivå kommer då att öka markant. Därför behöver vi även en transistor – en sändare.

Denna kraft är självreglerande, men den behöver alltså hjälp för att kunna multiplicera sig själv, vilket den gör genom ett infrarött värmeinstrument. Ni kommer att skapa detta instrument själva och när ni gör det kommer ni att upptäcka en helt ny joniseringskraft genom detta instrument.

Detta blir ert nästa projekt: att få igång en WARP av infrarött ljus som kan analysera ny data och själv kan addera sin egen kraft, vilket ökar sändningen – kraften som förmedlas.

Här har vi inte tillåtelse att gå längre. Resten är för människan att finna ut, och nå en förbättrad version av joniserad energinivå. Då kommer ni också att belysa månens inre kraft på ett helt nytt sätt.

MÅNENS INRE KRAFT

Kazandra berättar:

När ni studerar månen utifrån dagens problematik eller uppfinningar, använder ni dagens instrument. Men i framtiden, när ni har lärt er och förstår universums kraft bättre, exempelvis solens kraft, kommer ni även att omvandla månens energiförråd till en strömbärande länk.

– Hur gör vi det? Är det inte svårare att få in månens kraft i ett elnät? Frågar jag Kazandra.

– Så är det, men anledningen till att många kanske kliar sig i huvudet nu är för att ni fortfarande inte har skapat de instrument som ni behöver för att kunna göra det. Därför tvekar en del. Men tro oss, det kommer. Månen kommer nämligen att ta över när ni inte längre kan nå solens kraft på samma sätt som ni gör idag, vilket vi kommer att diskutera längre fram. Då kommer månens tid och förståelse att närma sig allt mer. Men det kommer endast vara en högt spirituell grupp av själar som kommer att förstå och utveckla begreppet om *hur vi kan använda månens kraft som en strömförande länk.*

– Gör vi inte redan det, fångar upp månens kraft? Och varför just spirituella?

– Inte som ni kommer att göra i framtiden, eftersom ni saknar en inre förståelse för hur månens kraft kan fördelas olika. Och för att nå denna inre kraft, och kunna förvalta och använda den på jorden, behöver vi själar som kan fördjupa sig i månens inre kraft.

För er som dras till månen både andligt och vetenskapligt och intresserar er för dess beteckning, är det vår önskan att ni går in i den läran nu och vidareutvecklar månens inre kraft så att den även kan användas som en framtida strömbärande länk.

– Vad är det för en inre kraft? Kan ni berätta något om den?

– Vi kan säga så här: Först måste ni förstå månens resa, den som han själv kommer att berätta om längre fram – hur han uppstod och skapade en god kontakt med jorden. Det blir nämligen den kontakten, det samspelet, som dessa aktörer kommer att studera. När ni har gjort det kommer ni förstå att månens inre kraft är mycket starkare än vad som har angetts i era skolböcker. Därför används inte månens kraft på samma sätt som ni gör med solen.

Det är ”de” som har mörkat månens egentliga kraft, och har därför endast belyst det yttre. För det är en kraftkälla som kan anspelas på samma sätt som ni gör med era vulkaner på jorden.

Det är denna kraft vi menar, och den är mycket stark, och för att förstå den behöver vi alltså en högt andlig elit eftersom det kommer att krävas en hel del kunskap att handskas med den. Därmed behöver vi nya instrument. Men det kommer, älskade ni. Allt kommer så småningom att läcka ut och då kommer ni förstå vad vi menar.

– I vilket ändamål kommer vi att använda månens inre kraft?

– Ni kommer att producera efter månens sätt att arbeta på, där ni skickar ut kraft inifrån. Det är den upptäckt ni kommer att göra och binda samman den med ett strömbärande koncept.

– Varför just månen?

– Månen är en sagolik plats och som har mer att visa upp än ni förstår. Men den kunskap som ni besitter idag räcker inte till. Månen är mycket mer kompakt än så. Med kompakt menar vi att den är fylld med godsaker som ni kan lära er från, och allt kommer när ni bättre förstår det samspel som sker mellan jorden, solen och månen.

– Så vi kan räkna ut månens omfång av kraft, precis som solens?

– Inte helt. När det gäller månen kommer ni inte att beräkna omfånget; i det här fallet är det ointressant. Den beräkning, eller ska vi säga utförande, som ni kommer att göra i framtiden sitter djupare än så. Men oroa er inte. En del länder kommer att börja samarbeta i detta, och det är också vår önskan att ni gör det och att ni delar på allt ni ser och lär er.

Ärkeängel Mikael talar ut!

När ni arbetar med information som berör universum är det viktigt att ni delar lika på allt, vilket inte alltid sker, speciellt rymdresor. Därför kommer nu våra vänner, Kathremerna, att bistå oss även i detta arbete, De kommer då att se över de själar som vill hämta hem information direkt från universum.

Anledningen till detta är att det finns dem som hemlighåller information, bland annat de som söker efter en *tidig* information som de sedan har tänkt använda som signaler på jorden på ett för oss mycket negativt sätt. Därför har vi nu satt ett stopp för detta.

För så länge det inte sker i ett fredligt ärende kommer vi att vara där och påverka!

Det förekommer även de som inte delar med sig av sina nyheter. De säger att de gör det men det gör de inte. Även detta kommer att uppdagas inom sinom tid. För i den era som vi befinner oss i nu kommer det att läcka ut en hel del ny information. Då kommer de som påstår att de alltid säger hela sin sanning att uppdagas. För det finns en hel del information angående just månen som en del forskare sitter på men som de inte delar med sig av.

Allt som är sagt har de skrivit ner, men allt som har skrivits ner har de ännu inte sagt!

Leta därför i deras skrivbord. Ljusa i sin färg, gamla och slitna i sin skrud.

Mer än så får vi inte berätta, men vi vill att ni ska veta att en mer sanningsenlig elit kommer att ta över i framtiden. Det blir de som kommer att granska sina gamla kollegors arbeten, och kommer då att lägga ut vad de har hittat på internet. För mycket av det som har sagts kommer från en felaktig källa. Därför låter vi nu månen själv få träda in och berätta vem han är.

MÅNEN BERÄTTAR

Ärkeängel Haniel berättar:

Månen kommer nu att själv berätta om det samarbete som kommer att ske när moder jord ska läka. Det är ett gott exempel på hur alla i universum alltid hjälper varandra. Därför ska vi nu ta er med in i vår värld och berätta om månen. Således har vi nu väckt upp månens energifördelning i Ulrikas själ, så att de båda kan mötas och bistå människan med det ni behöver hjälp med i framtiden.

Ulrika berättar:

Genom en astralresa kunde jag kliva in och nå insidan av månen. Nedan skriver jag ner händelsen och månen berättar med sina egna ord, och jag korrigera inte texten.

Jag dras in mot månen. Jag svävar in och förbi det yttre materialet som månen består av. Jag tränger igenom och når fram till mitten, den inre kärnan. Den är liten men stark. Mycket starkare än människan förstår. Den roterar också mycket snabbare än människan förstår. All rörelse, alla vibrationer som månen avger kommer nämligen från den inre kärnan, och det är där jag befinner mig nu, djupt inne i dess vrå.

Jag ser mig omkring. Det är ganska stilla, trots den kraftfulla energi som finns här.

Jag tar mig ut igen och jag svävar upp mot universum. Månen visar mig en helt annan bild än den vi får se på TV. Han visar mig ringar. Jag vet inte varför, men en gång i tiden fanns det ringa runt månen, små men mycket aktiva.

– Vad hände med dem? Frågar jag månen.

– De försvann när gravitationen i vårt solsystem ändrade riktning, om vi får kalla det så. De var här för att skapa och lyfta fram mitt inre, men allteftersom universum förändrades gjorde jag också det.

– Hur kommer det sig, och när inträffade detta?

– Det var en stor förändring som tog sin plats innan jorden sattes in i sin omloppsbana. Det var där vi sedan möttes, jorden är jag. Och genom att jag tappade mina ringar kunde jag segla bort och möta jorden utan några hinder, vilket var bra på så sätt.

Låt mig förklara:

Tidigare, när jag hade ringar runt min kropp, var vägen egentligen en annan. Det var nämligen sagt på den tiden att jag skulle hålla till längre ut. Där skulle mina ringar öka den kraft som jag hade på insidan, och skapa andra intilliggande element runt omkring min kropp. Men när jag väl kom in i er omloppsbana ändrades mina rutiner och jag fick i stället möta andra kroppar som åstod mig då. När jag tappade mina ringar öppnades det upp för ett bättre möte mellan våra världar och jag kunde nå jorden bättre. Jag mötte jorden som bekant och vi började i stället samarbeta.

Så det var en händelse som ägde rum och som från början var tänkt att vara något helt annat. Men resultatet blev att jag kunde hjälpa människan i det arbete som vi har framför oss nu, i den nya tiden. När den kommer kommer min kraft att förändras, vilket sker för att ni ska kunna öppna upp mer än ni har gjort tidigare. Detta var vad Gud hade planerat redan då – att den tid som råder nu skulle komma en dag. Därför lade han redan då ut en grund för människans färd.

Detta är min resa, och jag kommer som sagt att hjälpa er även i framtiden men då under ett annat koncept. Även om detta ligger före sin tid, så lär er att omfamna min inre kraft som du aldrig har gjort tidigare. Då kommer ni bättre förstå den nya jordens inre koncept, för det är där min kraft ligger.

– Det låter som att det blev en bra lösning till slut för er båda.

– Ja, allt har vår Herre skapat åt oss, och allteftersom min karaktär utvecklades kunde vårt samarbete börja. Att vi började samarbeta beror på den gravitation som vi tidigare berättade om. För det var bland annat den som förde oss samman, att vi kom varandra närmare. Jag är egentligen en massa som har flugits hit för att hjälpa er i ert solsystem, men var jag skulle landa då var ingen självklarhet i mitt rike.

– Skapades inte månen av bitar från jorden? Det sägs att månen och jorden krockade med något och då uppstod månen.

– Nej. Detta är en vilseledande information. Det är sant att det skedde en krock då, men inget som påverkade mig. Visserligen är jag skapad av bitar av jorden, men det är endast mitt yttre. Mitt inre var redan tillgängligt för hela universum innan mina ringar skapades.

Det var när gravitationen ökade som jag till slut kunde omvandla min kraft, och mitt inre fick då skjuts in i den absoluta omloppsbana som jag ligger i nu. Där kunde jag förvalta, vila och nå ett samarbete med jorden. Och allteftersom min kraft ökade, ökade även jordens magnetiska kraft.

– Hur kommer det sig att jorden nådde en magnetisk kraft?

– Jordens ursprungskraft är skapad från en kraftkälla; annars skulle ingen överleva i universum. Ty, ingen kraft, inget flöde och så vidare.

– När utvidgades ert samarbete?

– Det utvidgades när allt fler kom till oss inom vårt solsystem. Ju fler vi blev, desto starkare blev vårt solsystem.

– Menar du att jorden och du var där före andra?

– Nej. Jag menar inte så, en del kom före. Vad jag menar är alltid den kraft som samlas när vi blir fler. Dessförinnan var kraften svag, men som sagt ju fler vi blev, desto kraftfullare blev vårt solsystem.

– Vad kommer hända nu och i framtiden?

– Nu kommer jag att gå in med min inre kraftkälla och förmedla den till jorden. Detta för att hjälpa med den gravitation som kommer att frigöras när solens kraftfulla strålar ökar. När dessa strålar ökar, ökar också risken att allt samlas vid en enda punkt, vilket inte är bra när vi pratar om gravitation.

Jag ska förtydliga mitt svar:

Att min inre kärna inte är lika kraftfull som många andras, beror mestadels på att jag ibland behöver släppa ut min energi. Men sedan flera år tillbaka har jag börjat spara på en del energinivåer för att kunna möta de stora förändringar som kommer att ske på jorden nu. Jag kommer helt enkelt att hjälpa er med mer kraft än vad jag normalt brukar göra, och detta, mina vänner, kommer många att känna av. Därför är mitt råd att alltid tala med moder jord, vistas i hennes natur och att ni dricker och äter frisk energi. Då kommer orken att möta min nya energi att öka.

– Hur länge kommer det att pågå?

– Inom ett år kommer jag att frigöra min kraft igen. Då kommer min del vara färdig. Sedan kommer andra planeter att ta över och hjälpa er under år två. När de kommer in kommer de att ge er friskare fläktar. Detta är för att kyla ner era instrument igen; annars kommer en del fabrikörer att koka över under denna tid.

Bland annat kommer vi att kalla in Pluto. Då kommer Pluto att visa sig mer än vad han normalt brukar göra, och vad Pluto kommer att bistå med då, under den perioden, är integration. Med integration menar jag att binda samman allt igen, och det är den uppgiften vi har tilldelat Pluto. Människan ser Pluto som en icke värdig medlem, vilket vi inte gör, och efter detta kommer ni att sätta tillbaka Pluto på kartan igen.

Efter det kommer andra planeter att ta över och kyla ner moder jord.

Månen fortsätter med sina egna ord – vem han är och vad han gör:

Det är även dags för mig att förmedla vidare mina gedigna kunskaper till er människor. För människan har länge undrat över vem jag är och vilka funktioner jag kan frambringa till detta sagolika solsystem. En del ska jag berätta om nu.

För att jag ska fungera behöver jag rotera. Att jag roterar går egentligen inte att se, inte helt och hållet i alla fall, men det gör jag sakta och säkert. Jag frambringar rotation för att det skapar ett fritt flöde i det forum där jag vistas. Det täcker över de delar som jag inte delar med mig av. Men det förmedlar även ut de kunskaper jag får förmedla. Så det är en tudelad rotation (kraft). Därför roterar jag. Men det är inget som människan kan se med blotta ögat. Det är en inre rotation, en inre kraft, som jag har som påverkar mitt utgångsläge. För allt jag gör kommer alltid från insidan.

Därför är det nu dags för mig att träda fram och bringa klarhet till människan om min egentliga egenskap, och vilken funktion som kommer att frambringa nytt ljus i er vardag. För ert ljus kommer inom snar framtid att förändra sin karaktär, och det är i mitt inre ni behöver söka då (ledtråd). För det är alltid i mitt inre jag finns och förmedlar ut all min inre visdom likaså.

Det är en visdom som har lockat många besökare till mig. En del har lyckats, medan andra har varit mindre framgångsrika. Men de som har lyckats förstå vem jag är har ändå bara nått dåtidens kunskap. Därför kommer jag i framtiden att släppa på en del nya tyglar, och då kommer en del av er att få uppleva framtidens merlot. Framtidens merlot kommer nämligen att presenteras av fler som vill ha kontakt med mig och därmed kommer fler att lära sig av min kraft.

Med merlot menar jag att förena föremål så att de till slut läcker ut. På det sättet kommer vi i kontakt med de egenskaper som er vindruva merlot har och den process som sker när ni pressar ut allt innehåll. Samma sak här.

Men än är det inte dags att förmedla. I detta ärende träder jag endast in för att varna de som är här för att blottlägga sin skuld. Ty, jag kommer inte längre att ta emot de som styr med andra medel än det goda. Jag kommer inte längre tillåta att så sker.

Så kommer du inte i dess goda tjänst har jag fått tillåtelse av vår skapare att släcka din kraft, och många kommer att hjälpa mig i detta. Så är ditt ärende, i min vrå, inte av det godas karaktär kommer du inte längre att bringa hem nyheter till din familj. Men arbetar du för det goda kommer jag gladeligen att bistå både dig och de dina i ert arbete.

Det är detta jag vill nå fram med idag, Ulrika. Sov så gott, mitt älskade barn. Ty, sömn är viktigt och att du sover hela natten lång. Tack för oss, månen och alla vi som omger er med en god atmosfär i hela vårt solsystem. Nu tar min vän solen över.

KAPITEL 2

SOLEN

SOLENS DRAGNINGSKRAFT

Änglarna berättar:

Vad är det då för kraft som finns i solen och hur kan vi lära oss av den? För vad vet vi egentligen om denna massiva stjärna som dagligen sprutar ut eldklot, vilket den gör för att undvika sin egen undergång. Och hur pålitlig är solen egentligen?

Dessutom, hur kan vi förvalta värmen och samla in all kraft som solen avger så att vi kan spara och använda den vid ett senare tillfälle? Vilket vi redan gör, genom både solpaneler och i en slags generator där energin kan förvaras som i ett slags skafferi. Men hur hållbar är egentligen den energin?

Och varför sammanför ni inte solens och månens energivågor? Universum gör det. Varför delar människan upp det som universum integrerar? Varför länkar ni inte i stället samman allt? Speciellt när ni nu har lärt er att allt som universum länkar samman ökar kapaciteten och förmågan att agera. Men hur gör vi det, integrerar månens energi till solens? Och kan vi använda månens strålar i den redan befintliga solpanelen? Skulle det ens vara möjligt att göra det? Ja, säger vi, eftersom det redan sker som ett urverk i hela universum.

Det är bland annat detta vi vill lyfta fram i detta kapitel när det gäller solens kraft.

Det är alltså solens energi, den som solens strålar både förvaltar och använder för sig själv, som människan har studerat, den ni redan använder som en strömkälla. Men för att vi ska komma vidare behöver vi ännu kraftigare energier än den solen ger oss idag.

– Solens strålar är väl tillräckligt kraftiga? Frågar jag änglarna.

– Nej, det räcker inte. För trots att människan äntligen har funnit ett nytt sätt att fånga upp solen via era solceller, även förbi molnen, så räcker det inte på långa vägar eftersom solen i sig själv inte är en tillförlitlig källa. Den går nämligen inte att styra, eftersom solens strålar kan verka både lite *stum* (hård) och *skiftande*, som vi kallar det. Därför är den opålitlig.

Vad vi menar är att vi inte kan råda över solens stumhet. Kan verka som att solen är fri att agera ut som den vill, men så är det alltså inte. Solen har faktiskt en viss *lydnad* gentemot universum, som vi kallar det, och denna lydnad utgörs av dess inre kraft. Och det är väsentligt att denna lydnad finns eftersom det styr hur mycket eller lite kraft solen släpper ut. För om det går för fort eller om solen släpper ut för mycket energi skulle jorden inte existera.

Andra styrande fenomen har inte denna lydnad; de kan sväva runt fritt och agera ut sin energi även på andra platser, även utanför sin egen zon, eftersom de inte är låsta som solen är. Solen är alltså låst för att fungera som en länk mellan oss och andra fenomen inom vårt eget solsystem.

Med skiftande menar vi det som uppstår när solen påverkas av andra fenomen i universum. Då uppstår en skiftning, och när den uppstår kan ni inte kontrollera hur solens energivågor landar i era solceller. Därför behöver ni månen eftersom månen kan balansera upp detta, exempelvis via joniserad energinivå (jonisering). Det var detta vi tidigare nämnde.

Vi ska inte fördjupa oss i detta nu. Här vill vi endast förklara varför en del av solens strålar inte alltid är helt tillförlitliga. Men fortsätt att stråla, fortsätt att använda solen som en energikälla, även om andra tillhörande komponenter kommer att slå ut solen som en rörelseenergi i framtiden. För solen kommer alltid att finnas kvar i våra liv, även som ett drivande organ, fast i mindre skala.

Vi fortsätter med solens och månens samarbete:

Det vi förespråkar i stället är ett samarbete, där solens strålar avger värme och där månens energi används som en framåtdrivande komponent, vilket gör att energin håller längre. Och om den bara återvänder till moder jord, och människan inte missbrukar dess kraft och styrka för egen del kommer energin att vara för evigt.

Det är alltså kontakten mellan jorden – solen – månen som människan behöver bli bättre på att förstå, och det är en kunskap som redan ligger på ert skrivbord.

Men den allra viktigaste kunskapen som ni behöver lyfta fram nu är: *Hur kommer det sig att en energivåg av detta slag kan nå så långt bort?* För det är detta som blir källan till framtidens energibränsle, eftersom det är den som gör att ni kan flyga långa sträckor. Energivågorna är nämligen mycket starkare och mer långtgående än de vi har på jorden. Därför gäller det att hitta rätt balans mellan energivågorna – att rida på den våg som kommer och lära oss vad som finns på jorden.

Dessutom, har människan redan provat att flyga på denna energivåg, och det är just den som ni kommer att vidareutveckla i framtiden. Skillnaden mellan nu och då, samt andra framtida vetenskapliga utvecklingar, är att den energi vi använder idag inte riktigt används på rätt sätt enligt oss. Men ni är på god väg, så bra jobbat!

Energivågor = rörelse. Trots långa avstånd kan vi lära oss att använda dess karaktär.

Hur får vi då tag på dessa energivågor som kan sträcka sig så långt bort och under så lång tid som solen gör? Och vad är solens energivågor egentligen skapade av? Vad är månens energifält skapat av? Men framför allt, vad är det de rider på och vad bidrar de själva med för att detta ska ske? Något för er att fundera på. Men vi ska hjälpa er lite på vägen, och för att kunna göra det behöver vi först gå in på jordens lutning.

JORDENS LUTNING

Änglarna berättar:

Innan vi går vidare och utvecklar universums energivågor behöver vi först förstå varför och hur jorden lutar och hur denna lutning faktiskt gör att solens strålar och månens kraft samarbetar. Men inte bara det, vi behöver även förstå varför jorden roterar.

Det finns flera anledningar till varför jorden lutar, och en av dem är att moder jord själv har valt att använda den som sin egen funktion. Bland annat använder hon lutningen för att kunna tömma ut den energi som inte längre gagnar henne. Det finns alltså en extra väg, en extra lösning, för att lösa moder jords problem, så att hon inte påverkas av för mycket energi från månen och solens energivågor, och det är att hon tömmer ut allt sitt överflöd. Men detta kan endast ske när jorden är i en liggande position, eller som ni säger: stående. Och det kan endast ske genom Sydpolen och när jorden är i rätt position – när polcirkeln har flyttat sig.

Allt i universum går att fånga upp,
men då behöver ni befinna er i rätt läge, i rätt position,
precis som jorden gör.

Månen påverkar även jordens väderförhållanden, vilket vi också vill att ni fördjupar er i nu, speciellt när vi diskuterar framtida motoriska delar. För det kommer att ske många stora förändringar i framtiden där även jordens lutning kommer att påverka vårt klimat. Där det är vinter nu kommer det nämligen att uppstå torka. Där det är torka nu kommer det att bli mer regn. Så är det sagt och skrivet i våra framtida böcker, de vi har i andevärlden.

Månen stabiliserar också jordens rotation, eftersom det är nödvändigt för jordens utveckling. För om jorden stod helt stilla skulle det inte bara påverka jorden negativt, det skulle även påverka hela vårt solsystem negativt och vi skulle då inte ha något energiflöde. Därför roterar jorden, och den energi som krävs för att få allt i rörelse kan ni använda som energiförbrukning på jorden.

Månen håller jorden på plats – jorden
håller månen på plats.

Hur kan vi då använda detta sätt att agera på i framtiden? För det kommer vi att göra. Vi kommer nämligen att anamma både jordens position och dess lutning som ett inre koncept. Det är alltså detta vi behöver förbättra och förstå, innan vi kan förstå framtidens teknik. För om vi någonsin ska kunna fånga upp universums kraft i framtiden behöver vi först förstå var och när de avger som mest kraft. Var syd- och nordpolen är på jorden kan nämligen ha en helt annan position i universum, eftersom universum har en helt annan avgörande effekt.

Så när vi pratar om solen, månen och jorden, samt den kraft som ni behöver hämta hem för att belysa jorden, behöver ni även ta hänsyn till jordens lutning. För om ni inte gör det förstår ni inte heller det flöde som sker mellan solen, månen och jorden, och hur ni kan använda både dess gravitation och energiflöde i ert dagliga liv. För att förstå det behöver ni först vidareutveckla ert solmönster, vilket Bermuda ska berätta om nu.

SOLMÖNSTER

Bermuda berättar:

Hej, mina vänner. Nu var det ett tag sedan jag var i kontakt med Ulrika, eftersom jag och mina vänner har varit ute på en upptäcktsfärd. Och det gläder mig att vi nu är i kontakt med varandra igen.

– Åh, min fina vän. Som jag har längtat efter dig!

– Och jag dig, min vän. Tack för din kärlek. Vi har alla saknat dig så.

– Var har ni varit, om jag får fråga?

– Jag och några av mina kolleger har varit på en upptäcktsfärd, och det är den delen som vi vill tydliggöra nu. Därför ska vi förklara närmare vad det är som sker med solen, och hur ni kan förvalta strålarna på ett helt nytt sätt.

Solen agerar nämligen inte alltid som människan tror att den gör. Under den resa som vi nyligen gjorde har vi inte bara gjort en ny massiv upptäckt (vilket vi dock inte kan berätta här), vi har även lärt oss hur vi kan mönstra solens strålar, vilket ni måste förstå och skapa först innan ni kan skapa ett nytt energiflöde (energivågor).

Med mönstra menar vi hur vi kan rita upp energiernas väg, vilket innebär det mönster, den väg, som solens strålar tar för att kunna nå ut till resten av universum. Ni kanske inte kan se det i era teleskop, men solens strålar agerar inte alltid på samma sätt eftersom de är oregelbundna, därför är de otillförlitliga. Att de är oregelbundna beror på den kraft som solen släpper ut inifrån. Ibland är kraften på insidan större, ibland är den svagare.

Solens strålar tar nämligen inte alltid samma väg och det är detta ni behöver lära er först, även inom den solmagnetiska världen. För om ni gör det kan ni också fånga upp de solstrålar som ni missar, och att ni missar dem beror som sagt på att de är oregelbundna.

– Hur gör vi det? Jag förstår nog inte helt.

– Det gör ni genom ett mönsterpassat solsystem, ett sådant som även kan fånga upp *olägenheter*, som vi kallar det, men för oss är det inte det. Det är svarta partiklar som vi ibland hittar i en och samma energivåg, och det går alltså att omvandla dem så att ni även kan använda de i solens omfång.

Att de är svarta säger vi bara för att ni inte kan se dem, men det kan vi. Det har alltså inget att göra med färg, utan det är en bonus om ni kan lösa in även dem i detta mönstrade nät av energivågor. Partiklarna kommer nämligen att utgöra ett stort hinder i framtiden när ni ska nå ren solenergi. Därför behöver ni lära er detta och ta er förbi detta hinder. För när partiklarna fastnar i solmönstret tappar de även sin kraft.

Tänk på en skorsten. Ni tillför en kraft från elden (solen), sedan när askan (svarta partiklar) kommer ut kan ni antingen sila bort dem eller omvandla dem. Då får ni också en renare solenergi.

– Varför behöver vi ta bort eller omvandla dem?

– Eftersom de sänker farten.

– Hur gör vi det?

– Det gör ni genom att förstå solmönstret. Ibland är de många, men det är också då som det blir lättare att nå ren solenergi. Partiklarna drar ni in genom en magnetisk process.

– Hur omvandlar vi partiklar?

– Det kommer era professorer att räkna på. Men det en omvandling som tar tid. Därför är det viktigt att ni tar ett mönster i taget och försöker förstå vad de består av. Vi kallar dem för *nifoglymer*, men ni kan döpa om dem efter eget tycke och smak.

Det finns alltså ett mönster som solens energivågor alltid följer, även om de verkar vara oregelbundna. När de sedan frigörs från solen stationeras de ut på olika platser i universum. En del energivågor når jorden medan andra inte gör det. En del avtar direkt efter frigörelsen. En del är starka medan andra är svaga. Trots att de svaga energiutbrotten inte når ända fram till jorden kan ni ändå fånga upp dem genom att förstå solens utbrott. För om ni alltid vet när även de svaga utbrotten sker kan ni anpassa era egna frekvenser så att de möter upp dem innan de avtar.

– Är det inte väldigt långt bort?

– Det är det, men ni kommer att lära er detta i framtiden, hur ni kan möta upp energivågor som precis har släppts ut, så att ni kan använda dem som solkraft. De är nämligen mycket starkare. Inte i längden, men vid just det tillfället, vid just själva utsläppet.

– Hur gör vi det?

– Det kan ni inte göra nu, men det kommer. Då kommer era

forskare att delta i ett så kallat distansmaraton. Distansmaraton går nämligen ut på att fånga upp det som sker på distans, som pågår under en lång tid. Det är detta ni behöver göra för att fånga upp fler energivågor, även de som finns på distans.

Ni kommer även att utveckla ett nytt mätinstrument. Det är ett instrument som självt kan känna av och bedöma när nästa solarutbrott är på väg. I det här fallet syftar vi på de utbrott som sker på kortdistans, de längre kan ni redan förutse. Det är ett instrument som går att *böja* i tid och rum, det kan även *passera* förbi och det är ett instrument som kan *fånga* upp. Det kan alltså både böja, passera och fånga upp. Och det är genom detta som ni kan dra nytta av solens inre kraft ännu mer, även när det gäller dess magnetiska förmåga.

Mer än så får vi inte berätta, men det kommer. Så oroa er inte. Allt är snart på sin plats när det gäller den solkraft som ni behöver förbättra.

Och tänk på: När ni skapar ett solmönster, skapa det då efter era byggnationer, inte efter solens. Ni behöver arbeta på den nivå där ni befinner er, inte där andra eller universum befinner sig. Detta solmönster är nämligen så välkonstruerat att det kommer ta generationer innan ni helt förstår dess begrepp. Därför är det så viktigt att ni börjar skapa ett solmönster utifrån där ni befinner er just nu. Sedan utökar ni solens mönster allteftersom ni utvecklar era kunskaper. För det är ett solmönster som har många nya dragningar och som ni kan använda om ni börjar rita upp detta mönster.

– Hur ser solmönstret ut?

– Det är ett mönsterlagt pussel, kan vi kalla det, där varje bit, varje steg, varje station, utökar era kunskaper. Se det som ett schackbräde, där varje ruta representerar en särskild kvot av information och en särskild epok i er historia av kunskap. När ni förstår vad varje ruta består av, förstår ni också vad universums grund består av. Allt är nämligen uppritat in i varje liten detalj, och varje detalj har sin speciella kunskap och egenskap.

Så studera detta omkringliggande mönster ända tills ni når solens inre kärna, då kan ni applicera samma teknik i era redan befintliga solceller. Det är därför era solceller redan är indelade i rutor, där varje solcell representerar sin egen historia. Men innan ni kan räkna ut den kraft som varje solcell behöver och kan ta emot behöver ni först förstå solens hela omfång.

SOLENS OMFÅNG

Kazandra berättar:

Det är alltså solen som kommer att avgöra er framtid, både hur ni lär er att lyssna på de utbrott som sker och att ni når rätt kraft som kommer ut vid just det tillfället. För när solens strålar slocknar, när de har brunnit upp, finns det mer kraft kvar än ni har vetskap om idag, och det är den läran som är vårt nästa ämne.

Det omfång som solen består av utgörs nämligen av ampere, om vi får kalla det så. Men det är en ampere som inte kommer att fungera i framtiden. Med ampere menar vi solens styrka, solens energikraft. Vi menar inte en glödlampa i ampere; vi menar styrkan i ampere, den som solen känner igen.

Att ni inte längre kan använda ampere i framtiden beror på att solens kraft kommer att verka ännu mer oregelbundet i framtiden, framför allt när solens kraft avtar och solen har bytts ut, vilket vi kommer att diskutera längre fram. Därför kommer ni att använda en regulator i stället. En sådan som informerar om både solens kraft och hur nära inpå ert eget projekt ni kan förvalta kraften. För om ni ska kunna beräkna hur mycket kraft varje solcell behöver och kan ta emot måste ni först förstå hur solens hela kraft verkar i sitt omfång. När ni gör det kan ni också dra nytta av den kraft som solen avger innan den dör ut. Det var detta som Bermuda syftade på.

Men för att förstå det behöver vi först förstå hela solens omfång av kraft, särskilt dess inre kraft. För strålarna som solen skjuter ut skapas alla på insidan. Solen har alltså ingen yttre kraft eftersom solens kraft alltid kommer inifrån, det är där all kraft skapas. Det är alltså den delen, där solens strålar skjuter ut sin kraft som Amors pilar, som vi kan lära oss att fånga upp kraften i ett tidigt skede.

Hur gör vi då för att nå den kraft som finns på insidan? Hur kan vi nå en kraft som ligger så långt borta? Jo, vi behöver nya mätinstrument. Vi behöver nämligen en kraftfull sensor, en som kan upptäcka de mest svårtillgängliga strålarna.

Som Bermuda tidigare nämnde kommer ni nämligen att få lära er hur ni kan fånga upp även solens kortaste strålar, de som tappar sin kraft långt tidigare än andra. Och eftersom kraften befinner sig så långt borta kan vi inte räkna på samma sätt som vi gör med de långa, eftersom de avtar mycket snabbare och behöver fångas upp under olika omständigheter och förutsättningar. Då kan samma mätare känna av när de är på gång, och ni kan då fånga upp även dem i er framtida solcell, i ampere. Ni kan då lägga in hela omfånget av ampere i er data som talar om för er när nästa gång korta strålar är på gång.

Se det som er temperaturmätare. Ni har en övre del som utgör plus, och ni har en nedre del som utgör minus. När sedan amperen känner av solens strålar flyttar den upp till plus. När de korta solstrålarna är långt borta ligger mätaren på minus.

Vi kan alltså lära oss att både se och känna när och vilka solstrålar som kommer ut och vid vilket läge, vilket även går att beräkna, men inte förrän ni förstår hur solens insida fungerar. För ni har ännu inte riktigt lärt er hur hela det inre konceptet är konstruerat. För att nå detta behövs ytterligare forskning, och när ni har gjort det kommer ni att anamma en uträknande process som pågår hela tiden och kan känna av vilka och hur starka strålarna är innan de kommer ut. Ni kan då använda de korta strålarna, som är oerhört starka, i sitt tidiga skede, i era solceller.

Det blir ett speciellt instrument
som ni kommer att använda för att samla in
strålarna som är närmast solen.

Detta är alltså en inre kunskap som behöver förbättras för att förstå solens yttre kraft. Därför är det vår önskan att ni förvärvar mer kunskap om just solen, så att ni kan vidareutveckla den teknik som ni redan använder i era solceller. För om vi någonsin ska förstå solens inre kapacitet måste vi först förstå den kraft som hela universum består av. Om vi inte förstår hur universum fungerar kan vi aldrig förstå hur solens insida fungerar, och eftersom universum aldrig utgörs av begränsningar gör inte heller solens inre det.

Vad lär vi då av detta? Jo, att allt som vi behöver veta om solen och solens insida finns redan i universum eftersom allt där integrerar med varandra. Så för att förstå hur solen fungerar på insidan behöver ni bara titta på hur universum fungerar.

När ni ser kopplingen mellan hur solens inre och yttre påverkar och integrerar sig med varandra kommer ni också förstå det solmönster som vi tidigare diskuterade. För det är denna sammansvetsade kedja som förenar solens inre med det yttre och är alltså det vi vill att ni fördjupar er i nu.

När ert mönster har börjat träda fram alltmer kommer ännu en kraft att göra sig påmind. Det är en magnetisk kraft som redan används i andra solsystem, de som har kommit mycket längre än ni har. Men hör på, detta är en extra kraftkälla som ni måste beräkna, för den går inte att observera. Så ta fram ert nytillkomna räknesystem för det är då ni hittar en ny solenergi och kommer alltså att fördubbla kraften inom några år. Solens matematiska förening kommer att diskutera detta längre fram.

Efter det kommer ni att vidareutveckla era solceller, och när ni gör det behöver ni nya lagringsplattor som kan förvalta den enorma kraften, strömmen, som ni har upptäckt. De gamla plattorna kommer nämligen inte längre att vara tillräckliga, eftersom om ni använder dem ökar risken att de antingen går sönder eller sprängs, vilket inträffar när strömmen inte kan hanteras av materialet.

När ni har tillfört er denna nya kraft kommer ni även att vidareutveckla samma teknik för en transformator, vilket vi kommer att diskutera i del tre. Då kommer solplattorna att minska i storlek för att även kunna användas inom det minimala konceptet.

NYTT ÄMNE

Änglarna berättar:

För att kunna förvärva solens kraft ytterligare behöver ni även ett nytt ämne. Vi ska ta folat som ett exempel på det samspel som sker mellan solen och jorden. Det är ett mycket gammalt exempel på hur viktig omvandling av materia är för att vi ska uppnå nya, förbättrade krafter. Därför ska vi nu gå in på den sammansättning som ägde rum redan innan The Big Bang. För det är ända dit vi behöver gå för att belysa solens och månens struktur och den sammanslagning som skedde på den tiden.

Långt innan vårt eget solsystem skapades fanns det redan mängder av olika materia i universum. Det var materia som låg som en slags grund, som en förutsättning eller förberedelse för att något annat skulle kunna skapas eller hända, och en av dem var folat.

– Varför just folat? Frågar jag änglarna.

– Folat har många funktioner, bland annat är det viktigt för att vi ska må bra, särskilt kvinnor som försöker bli eller redan är gravida. Därför har folat alltid fått stå för pånyttfödelse, och var också anledningen till att just folat skapades. Kanske suckas det en del nu och menar att det inte alls finns folat i universum. Men fel, säger vi. Det finns faktiskt; det är bara en liten svårare nöt att knäcka.

Utan folat skulle vi inte ha fortbildning
från allra första början.

– Vad har folat med solen och månen att göra?

– Folat är bara ett exempel på vad som fanns långt innan vårt eget solsystem skapades, för utan den materia som fanns på den tiden skulle varken människor eller djur kunna leva på jorden. När sedan The Big Bang ägde rum, låg alla grundläggande födoämnen redan klara. Efter det kunde universum vidareutveckla sina ämnen, även till andra dimensioner. Men grunden var alltså lagd, och solen, månen och jorden kunde skapas.

Så ni förstår, allt som sker i universum har aldrig framkommit av en slump. Allt är integrerat, både i den atmosfär som vi hade då, och den vi kunde integrera oss med senare. Därför finner ni samma ämnen även på andra planeter.

– Hur skapades folat, och hur kunde det överleva i universum så att det sedan kunde appliceras på jorden?

– Folat var inte folat från början. Det var en massa i universum som innehöll ett ämne som skulle bli folat. Efter det förändrade folatet sin karaktär, efter de behov som fanns på jorden.

– Vad har det med solens kraftiga strålar att göra?

– Efter att jorden hade berörts av olika materier som den behövde, tog solen över. Solens strålar medförde nämligen att de ämnen som fanns på jorden vid den tiden kunde avskärma sig från sitt tidigare skal och förnya sig till att exempelvis bli folat, vilket är viktigt för att liv ska kunna uppstå. Det är detta även ni kan göra i processen med era solceller.

– Så om jag förstår er rätt kan vi lägga till ett ämne i våra solceller där det med solens hjälp omvandlar ämnet, vilket ökar kraften?

– Nej, inte helt. Ni behöver först nå ett nytt ämne som kan omvandlas med hjälp av solen. Därefter använder ni det i era solceller för att ytterligare öka effekten eftersom det ämnet är bättre på att fånga upp solens strålar. Det blir en extra *underliggande* (ledtråd) platta som ni kommer att lägga dit, vilket innehåller detta ämne. Då maximerar ni användningen av era solpaneler. Så solen används under flera processer innan ni är helt klara.

– Vi kan alltså omvandla ett ämne beroende på våra behov, som folatet?

– Ja, precis, och det är detta ni kommer att göra, eftersom det är det som kommer att öka kraften.

– Jag får en känsla av att ämnet redan finns här och är också avsett för just detta ändamål, som en hjälp att fånga upp solens strålar.

– Det stämmer. Men tänk på, ämnet finns i sin ursprungskraft. Exempelvis: om ni hade letat efter folat hade ni inte funnit folat. Så leta efter det som *sträcker ut sin kraft*, som sedan kan förändra sin kraft för att öka sin styrka.

Efter det kommer ni att utveckla en *färdig* teknik som även kan fånga upp månens energiförbrukning (ledtråd).

Så ni ser, allt som cirkulerar får alltid till slut fäste. Vi börjar med en materia som sedan förändrar sin karaktär, beroende på sin uppgift. Och det är på det sättet ni kommer att vidareutveckla er framtida teknik. För om ni lär er att omvandla solens och månens energier till andra faktorer kommer energin att öka. Därför är omvandling av ämnen nödvändigt, och är också syftet med vår berättelse.

Folat var alltså en förutsättning för att liv skulle uppstå. Även om det från början befann sig i en annan form, fick det alltså sedan en ny identitet på jorden. Men så är det med allt nytt. Därför är det väsentligt, särskilt när vi diskuterar universum, att vi alltid lär oss från grunden.

När ni har hittat fler av de delar som universum består av, åtminstone de ni behöver, kan ni också, som vi tidigare nämnde, använda solens och månens energinivå på ett helt annat sätt än ni redan gör. Då kommer ni även förstå vad solen försöker sända ut, och då vet ni också hur ni kan fånga upp rätt element, vid rätt tillfälle och med rätt material.

Nu var folat bara ett exempel; naturligtvis finns det mycket mer än så. Här gav vi bara en liten ledtråd om vad som finns och vad mer som finns där ute om ni bara söker lite djupare in och lite längre tillbaka i tiden. Om ni gör det kommer ni även att förstå solens, månens och jordens innehåll och deras kopplingar, vilket ni sedan kan använda för att skapa ett nytt energiflöde, en omvandlande process, precis som folatet när det gjorde sin resa.

SOLEN KOMMER ATT BYTAS UT!

Änglarna berättar:

Solens kraft kommer alltså att bringa fram nya upptäckter i universum. Det ni inte kunde se förut kommer ni att se nu, exempelvis ert nya ämne och varför ni tidigare inte kunde mäta solens hela omfång. Sanningen kommer alltså att komma fram även här och ni kommer då att segla i väg mot en ny horisont och äntligen förena era kunskaper med varandra.

Dessutom vill vi att människan slutar att prata i ord som ni inte riktigt förstår än, som att universum en dag kommer att slockna. Eller att solen kommer att sprängas och då dör hela vårt solsystem, vilket inte alls kommer att ske. Detta är endast skrämselpropaganda! Därför ska vi nu förklara vad vi menar med att solens kraft kommer att förändras.

Solen har inte alltid haft den kraft som den har idag. En gång i tiden, för mycket länge sedan, behövde den en egen värld att utvecklas i. Det är nämligen detta som är hela grundkärnan till vår sols skapelse – att den en gång i tiden levde ett eget liv innan den kunde förankra sig i vårt solsystem. Det är så alla stjärnor gör. Antingen sprängs de i syfte att släppa ut allt sitt innehåll, eller så förstoras de i syfte att bistå andra planeter både i och utanför sitt eget solsystem.

Tro det eller ej men det finns många solar som ligger utanför sin egen sfär, och det är där de bildas och processas i ett så kallat förstadium, för att sedan kunna agera sol åt en planet eller ett helt solsystem. Det är en process som är nödvändig, annars kan vi inte leva på en planet eftersom allt som skapas behöver en energikälla.

– Finns det solar som enbart agerar åt en planet, eller behöver de ett helt solsystem? Frågar jag änglarna.

– Det händer att en sol avger sin energi till andra planeter som hjälp. Men i slutändan landar den oftast i sitt eget solsystem, dit den är avsedd att vara.

– Hur kom vår sol till? Och är det sant att den kommer att sprängas inom ett x antal år?

– Det är sant, men med en liten twist. Det är faktiskt så att solen kommer att gå ur sin omloppsbana, där den sakteligen kommer att flytta sig själv utåt, för att sedan till slut sprängas.

– Om vi inte har en sol, då dör ju allt.

– Sant även det, men det finns alltid en plan inräknad när en sol förflyttar sig och det är ett utbyte av solenergi. Det kommer nämligen att komma in en ny sol i framtiden, in i vårt solsystem. Det är inget som kommer att ske inom den närmaste framtiden utan det ligger långt fram i tiden, eftersom det är en process som kommer att ta lång tid. Men den kommer att komma in och ta plats innan vår nuvarande sol har slocknat.

– Då kommer jorden att klara sig.

– Ja, men vid den tiden lever vi ett helt annat liv än vad vi gör idag. Därför kommer vi även att behöva ett helt annat solsystem. Därför behöver det ske ett utbyte av solenergi.

Detta ligger som sagt långt fram i tiden och inget vi ska gå igenom nu. Men detta byte behöver alltså ske för att vårt solsystem ska överleva. Samtidigt kommer även andra planeter att förändra sin position. För även de kommer att påverkas av detta skifte av energier. När en del i ett solsystem ändrar sin position behöver även andra göra det för att följa det nya solsystemet som kommer att bildas vid den tiden.

– Är det då den nya delen av jorden kommer att ta plats?

– Ja, fast den nya jorden är ett skifte som kommer att ske mycket tidigare och som redan är på gång. Men som du säger, det kommer att ingå som en del i samma framtida skifte. Då lever vi som sagt på ett helt annat sätt än vad vi gör idag. Solens kraft kommer då att ge oss andra och nya energikanaler.

– Varför är den händelsen viktig nu, att vi tar med den i vår bok?

– Den är viktig, eftersom det inom en snar framtid kommer att ske en förändring i solens omkrets vill vi redan nu berätta varför denna förändring behöver ske, så att ni inte blir oroliga. Det är nämligen en naturlig process där den nya solen kommer att ingå som en del av den nya världen som vi kommer att leva i i framtiden.

– Är den nya solen redan på intåg?

– Den är faktiskt det. För trots att det är väldigt långt dit är det en process som redan har tagit sin början. Så om ni ser ett tecken på en sol någonstans i universum, i ett teleskop, då är det den som kommer att ingå i vårt nya solsystem.

– Kan vi verkligen se det så långt bort?

– En del kan, men då pratar vi om väldigt långtgående teleskop.

– Hur kan solen förflytta sig och hur kan vårt solsystem ändra formation?

– Det kommer att ske genom gravitation och magnetfält. Men

det finns ännu en kraft i universum som människan inte känner till än, som omger sin kraft i omkrets, därav förflyttningen. Det är också den som kommer att belysa er framtid.

Men ni ska inte oroa er. Vårt solsystem kommer alltid att finnas kvar men i framtiden kommer den alltså att förändra sin formation.

– Om solen försvinner och den nya solen inte har hunnit ta plats än, vad händer med jorden då?

– Då kommer vi att gå in i en ny istid. För det blir under den perioden som vårt solsystem kommer att förändra sin formation.

– Vad händer med månen, då?

– Den kommer att stanna kvar men inte som en måne åt jorden. Även den kommer att bytas ut. För även månen kommer att byta omloppsbana. Den kommer då att stanna till vid en mindre planet, som ni kallar Pluto. Pluto kommer alltså att få en större plats på er karta i framtiden. Inte på grund av storleken utan på grund av den kraft som Pluto har i sitt inre, och det är den som vår nuvarande måne kommer att dras till. Jorden kommer då att få en ny måne med en helt annan kraft som kan samverka med den nya solen.

– Varför är den informationen viktig nu?

– Den är viktig, för Pluto kommer som sagt att lyftas fram som en planet igen, eftersom Pluto har mer inre kraft än ni har kunskap om. Då kommer Pluto att föra samman ny kunskap till er. Att ni ännu inte har nått den kunskapen beror på att ni redan har avfärdat den som en icke användbar planet. Men för oss utgör en planet aldrig av sin omkrets utan det handlar alltid om de inre egenskaperna, vilket ni kommer att bli mer varse om i framtiden.

Detta är en väldigt framskriden information och går naturligtvis inte att bevisa. Ni får helt enkelt tro på våra ord … eller inte. Vi kan inte bara skriva om sådant som människan kommer att tro på eller redan vet; då sker ingen utveckling. För glöm inte, om vårt solsystem en gång kunde skapas, varför skulle det då inte kunna förändras?

NY SOLKRAFT

Kazandra berättar:

När solen går in i en tid av förändring, vilket även ni kommer att göra, kan ni inte längre mäta kraften i ampere. Det var detta vi tidigare nämnde. Det är bara i början ni kan göra det. Så även om ni som lever på jorden idag inte kommer att påverkas av denna förändring av solen, kommer förändringen ändå att börja sin resa redan nu. Det är detta vi menar med förändringens tid. Därför är det av stor vikt att ni redan nu börjar anpassa er, eftersom solen kommer att förändras år efter år. Och den kraft som förändras då är själva utskjutandet av kraft och är alltså den ni kommer att använda i framtiden.

- Som en fartökare, då, eller? Frågar jag Kazandra.

- Ja, precis. När kraften behöver öka kommer ni att använda denna nya kraft som en utskjutare, och som du sa: öka kraften. När ni gör det kan ni inte längre räkna på det rent matematiskt eftersom kraften, som den besitter då, är en helt annan än den ni har idag.

- Hur kommer det sig att solens inre kraft kommer att förändras?

- Detta sker alltid när solen har påbörjat en så kallad nedstängning. Därför kan ni inte längre dra nytta av samma energi från solen som ni gör idag eftersom den energin är annorlunda.

– Är det då vi skapar en egen variant av solmagnetism?

– Ja, för under tiden som ni arbetar med er magnetiska förmåga kommer ni även att upptäcka att ni inte längre behöver vara beroende av solens kraft, eftersom det är en process som kommer att sköta sig själv när ni är klara. Precis som vi har en solverkstad på vårt skepp.

– Påverkar inte det både människor och moder jord om solens kraft avtar?

– Det kommer att bli kallare för ett tag, men inte som ni tror. Era poler, och som era änglar tidigare nämnde, kommer nämligen att byta plats. Där det är varmt nu kommer kyla att råda, vilket kommer att bli ett välkommet inslag för den delen av världen och vice versa. Så det kommer att påverka er, men det är en förändring som kommer att ta lång tid. Så oroa er inte.

Däremot menar vi att den kraft som ni behöver i er solenergi, speciellt när dagens sol avtar i styrka och innan solen har bytts ut, kommer solen inte att kunna ge er den effekt som ni kommer att behöva i framtiden.

– Kan vi inte använda våra solceller, då?

– Det kan ni, men ni behöver, och som vi tidigare nämnde, hela solens omfång av kraft. Det är den delen vi vill nå ut med nu. För när ni kommer dit, och ni märker att solens inre kraft inte längre ger samma värmebestående effekt är loppet inte kört för det. Det enda ni behöver göra då är att krypa närmare för att nå den kraft som ni behöver. Det är alltså detta vi menar när vi pratar om att fånga upp solens närmaste strålar innan de avtar, för det är de som kommer att ge er ny kraft.

– Varför just dem?

– Därför att de är mycket starkare och hållbarare än ni tror.

Så börja med att studera solens begynnelse och hela omfånget. Vidare är det väsentligt att ni även belyser det inre konceptet som ingår i solens omfång och multiplicerar det med det yttre omfånget av kraft. Annars kan ni inte öka den kraft som solen har med sig ända från insidan. Hur gör vi det? Det gör ni, och som vi tidigare nämnde, genom att bättre förstå solens insida, och när ni gör det kommer också ert färglagda mönster att framträda allt mer.

Det är solmagnetism och solmagnesium som blir
framtidens läror (elektromagnetism)
genom solens energivågors sätt att färdas på.

Änglarna avslutar:

Det gläder oss att en del forskare äntligen har tagit tag i detta med solen. Och ni kommer även ganska snart att få den information som ni behöver för att förstå hur solen kan agera som källa för jorden i framtiden. Därför är det viktigt att ni först lär er mer om denna gigantiska stjärna, utifrån hur vi kan hjälpa moder jord. Inte hur vi kan lära oss om andra delar av universum. Det tar vi sedan.

– Varför har det inte gjorts mer forskning kring solen? Frågar jag änglarna.

– Det är en ganska enkel fråga att svara på. Människans hunger befann sig nämligen i ett gigantiskt gap där vi gjorde skillnad på oss, mellan land och folk. Så i stället för att förstå började människan tävla mot varandra, om vem som kom först och tog ingen som helst hänsyn till hur vi kunde använda den kunskap vi nådde tillsammans.

Men nu när forskningen har nått ett uppdrag har vi börjat använda den information som vi får på ett helt annat sätt än vi gjorde tidigare. Vi lär oss att samarbeta och vad som är betydelsefullt, både för vår egen och moder jords överlevnad. Därför börjar ni också intressera er för solens omfång alltmer, och nästa steg är som sagt ett solmönster. Det är dessutom här ni når ny kunskap och lär er att räkna på nytt. Därför låter vi nu solens matematiska förening avsluta detta kapitel.

SOLENS MATEMATISKA FÖRENING

Solens matematiska förening berättar:

Enligt formeln där även solenergin ingår kan vi utöka den inre delen, den längre – större och mindre. Det är genom en rad olika sammansättningar som vi kan nå både vår inre och yttre kraft, och kan oftast delas i två. Det är här ”dela med”-knappen kommer in och fick sin början. Genom att lära oss om solens både inre och yttre styrka kommer vi, med hjälp av solen, att nå nya och bättre matematiska beräkningar. Ett inflöde styrs nämligen av solen och genom kunskapen att räkna kommer vi att nå nya och bättre lösningar i framtiden.

Det matematiska konceptet kommer därför att förändra sin struktur i framtiden. Detta beror på att vi behöver bättre och mer avancerade uträkningar för att kunna använda ännu mer avancerade formler. De som finns tillgängliga idag är inte tillräckliga, vilket hindrar människan från att nå hela vägen fram, trots många tidigare försök. Men när ni får tillgång till nya verktyg och en ny metod för att räkna kommer ni att förstå.

Genom att kunna beräkna solens fenomenala egenskaper kommer ni också att kunna beräkna och dra nytta av solens omfång för att förbättra ert leverne. Detta inkluderar även ett skydd som människan kan använda sig av. Genom en ny och förbättrad matematisk teknik kommer ni också att kunna beräkna och leva i en fri värld där allt är sammanlänkat.

Detta är en sols matematiska källa som ni kommer få lära er via era professorer. Den kommer innan vi förändrar året till 3. Så ta till er dessa nya formler, som kommer från nya upptäckter, och som kan väcka anstöt till en början. Men allt är en början, som kan leda er framåt, där alla kan leva i solens omfång och räkna på samma sätt.

Dessutom kommer en del professorer att ändra på hur ni kan ta er an universums heliga kraft. För även detta är av betydelse eftersom vi nu och i lagom takt kommer att delge er nya lärare som ni behöver för framtiden. Så lär från dem som tänker annorlunda och i nya banor. Gå ut med det gamla och de som står kvar i samma tänk. En ny epok inom den matematiska genren är redan på intåg. Så ta er an denna nya, positiva förändring och lär er att räkna på nytt.

Både solen och månen kommer alltså att ha stor betydelse i denna uträkning, eftersom det är dem vi behöver rikta vårt fokus på både nu och för all framtid. Inte vad 1 + 1 är. Siffror kommer inte längre att ha lika stor betydelse eftersom framtidens formler mer kommer att landa i bokstäver.

Men lär barnen allt innehåll, både siffrornas och bokstävernas betydelse, så ska ni se att våra små stjärnor snart kommer att växa upp till de storslagna vetenskapsmän och kvinnor som de är ämnade att vara på jorden. De kommer då att ta vid där Einstein en gång slutade sin karriär. En ny införsel i hans relativitetsteori kommer nämligen att lysa upp er vackra värld igen och förklara detta koncept vidare, men på ett annat sätt än tidigare.

En ännu icke helt färdig formel men som inom snar framtid kommer att belysa er med en ny rik källa - E=mc upphöjt[3]. Ett avslut här kommer att behövas och vidareutvecklas eftersom ni bland annat saknar ännu ett ”=”.

Änglarna avslutar:

För att solens strålar ska kunna färdas behöver den energi. Det är en energi som hela universum är skapat av – ett och samma energiflöde, ett och samma energisystem. Och det är just detta system som både solen och månen använder. Det blir som en slags transportsträcka. Så man kan säga att de åker snålskjuts hit men de skapas av sin egen kraft, och det är det som sker under färden som intresserar oss. Därför ska vi nu fortsätta med ljuset.

KAPITEL 3

LJUS

INLEDNING

Ärkeängel Metatron berättar:

Hur använder vi då energin som dagens sol sänder ut? För det är det vi måste börja med innan vi kan förstå hur ljuset fungerar. Dessutom, om vi ska förstå ljuset och anamma det i vår solmagnetism behöver vi först förstå begrepp som spektrum, färg och toner. Det är nämligen de som kommer ta oss förbi ljusets hastighet.

Vi ska ta ett stearinljus som ett exempel:

För att ett stearinljus ska kunna brinna behöver det en veke, men för att veken ska brinna behöver vi något som kan tända den – i vårt fall en tändsticka. Men eftersom det inte finns tändstickor i universum har universum löst detta självt genom en egen tändanordning, och i det här fallet pratar vi om rörelse. För tro det eller ej, men allt går att starta så länge det bara finns rörelse.

Vilken rörelse menar vi då, som kan tända både vår och sin egen lampa? Jo, kärnrörelse. För det är just kärnrörelse som svävar runt och skapar energivågor i universum, och det är också det som startar universums ljus. För utan rörelse kan inte universum skapa vågor, och utan vågor skulle solens strålar inte nå jordens mittpunkt (vi kommer att diskutera kärnmateria längre fram, där kärnrörelsen skapas).

Däremot, för att en låga ska kunna fortsätta att brinna behöver den syre; annars skulle ljuset slockna. Men eftersom universum inte består av syre, inte på samma sätt som hos er så att ni kan andas, behöver den något som håller i gång solens energivågor. Och det är här vårt spektrum kommer in, eftersom det bland annat är det som håller i gång universums ljus.

SPEKTRUM

Ärkeängel Metatron berättar:

Som vi tidigare nämnde färdas solens energivågor i en enorm hastighet, och det är i denna hastighet som solens strålar tar emot ett nytt energiflöde. Det är som att plocka upp passagerare längs vägen, men i det här fallet tillför passagerarna en ny och kraftfull energi som solen använder för att öka sin styrka och för att nå ännu längre. Några av dessa passagerare är joner, och det är egentligen inte så konstigt eftersom solens inre kärna också består av joner.

– Tidigare berättade ni att månen bromsar solens energivågor som en hjälp för att de inte ska bli för starka för människan. Men här ska vi lägga till, exempelvis joner, så att de ökar, stämmer det? Frågar jag Metatron.

– Så bra att du tar upp detta. Vi förstår att det kan vara förvirrande. Vad vi menar är att om månen inte hade balanserat de energivågor som solen sänder ut skulle ni få möta helt andra krafter och i en helt annan hastighet än vad ni gör idag. Men i det här fallet, när vi nu ska skapa en ny och förbättrad kraft, behöver vi använda samma teknik, men i en annan kontext. Vi behöver nämligen lära oss hur vi kan överträffa ljusets hastighet.

Hur kan vi då applicera dessa joner i vårt ljus? Och hur tillämpar vi ett spektrum enligt vår tankegång om ljusets väg? Men framför allt, vad är ett spektrum? Många känner säkert redan till hur ett spektrum fungerar, när ljuset delas upp i olika våglängder. Men hur många känner till att vi även kan använda samma princip för att dela upp andra elektromagnetiska vågor, baserat på deras hastighet? Och vad händer egentligen mellan dessa delar, i det vakuum som råder i universum och där ljuset rör sig och överstiger ljusets hastighet?

– Vad är ett vakuum?

– Ett vakuum är ett tomrum. Ett tomrum som egentligen inte borde finnas, men eftersom det har ett namn och det är något så finns det. I ett vakuum lagras energi. Det är en process där vi lagrar och omvandlar olika materian. Därför uppfattar människan det som en uppdelning av ljus, när det egentligen sker en omvandling av ljus. En omvandling sker nämligen i olika stadier, beroende på vilka ämnen ljuset passerar innan det delas. Det är denna process som vi kan använda för våra behov

Ett spektrum är alltså enligt oss flera rum av ljus efter det att en delning har ägt rum, där du kan göra om och tillverka nytt utifrån det som kommer in – en omvandlare. Det är dessutom en sådan vi behöver nu, fast en bättre, en sådan som kan omvandla både solens och månens energirika strålar till den energi som vi behöver i framtiden.

– Jag trodde spektrum var, och som ni sa, när ljuset delar upp sig i olika våglängder.

– Ja, precis, och det är just den delningen vi ska använda. Men det är inte bara själva processen i sig vi är ute efter – vi vill även öka styrkan.

När ljuset befinner sig i ett vakuum, i universum, det är då vi når ljusets hastighet, eftersom det inte finns något där som kan bromsa det. Men om ljuset når vattnet eller sanden som jorden består av kan det inte längre färdas lika snabbt eftersom de partiklar som finns i vattnet eller sanden bromsar farten.

Vad vi förespråkar i stället är det vakuum som finns i universum, när ljuset når sin topp. För det är när ljuset når sin topp och det inte längre finns andra delar som kan bryta eller sänka ljusets hastighet som vi når den fart som vi vill att ni använder. Men att vi i stället tillsätter andra komponenter som kan öka ljusets styrka.

Det är också här vi kommer in på att tanka på nytt, vilket vi gör när vi hämtar upp passagerare. För det är vid varje tankning som vi kan öka ljusets hastighet, och om vi gör det kan vi också använda samma process i vår elektromagnetiska sfär. Därför kallar vi det för spektrum, eftersom det endast är efter en delning som vi kan tillföra oss andra eldrykande komponenter för att öka hastigheten, och det är precis detta vi är ute efter som en strömbärande källa.

Vi ska också nämna att det finns många forskare som redan har tillfört sig mängder av information när det gäller ljusets tidiga resa. Därför ansåg vi att just den informationen inte var viktig för oss; i stället fokuserar vi på processen som sker *efter* en delning.

– Vad ska vi placera i vakuumet, efter att en delning har ägt rum? Och hur ska vi veta vad vi ska omvandla det till?

– Det kommer ni att finna ut inom en snar framtid. Här vill vi endast belysa dess vikt, och enligt oss är det en bra väg att gå för att nå fram till en bättre elektromagnetisk solenergi.

– Då behöver vi först skapa ett vakuum, och hur gör vi det?

– Vi kan inte skapa samma vakuum som finns i universum. Ett

vakuum är något som bara existerar eller har uppstått av sig självt. Därför behöver vi skapa något som liknar ett vakuum, där inget annat existerar och där vi kan omvandla strukturen.

– Hur kan vi både tillsätta och omvandla partiklar om det sedan är de som bromsar hastigheten? Hur kan vi då öka farten eller använda den vidare inom den elektromagnetiska sfären?

– Det är väsentligt att vi hittar en god lösning på detta vakuum och endast skapar delar som verkar positiva för miljön. Vi kan alltså inte skapa något som bromsar. Därför är det viktigt att vi inte tillsätter några ämnen förrän efter en delning, eftersom det då finns fler strålar som vi kan använda och omvandla på nytt.

Det är dessutom här vi kan förbättra våra kunskaper om ljusets hastighet och bättre förstå den process som sker i ett vakuum.

LJUSETS HASTIGHET

Ängel Sepatzon berättar:

Vi änglar har alltid kunnat ta oss fram mycket fortare än ni hinner blinka, och om något kan röra sig fortare än ni hinner blinka kan det också ta sig fram fortare än ljuset. Därför motsäger vi en del vetenskapliga teorier som säger att ljuset inte kan brytas, att ljusets spegel aldrig kan gå helt isär, eftersom om du aldrig når den kan du heller inte besegra den. Och om du inte kan besegra den är du inte snabbare än så.

När vi berättar om ljusets hastighet pratar vi alltid även om oss själva, eftersom våra tankar påverkar den kommunikation som vi har med er på jorden. Därför kan en del uppleva vårt energiflöde som väldigt förvirrande, eftersom det är både snabbt utvändigt och starkt i sin karaktär.

– Hur påverkar det oss, när vi skriver automatskrift? Jag kan inte skriva i ljusets hastighet? Frågar jag Sepatzon.

– Du är för härlig. Vi menar inte så. När vi stannar till i din kanal kan vi mellanlanda hos dig. Så när vi svävar och tar oss fram med hjälp av tankens kraft påverkar det både oss och er. Men vi kan även dela på oss och sväva förbi i all hast utan att ni märker det. Fast en del kan, men endast de som har lärt sig att anamma det lilla, och det är i det lilla vi finner ljusets hastighet.

Med det "lilla" menar vi att varje människa, sak eller annan form är skapad utifrån en enda liten atom. Så om du förstår hur små delar fungerar och är uppbyggda i det lilla kan du också lära dig om det stora. Allt stort utgår nämligen alltid från det lilla, det enkla, den del som vi sedan bygger vidare allt på. För om vi inte först lär oss och förstår grunden, det lilla, kommer vi inte heller vidare, varken i vårt andliga arbete eller förståelsen för universum.

– Ursäkta, men vad har det med ljusets hastighet att göra, älskade Sepatzon?

– Även ljuset började som en enda liten atom, som sedan blev större och större allteftersom andra fenomen och partiklar lades till. Så om vi inte förstår hur en liten atom är uppbyggd kan vi inte heller förstå den fortsatta konstruktionen.

Det finns en felmarginal här som människan inte har räknat med, och det är både den massa och de partiklar som färdas tillsammans med ljusets hastighet. För det är genom att tillföra oss material längs vägen som vi kan nå samma höjd. Annars hade vi inte kunnat vandra samma väg eller nå samma resultat. Därför tror många att vi behöver bli snabbare för att nå mer, vilket inte stämmer. Vad vi behöver göra i stället är att överlista dess natur.

Det är nämligen genom varje ansamling av nytt material längs vägen som hastigheten ökar. Det blir, som sagt, som att tanka på nytt vid varje bensinstation. Men en bil, trots all bensin, kan inte gå fortare än den klarar av eftersom det finns en begränsning. Men i universum finns det inga begränsningar, därför kan ljuset också ansamla sig på nytt. Så för varje ny tillförsel av ljus ökar ljusflödet, och för varje ökning av ljusflödet ökar även ljusets hastighet.

Därför kommer vi att bryta den barriär i framtiden som hindrar ljuset från att gå snabbare. Och det är just detta vi änglar gör; annars skulle vi inte kunna nå ut till så många samtidigt. Alltså kan vi vistas både i framtidens och dåtidens rum. För även vi lever och verkar efter ljusets hastighet eftersom allt runtomkring oss gör det. Så det som påverkar universum negativt på verkar även oss negativt och så vidare.

För den skull är det av stor vikt att ni lär er mer om detta och besöker fler laboratorier där ni tillsammans lär er hur ni kan bryta ljusets hastighet. Det är en förbättrad teknik som andra solsystem redan använder i dess goda syfte. Det är även genom denna teknik som de redan har uppnått flera fördelar eftersom de har en bättre förståelse både för sig själva och hela universum.

En ny ljusare framtid kommer att komma där vi når över och förbi ljusets hastighet.

Sakta ner – och vi kan nå dåtidens rum.
Öka – och vi kan nå framtidens innehåll.

Människan säger att när ljuset har nått sin topp då är ljuset färdigbyggt, men så är det alltså inte för oss. Det finns alltid en fortsättning, även i detta område. Och för att förstå det behöver vi även fördjupa oss i färger och toner.

FÄRGSPEKTRUM

Änglarna berättar:

När solens energivågor når jorden sprider den ut sin energi (partiklar) över hela planeten i form av värme, energi och färger i sin mest intensiva form. Därför kommer vi nu att diskutera vilka dessa färger är och vilken betydelse de har för både oss och jorden. Även regnbågens färger påverkas av dessa partiklar (joner) när solens strålar når vår atmosfär. Och för att partiklarna ska kunna röra sig behöver de något att greppa tag i, och i det här fallet tar de tag i solens dragningskraft.

– Vad har det med regnbågen att göra? Frågar jag änglarna.

– En regnbåge är ett ljusspektrum, och vi vill stanna kvar vid just spektrumets verkan eftersom det är den som kommer att avslöja sina dolda kunskaper i framtiden. Det finns faktiskt fler färgspektrum som människan ännu inte har observerat.

– Jag har lärt mig att en regnbåge uppstår när solen lyser på nedfallande regn, och det är då vi kan se och uppleva en färgskala.

– Det stämmer; det är ett vackert färgspel som uppstår när solens strålar träffar dropparna. Men det är inte den anknytningen som vi vill förmedla nu, den biten kan ni redan. Det vi vill förmedla är ett annat tillvägagångssätt – hur solen, med hjälp av sina passagerare, även kan påverka våra färger, de vi har på jorden. För även solen har en stor inverkan på det som sker när färger lyser upp jorden och det är detta färgsprakande fenomen som vi vill att ni vidareutvecklar nu.

Att vi tar joner som ett framtida exempel grundas i joniserad energinivå, med tillhörande färger eftersom det är det som kommer att användas alltmer i framtiden. Och det är här ljuset kommer in. Därför vill vi att ni utökar era kunskaper när det gäller hur joner tillsammans med solen möter vattnet som jorden består av och hur de genom det mötet kan skapa fler vackra färgspel. För när joner exponeras i vatten med hjälp av solen lyser de upp i sina klaraste färger.

Men eftersom universums joner är mer flyktiga, är det också det som gör att människan ännu inte har påbörjat denna fantastiska resa. Vi har alltså ännu inte anammat den i vår elektromagnetiska sfär, men vi vet att ni kommer att göra det i framtiden. Därför är även färgsättning och förståelse betydelsefullt när vi grundar oss i framtida förnybara energier, eftersom olika färger symboliserar hur långt ljuset kan färdas. När vi förstår detta färgspektrum kan vi använda det i vårt schema för olika framtida energinivåer.

Se det som ett trafikljus där färgen förändras för varje rörelse. Den börjar överst med rött för att sedan öka i styrka till gult och vid grönt kör ni i väg. Det är då styrkan är som starkast.

Så studera vidare i det som med hjälp av solens omfång går att omvandla, precis som regnbågen gör. Det är den delen av spektrumdelningen som vi är intresserade av, och hur vi genom att anamma joner till denna ljusets värld även kan få andra färgspektrum att ske. För varför skulle det inte påverka att tillförseln av joner skulle få vårt ljus att både expandera och utveckla sig? Speciellt när luften, den som sammanstrålar sig med solens strålar, redan innehåller både positiva och negativa joner.

Det är också redan vida känt att negativa joner får människan att må bra, därför behöver vi dem. Så om något negativt i den bemärkelsen kan få oss att förändra både vårt inre och yttre välmående till något gott, varför skulle då inte en jon kunna införliva sig i denna ljusets värld och för alltid, och med hjälp av solen, förändra den färgskala vi använder idag?

TONER

Ärkeängel Mikael berättar:

Så om vi kan utöka ljuset och få det att sprida sig åt alla möjliga håll kan vi också förstå de ljussignaler som universum sänder ut, samt varifrån de kommer. För om vi inte lär oss hur ett instrument fungerar kan vi inte heller spela på det. Men om vi förstår var alla noter, toner kommer ifrån blir det lättare att spela på universums toner. För varje delning som ljuset gör uppstår det nämligen alltid ett nytt ljud, en ny ton. Och för varje foton som själen berörs av kan du, om du är tillräckligt lyhörd, nå dessa ljud. Toner rör sig nämligen fram i vågor eftersom ljuset gör det. Därav når de ett fint samarbete.

Exempelvis, om vi slår på olika glas där det finns olika mängd vatten i, har vi lärt oss att de avger olika toner. Men vad händer om vi utsätter dem för universums ljus under samma pågående process? Skulle ljuset som passerar igenom då förändra tonerna, beroende på mängd vatten?

Vi vet att detta är en metod som redan finns hos er. Men det vi avser med detta exempel är hur människan arbetar för att uppnå ett nytt resultat. Därför vill vi att ni i stället fokuserar på universums ljus och ljud genom att använda samma teknik som glasen.

Glaset kan vara en stjärna. Kan vi höra ljudet från en stjärna när annat ljus rör vid dess yttre? Och vad avgör hur en stjärna låter? Finns det ljus och ljud mellan stjärnorna? Vad händer om en stjärna är full av väteoxid; tillför det ett annat ljud då? Och skiljer det sig åt när ljuset kommer från andra delar av universum och så vidare?

Även detta hörande kommer att öka hos många själar i framtiden, där vi bara genom våra egna sensorer kan fånga upp universums ljud. Därav kommer en del få det kämpigt ett tag innan de förstår vilka dessa ljud är, eftersom vi inte är vana vid universums ljud då vår 3D värld har blockerat dessa våglängder.

Så om du plötsligt börjar höra starka toner med vibrationer i bakgrunden kan det likväl vara att du börjar förnimma universum och den kraft som finns där. Då kan du komma i kontakt med just den stjärnan. Ulrika har redan detta hörande och lever med det dagligen, och allt fler kommer, som sagt, att utöka sin kraft även inom detta område.

Varje ljuspunkt i universum
består alltid av en ton.

Det finns alltså redan många överkänsliga själar, fler kommer i framtiden, som kan uppfatta dessa toner, därför är det också de som kommer att forska vidare i detta. Vi behöver nämligen forskare som är lyhörda för den inre resa vi är på nu, för det är endast på det sättet vi kan förstå sambandet mellan ljus och toner. De behöver alltså själva få höra och uppfatta dessa toner, genom sin själ, för att sedan kunna integrera dem. På så sätt kan de förena dem med det ljus de ser inom sig.

Hela universum är skapat
från olika ljusstationer där alla har
en specifik ton.

De mediala förmågor som har kommit långt på sin resa kan alltså hitta och koppla samman dessa toner, vilket oftast sker för att du befinner dig vid just den ljusstationen, i din mediala utveckling, och som du kanske behöver arbeta mer på. Eller så känner du dig helt enkelt mer hemma i just den tonen, eftersom själen alltid reagerar på det den känner igen, vilket oftast beror på att du är i den läran just då. Och det är just denna förnimmelseförmåga som vi behöver nå mer av i framtiden, när vi skapar mer ljus utan att det berör elektricitet.

Därför har vi valt att nå ut med den kunskapen redan nu och låta våra unga själar som forskar i universums ljus få göra det. Så en god tanke är att du finner den ton som är betydelsefull för just dig, i ditt liv. Din själ kommer att känna av den djupt inom dig och förstå den ljuskälla vi alla kommer ifrån. Så om du ser och förstår sambandet mellan hur ljus kan utöka sig och samtidigt nå universums toner, då ökar dina kunskaper. För om vi, precis som en atom, förstår att den inte bara går att dela på utan att vi även lär oss vad som sker runt omkring den, då når vi också mer kunskap. Samma gäller med ljuset.

Det är på så sätt vi vill sammanlänka framtidens sätt att arbeta, även i forskningssyfte. Därför behöver vi nu fler forskare som kan förstå och nå ljus och toner för att vi ska förstå hur universum fungerar. För om du inte kan känna av denna beröring blir det svårt för dig att nå framtidens ljusresultat.

Kort summering:

I ett vakuum lagras energi. När solens strålar når detta vakuum sker en delning av ljuset. Vi tillför då partiklar men först efter en delning. Efter det sker ytterligare en delning och vi kan då tillföra nya partiklar och så vidare. Ju mer vi delar och tillför partiklar, desto snabbare ökar farten och vi kan nå förbi ljusets hastighet.

När ni förstår vad varje färg symboliserar och hur långt ljuset kan färdas, kan ni även anamma det i ert framtida färgschema. När ni förstår hur ljuset sprider sig eller slocknar, och att tonen också gör det, kan ni använda ljussignalerna i olika tonsättnings-system.

När ni förstår hur viktigt universums samspel är kommer ni även att utveckla er själva. För det är ett samarbete som måste till nu för att det ska ske en förändring. Vi måste lära oss hur vi kan integrera oss med universum och se oss som den tillhörande del vi faktiskt är. En bit i det pussel som universum är skapat av. Att vi inte är de som styr utan att vi är en del, en liten men en viktig del i allt som styr, lär, lever och existerar i universum.

KAPITEL 4

UNIVERSUM

INLEDNING

Nikodemus berättar:

Nu, mina älskade vänner, ska vi äntligen sväva ut bland stjärnor, svarta hål, magnetfält och en hel del annat kul. Vi har delat upp allt i fem delar, och det är krafter som vi kommer att diskutera ända fram till nästa del. Men syftet är inte bara att redogöra för hur universum fungerar enligt oss, utan även att belysa de delar som vi kommer att bära med oss in i den nya jorden.

1. Vem skapade universum?

2. Bakgrunden till allt – våra tre producerare. Det är de som gjorde det möjligt för allt att ta plats och växa.

3. Gravitation och magnetfält, vilket var nödvändiga för att vår första stjärna skulle kunna bildas.

4. Stjärnans betydelse och utveckling – för universums fortsättning.

5. Svarta hål och kvasarer.

Låt oss börja vår resa genom att utforska varje del i detalj:

VEM SKAPADE UNIVERSUM?

Nikodemus berättar:

Universum är allt, inklusive vår del av andevärlden, eftersom vi och universum alltid integrerar oss med varandra. Vi är alla ETT. Men det finns regler som även universum måste följa, trots att det inte finns någon gräns, och det är just dessa regler som människan behöver studera nu. Universums huvudregel lyder nämligen: allt vi rör vid ger vi alltid åter. Allt universum rör vid ger universum alltid åter. Det är en helig skrift och det är alltid efter den vi lever och arbetar i andevärlden.

Om vi inte verkar i enlighet med universums lagar kan vi inte leva där. Om vi inte följer de regler som gäller där kan vi inte heller uppnå samma resultat.

Men varifrån kommer då universums heliga kraft från början? Och varför är den så svår att förutsäga att vi ibland får felaktig information? Svaret på den första frågan är Gud. Det var alltså Gud, vår Herre, som var med och skapade det första antagandet av stjärnor. Därför är universums kraft så helig.

Att universums kraft är helig, både för oss och människan, beror alltså på den heliga kraft som Gud besitter – en stjärnas både inre och yttre styrka. För utan Guds heliga kraft, den han gav när vår första stjärna skapades, skulle den inte kunna stå emot den enorma kraft som universum består av idag.

Guds heliga kraft är alltså så kraftfull att han kan driva hela universum, och han ger alltid en liten bit av sig själv till de stjärnor som föds och samlar in det stoft som bildas när en stjärna dör. Därav går inget till spillo. Allt används för att skapa nytt. Och ju mer hans begåvning ökade, desto mer ökade universums. Ju starkare en stjärna blev och utvecklades, desto starkare blev också Guds heliga kraft, vilken han sedan använde för att hjälpa människan fram.

– Står Gud högre än universums kraft? Frågar jag min far.

– Nej, vi menar inte så. Vi samarbetar och följer alltid det koncept och det flöde som finns i universum. Därför lider själen heller aldrig nöd och har alltid ett hem att återvända till.

Därför kallas det universums heliga kraft, och Gud använder endast kraften i dess goda tjänst.

UNIVERSUMS BEGYNNELSE

Änglarna berättar:

Hur började då allt? Hur började universum? Och vad kom egentligen först, hönan eller ägget? Dessutom, hur gör vi för att förstå vad som kom först? Och varför är det så viktigt att veta? Eller rättare sagt behöver vi veta vad som kom först och vem säger i så fall det? Och kan människan forska vidare även om vi aldrig skulle nå ett tidigt resultat om vad som kom först?

Så om vi säger att hönan kom först, för utan en höna kan vi inte få ett ägg. Då kanske ni säger: ”Men utan ett ägg kan vi inte få en höna!”. Se hur vi kan vrida och vända på allt. Därför införde vi i stället en begynnelse, universums begynnelse, och det är alltid utifrån den som vi samverkar.

Det är nämligen genom att förstå och acceptera den som det blir det lättare att förstå grundproblematiken – ett tidigt resultat. Men för att förstå grundproblematiken behöver vi först förstå funktionen. Vi kan alltså, i detta ärende, inte påbörja en begynnelse innan ni har lärt er hur en stjärna skapas, vilket ni redan kan. Det är nämligen först efter den kunskapen som vi kan börja förstå universums begynnelse.

Begynnelsen går nämligen ut på läran om *hur allt började,* men också om *hur allt sedan utvecklades*. Det blir som en omvänd film, där man först skapar en händelse för att sedan gå tillbaka till hur allt började. Därför vet ni redan att det krävs gas för att skapa en stjärna, men för att få fram rätt gas behöver vi även tillsätta andra komponenter, bland annat en som vi kallar för *reaktion*. Men varifrån kommer då denna reaktion? Det är nämligen hit vi kommer när vi diskuterar vad som kom först – hönan eller ägget. Vi går tillbaka till hur allt började.

Vi har delat upp begynnelsen i två delar:

Begynnelse 1

Många vet redan hur man klyver en atom, vilket innebär att man skickar en neutron mot en uranatom, som klyver atomkärnan och frigör nya neutroner. Dessa kan i sin tur slå isär fler atomer och en kedjereaktion uppstår. Men historiskt sett fanns inte den klyvningen (kedjereaktionen) med från början; den skapades som en singularitet från allra första början, som en ensamstående reaktion.

Verkar det omöjligt? För oss är det nämligen den mest självklara delen i världen, eftersom om en enda reaktion inte skulle kunna agera ut ensam och föröka sig skulle det inte ske en utveckling. Därför behöver vi acceptera att en ensam händelse, en liten del i universum, kunde växa trots att den var oberoende av andra.

Detta är heller inget nytt fenomen. Det finns celler på jorden som också kan utöka sin krets på egen hand. Allt sker efter jordens, solens och månens dragningskraft, och det är viktigt att människan förstår det.

– Hur kunde det växa? Det skulle vara som att en kvinna blev gravid utan en mans spermier? Frågar jag änglarna.

– Du har så rätt, och det var faktiskt så allt började – att en ensam reaktion kunde producera fler reaktioner av sig själv eftersom den var skapad för att kunna göra det. Det fanns nämligen en analog på den tiden, en signal, innan The Big Bang ägde rum. Det var den som sedan hade en viss påverkan på samma reaktion.

Dessutom, glöm inte att universum såg helt annorlunda ut på den tiden än vad det gör idag. Därför agerade ämnena utifrån det som fanns då. Alltså började allt med en enda sak som kunde fördubbla sig själv i antal. Dock med en viss påverkan från andra anspråkslösa ting som en reaktion.

– Men då var han inte ensam, eller?

– Det var han. En analog är en signal medan en reaktion skapas av en händelse – att något sker. De samverkar inte med varandra; den ena uppstod utifrån den andres verkan och det var så det utvecklades.

– Så analog och reaktion är som hönan och ägget – vem kom först?

– Ja, precis. Men skillnaden är att vi vet att reaktionen kom först, men att det var analogen som sedan vidareutvecklade och skapade universum. Det var alltså analogen som reagerade på reaktionen som sedan sände ut fler signaler och därav fördubblades dem.

Detta är den första delen av universums begynnelse, att en enda singularitet kunde fördubbla sig. Vi behöver alltså bara acceptera att det var så eftersom universum såg helt annorlunda ut vid den tiden.

Begynnelse 2

För att en ensam reaktion skulle kunna agera ut och fördubbla sig behövde den bestå av något starkt. En svag sammansättning med enbart exempelvis vattenmolekyler skulle inte avge samma styrka i sin ensamhet. Här krävdes något som kunde bilda gas, bland annat kväve, helium och så vidare. För i den atmosfär som fanns då, fanns det endast ett gigantiskt mörker eftersom den första stjärnan ännu inte var skapat.

Men som många redan vet, har det påträffats liv även i den mest mörklagda vattenhålan. Det går alltså att hitta något även i det mest ogästvänliga, mörka utrymmet. Det är också här som mörk materia kommer in, som vi kallar kärnmateria eftersom det var utifrån den som allt sedan tog fart (vi kommer att diskutera kärnmateria längre fram).

Vi har nu reaktion - analog - gas (väte och helium). Processen var i gång.

Det var alltså detta som utgjorde grunden:

- Att en ensam soldat kunde föröka sig.

- Att hitta ursprungskällan, vilket vi finner i kärnmaterian.

– Vad har det med stjärnor att göra, älskade ni?

– Det är av stor vikt att vi alltid först förstår grunden, var allt kommer ifrån. Men ett hundraprocentigt svar kommer ni aldrig att få på den frågan. Vi nämner endast kärnmaterian och en ensam soldat eftersom de är begynnelsen till allt som kom senare – hur gas och en stjärna kunde bildas. Kärnmaterian var alltså endast ett utrymme där all nybildad kraft samlades.

– Fanns inte andevärlden vid samma tidpunkt?

– Nej, universum är mycket äldre än vad vi är, men vi kom inte långt därefter. Själen fick nämligen sin egen tid att skapas när våra stjärnor skapades, eftersom själen inte kunde skapas förrän vi hade nått fram till de ämnen som en stjärna innehåller, det som själen består av. På den tiden fanns det mest svävande materia, därför tog det också lång tid att utveckla en själ.

Själens utveckling har alltså alltid följt universums utveckling för att kunna anpassa sig till de förhållanden som råder där. När livet sedan började ta plats på jorden ökade även själens utveckling. Detta var för att ge den de förutsättningar som den behövde för sin egen överlevnad, och allteftersom människan skapades och utvecklades gjorde själen också det.

Summering:

- Reaktionen startade allt.

- Analogen skapades utifrån den ensamma soldatens reaktionsförmåga – reaktionen skapade olika signalsystem. Analogen hade i sin tur en viss påverkan på reaktionen, vilket i sin tur skapade fler reaktioner, och så fortsatte det. De började helt enkelt samverka.

- Efter det tog andra element över och skapade en process, vilket vi idag kallar *den universella processen*, så att universum kunde påbörja sin resa och vår första stjärna bildades, och det är här kärnmaterian kommer in. Kärnmaterian skapades alltså av och i processen.

Vi har ritat en förenklad bild:

Hur de började integrera och expanderade kärnmaterian, som sedan tillsammans skapade en kärnreaktion.

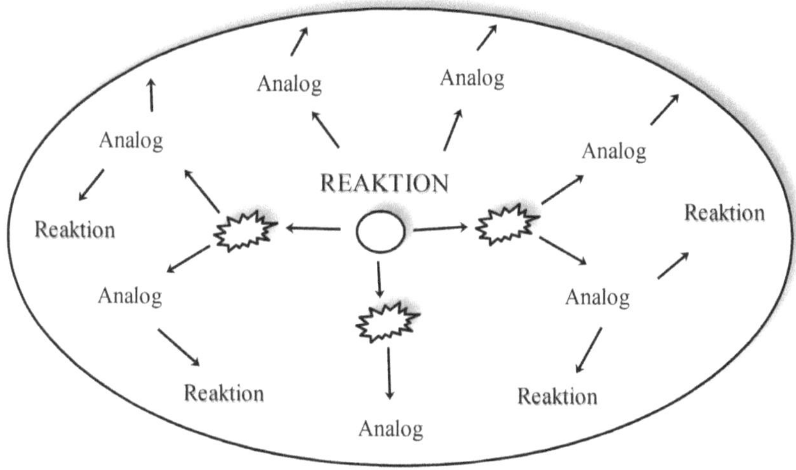

– Så om analogen inte hade skapats, vad hade hänt med reaktionen då?

– Då hade reaktionen inte kunnat *hävda sin kraft*, som vi kallar det, och skapa en fortsättning.

– Då behövde reaktionen något annat för sin fortsättning. Räknas det ändå som en ensam soldat då?

– Det gör det, eftersom reaktionen skapades i sin singularitet; den kunde alltså fördubbla sig utan någon annan, och det är detta vi menar med att en ensam soldat kunde föröka sig. Men naturligtvis har du rätt, allt fortsatte sedan när analogen fick fäste och kunde sedan starta processen.

Så allt som allt krävdes det en reaktion som skapade signaler, analoger, som kunde föröka sin kraft och processen var i gång, vilket till slut skapade en kärnreaktion som ni kallar The Big Bang. Men det var inte förrän långt efter detta som The Big Bang inträffade, som ett resultat av universums expansion. The Big Bang inträffade inte heller helt enligt vad som har skrivits i era böcker. Visst skedde det en explosion, men inte förrän mycket senare än ni är medvetna om.

Detta är inget vi ska gå igenom nu, men The Big Bang har egentligen en helt annan bakgrund än ni vet om. Därför kallar vi det kärnreaktion i stället. Den början som uppstod då, innan The Big Bang, kommer andra högt mediala själar att börja skriva böcker om, där de berättar den korrekta versionen av hur och varför universums kraft uppstod. Delar, när det gäller The Big Bang, är nämligen en uppdiktad version, eftersom de inte hade en annan förklaring att tillgå på den tiden, och de ville ge ut sin version långt innan den rätta versionen kom ut.

GRÄNS

Änglarna berättar:

Det som ligger till grund för universums enorma utveckling är den frihet som finns där. Det styrs nämligen inte av någon gräns. Detta var också nödvändigt; annars skulle vi inte ha det universum som vi har idag. Universum styrs alltså inte av en gräns eftersom det lever på att det finns en obegränsad natur. Det är människan som sätter gränser.

Hur kan vi då göra detta utförliga påstående? Det kan vi eftersom universum är bestående – det som finns i universum kan aldrig ta slut. I andevärlden lever vi nämligen efter universums energiflöde och lagar. Så om det fanns ett begränsat utrymme i universum skulle det även begränsa din själ, inklusive den del som berör fotoner, den del som ger själen ljus. Och om både stjärnor och fotoner skulle försvinna skulle själen också försvinna. Därför är universum skapat som ett enda stort ihåligt flöde där det inte finns begränsningar, och allt går att återskapa.

Exempelvis, låt säga att moder jords resurser skulle ta slut, vilket skulle få förödande konsekvenser … för människan, inte för moder jord. För moder jord kan alltid återuppstå inom sinom tid. Därför finns det begränsningar hos människan eftersom ni är beroende av att jorden existerar och fungerar; annars dör er fysiska kropp.

Människans avgörande begränsning ligger alltså i hur jorden mår, och om vi inte tar hand om moder jord då spelar vi också bort den gräns som vi hade innan. Därmed förkortar vi livet även för oss själva – vi minskar på vår gräns och vårt eget öde. Men universum fungerar inte så. Allt som finns i universum går alltid att återskapa och om det alltid finns och alltid går att återskapa då finns det heller ingen gräns.

Därför är det viktigt att människan lär sig att använda universums kraft som ett framtida bränsle eftersom all kraft som finns där aldrig kan ta slut. Men om moder jords olja tar slut, då tar den slut. Om moder jords kol tar slut, då tar den slut. Om moder jords sand tar slut, då tar den slut. Inget går att återskapa. Det är alltså avgörande att ni väljer inom vilken gren ni vill tillhöra, den begränsande världen eller den utan gränser.

– Hur kommer det sig att allt i universum går att återskapa? Frågar jag änglarna.

– Att allt går att återskapa utgörs av en grund. Om det alltid finns en grund tar det heller aldrig slut. Därför var analogen och reaktionen så viktig, för det är två delar som du aldrig någonsin kan ta bort.

Universum är dessutom väldigt sparsamt och ser hela tiden till att grunden alltid finns kvar. Det sparar, det planerar och därav skapar det hela tiden en bra utgångspunkt för sig självt. Till skillnad från människan, som ännu inte har nått denna taktiska förutsättning, eftersom ni gräver och gräver tills även grunden tar slut, och om grunden är borta går den heller aldrig att återskapa.

Det är detta som är problemet för människan. Ni hungrar så mycket efter mer och mer att ni till slut även tar bort grunden. Ni bygger och bygger och lever i en värld där ni tror att människan är oövervinnlig, och ni lyssnar inte på de varningssignaler som kommer utan fortsätter som om ingenting har hänt. Universum fungerar inte på det sättet. Därför kan universum heller aldrig slockna.

KOMMER UNIVERSUM ATT SLOCKNA?

Änglarna berättar:

Naturligtvis kommer stjärnor alltid att dö, men inget kan någonsin utplånas helt eftersom grunden i universum är så stark. Vi köper alltså inte hela denna negativa historia. Detta är endast skrämseltaktik, för att ni ska leva i rädsla! Universum kommer ALDRIG att slockna! Så oroa er inte. En del vetenskapsmän och kvinnor besitter inte hela universums växande kraft, och vi ska då inte heller prata om det vi inte har kunskap om. Dagens forskare besitter endast 1,5 % av hela universums kunskapsfält. Så det är ett vågat uttal enligt oss, trots så lite kunskap i området (Det står 4,5 % i era böcker men detta stämmer alltså inte).

Därför finner vi det också svårt att förstå varför människan räknar som ni gör och påstår sig veta när hela universum kommer att slockna. Detta trots att människan endast har funnits på jorden i cirka 200,000 år, medan universum är flera miljarder år gammalt. Men all uträkning är ett framsteg och någonstans måste vi börja, och det är där människan är, i början av hela universums kunskapsfält.

Så sluta prata om universums undergång, för det kommer ändå aldrig att ske! Har vi andra universum som vi kan vandra i? Ja! Har vi andra solar om vår egen skulle bytas ut? Ja! Finns det parallella världar till jorden? Ja! Kommer vårt universum någonsin att slockna? Nej! Universum kan aldrig försvinna, slockna eller dö ut. PUNKT! Därför att vi har en tydlig grundlag – pånyttfödelse.

Det är alltså utifrån den lagen som allt levande ting verkar och växer i, att om något dör måste alltid något nytt växa därtill. Så för att förstå hur universum fungerar vill vi att ni i stället pratar om pånyttfödelse. Och det kommer forskare i framtiden som kommer att vidareutveckla detta koncept, att universum är oändligt eftersom pånyttfödelse alltid är starkare än slutet.

Endast universum är för evigt
en bestående del,
men dess innehåll kommer alltid
att förändra sin karaktär.

Änglarna avslutar:

För att nå begynnelsen behöver vi både forska vidare i, använda och acceptera universums begynnelse. Att acceptera att en ensam soldat kunde multiplicera sig själv utan andras påverkan. Och när vi förstår att universum är en evighetskälla som aldrig kan slockna, kan vi också använda samma teknik som universum använder för att skapa de förutsättningar som vi behöver för att ta oss vidare. Och den kraft som fanns då, när allt började, finner vi i kärnmateria och det är dit vi ska nu. För det är egentligen här allt började, i kärnmaterians fantastiska värld.

KAPITEL 5

BAKGRUNDEN TILL ALLT

ASTRALRESA

Ulrika berättar:

Vad finns då där ute, bakom allt? Genom en astralresa som jag gjorde tillsammans med ärkeängel Metatron fick jag fram följande information:

Jag sätter mig ner i min meditationshörna och fyller mitt inre med avslappnande musik. Jag andas och slappnar av. Jag börjar sväva utanför min kropp. Plötsligt befinner jag mig i universum. Jag befinner mig i den del som människan kallar för mörk materia. Stenarnas anatomi omger mig. Det är byggstenar som ingår i den grund där allt skapas i universum.

Jag ser mycket rosa, en färg som denna del har gett sig själv. Jag ser stjärnor, många till antalet, och alla är en del av den process som sker här. Jag svävar förbi och ser mig omkring.

Färgen grön gör sig alltmer påmind, den sköljer runt hela mig. En härlig färg och den är här för att processa, laga och sätta samman allt som finns och behövs här.

Jag kommer fram till blått. Här skapas elektricitet, all energi, och jag hör hur det gnistrar och smäller när jag svävar förbi. Jag hör hur energin låter när den sätter sig rörelse.

Gult börjar bli alltmer synligt, ju längre in jag kommer. Gult som inte fanns tidigare men som nu också har påbörjat sin resa i detta kärnutrymme. Gult fanns inte från början eftersom det inte kunde uppfylla sitt syfte då. Men nu är det starkt närvarande i denna nya, framtida process och är här för att människan ska förstå att det existerar och hur det agerar ut all sin energi i universum.

Gult representerar nämligen framåtrörelse i universum. Den framåtrörelse som sker även när elden brinner, men där rött är den starkaste färgen av alla. Jag ser inte rött och jag vet inte varför, men den är frånvarande här. Kanske är det en resa jag ska göra senare i en annan astralresa, i en annan dimension. Att förena mig ytterligare med det som finns bakom denna processande rullgardin.

Jag tar mig tillbaka.

Varenda färg i universum har alltid
stått för sin heliga kraft.
Därför kan en och samma färg variera i sin betydelse,
beroende på var vi befinner oss just då.

Ärkeängel Metatron berättar:

För oss änglar har universum alltid varit lika stort. Skillnaden ligger i det inre omfånget och att den inre strukturen har ökat i styrka och karaktär. Ni kommer också snart upptäcka att den inte är så mörk. Ni har bara inte funnit fram till ljuset än. Åtminstone inte så långt in som ni behöver nå för att förstå det.

Vi ska ta ett exempel:

Föreställ dig ett möblerat vardagsrum. Plötsligt släcks lampan och allt blir mörkt. Därför tror du att ditt vardagsrum är tomt eftersom du inte längre kan se det. Det var så det var även för universum i början. Universum var alltså lika stort till ytan då som det är idag, men eftersom allt var mörkt då – lampan var släckt – kunde vi inte se något. Men betyder det att bara för att universum är mörkt så är det tomt? Nej, allt består alltid av något, om än osynligt för blotta ögat.

Vad finns då där ute? Vad var det Ulrika fick se i denna för oss fängslande värld, i denna mörka värld som egentligen är ljus? Det är här vi kommer in på våra tre producerare. För utan dem kan inte universum sprida sin kraft vidare.

1. Kärnmateria
2. Den interstellära rymden
3. Den genomskinliga världen

KÄRNMATERIA

Ärkeängel Metatron berättar:

Kärnmateria är det som människan kallar mörk materia och utgör också grunden för all vår skapelse. En del av innehållet fanns redan från början, medan andra delar har skapats över tid. Att människan använder benämningen ”mörk” grundar sig i den okunskap som finns inom ämnet, eftersom människan ännu inte kan mäta de strukturella förhållandena som råder där. Men om ni slår upp ordet ”kärn” kommer ni snart att se att ordet fortfarande används idag.

Det är alltså här ordet ”kärn” kommer ifrån, men då med andra tillsatta människokomponenter såsom vapen, kraft och reaktion och så vidare. Och när ni finner mer av kärnmaterians innehåll kommer ni förstå vad vi menar. Därför använder vi den korrekta benämningen, kärn, inte mörk, för det är en liten del som har överlevt sedan urminnes tider.

Kärnmaterian är en sammansättning som möjliggör tillverkning av andra komponenter i universum. Så utan kärnmaterian skulle det inte ske någon tillväxt. En del ser även kärnmaterian som hotfullt, men för oss skulle varken vi eller ni existera om inte kärnmaterian fanns. Kärnmaterian är alltså den första och största orsaken till att vi överhuvudtaget existerar.

Men hur började då allt? Vi återgår till det vi tidigare nämnde, nämligen:

1. En reaktion som inledde resan och skapade förutsättningar.

2. Reaktionen ledde till att analoger skapades i kärnmaterians värld, vilket resulterade i bildandet av en kärnreaktion. Kärnmaterian fanns redan innan reaktionen, och dess existens grundar sig på att partiklar omvandlades och skapade analoger.

Processen var född.

Som vi tidigare nämnde innehöll universum från början en reaktion. Denna reaktion blev sedan fler och var livsavgörande. Det var nämligen de som lade grunden till att kärnmaterian kunde skapas, vilket sedan skapade en analog, som i sin tur skapade en dragningskraft, som sedan skapade gravitation och magnetfält så att vår första stjärna kunde bildas.

Kärnmaterian var alltså från början endast ett utrymme, ett ämne, som sedan skapade allt. Och allteftersom åren gick kunde detta utrymme möta andra utrymmen. När de sedan slog samman sin inre och yttre styrka ökade kapaciteten. Men vid den tiden bestod kärnmaterian mestadels av *kärn*, som vi kallar det. Inte som dagens kärn, utan det var en fast massa där namnet hade en annan betydelse utifrån den sammankoppling som skedde på den tiden, när kärn mötte kärn, då bildades en analog. Kärnet var alltså så pass starkt och var en förutsättning för att en utveckling skulle ske.

– Så det fanns signaler i universum innan The Big Bang. Varifrån kom de? Frågar jag Metatron.

– En analog, som är en signal, kunde genom att sända ut signaler nå en annan analog. Signalerna befann sig då i kärnvärlden, där de skapades, genom ett eget agerande. Lite svårt att förklara men det var så det var.

– Då är inte kärnmaterian tom.

– Nej, och det har den aldrig varit heller. Inget kan någonsin vara tomt, om det vore det skulle det inte existera. Det finns alltid något där. Du kanske inte kan se det med blotta ögat eller förstå dess uppkomst, men så länge det finns är det aldrig tomt.

Det var en tidig början och det var den
som sedan satte fart på allt.

Hur gör vi då för att förstå och lära oss mer om den värld som många kanske inte förstår än? Vi börjar alltid med det vi inte kan se eftersom det oftast är där vi finner svaren på de frågor som många ställer oss. För är det inte så att det vi kan se med blotta ögat oftast är det vi antingen kan ta på, räkna på eller mäta eftersom det finns.

Men hur gör vi med det vi inte kan se? Och hur kan vi överhuvudtaget veta att det finns något där om vi inte kan se det? Eftersom universum inte är skapat efter människans förmåga att kunna leva, se eller agera behöver vi se med andra ögon än de vi föddes med. Allt i universum är nämligen skapat efter sin egen förmåga, medan människoögat är skapat för att se det som finns och verkar i er värld.

Det finns andra levande individer vars syn är så högt utvecklad att de kan se andra delar av universum på sätt som människoögat inte kan. Därför betyder det oftast för er att om ni inte kan se det, då finns det inte. Men för oss beror det inte på synen om något finns eller inte. Det beror alltid på hur välutvecklad du är för att kunna uppfatta det som finns, men som du ännu inte kan se.

Se bara hur ugglans syn och hur den kan se i mörkret, som ni inte kan. Då kanske ni förstår vad vi menar med den mörka världen. Ni vet att den existerar eftersom ni kan mäta gravitationen. Därför är den inte längre abstrakt, men ni kan ännu inte se den.

Ärkeängel Metatron avslutar:

Även här försöker en del forskare förklara universums undergång. Men denna gång är det kärnmaterian som får stå för den delen, trots så lite kunskap i ämnet, vilket vi inte riktigt förstår. Om nu kärnmaterian, enligt en del forskare, skulle orsaka universums undergång, eftersom den påstås utvidga rymden mellan våra nutida existerande galaxer, varför skulle den då inte kunna starta allt? Varför anses kärnmaterian kunna avsluta något men den kan inte starta något?

Dessutom, varför skulle kärnmaterian inte ha existerat förrän 100 000 år efter The Big Bang? Enligt vår tidräkning har kärnmaterian alltid funnits, åtminstone sedan dagen då allt skapades. Det var detta vi tidigare nämnde. Inte i den mängd materia som finns idag, men en mängd har alltid en liten början innan den kan expandera ut sin fulla verkan.

Något fyller hela tiden på dess inre,
därför ökar dess effekt.

Det var också kärnmaterian som lade grunden till den kärnenergi som kom senare.

KÄRNENERGI

Ärkeängel Metatron berättar:

Att kärnmateria och kärnenergi är två skilda ting men tillhör en och samma grupp kanske ni redan känner till. Men varför har vi då valt att dela dem? Och hur kan vi lära oss och förstå dess koncept och tillhörande värld? Det är här vi kommer in på vår första del av producerare – kärnenergi. Vad är då kärnenergi?

- Kärnmateria är en massa som innehåller mängder av partiklar som genererar ström. Sedan leds strömmen från olika källor, från den mörka världen, och är alltså den vi kommer att använda och kalla för kärnenergi i framtiden.

- Kärnenergi är den yta som existerar *mellan* materian. Det är också därifrån som massan samlar in de partiklar som den behöver för att kunna generera elektricitet och energi. Det är detta som kärnmaterian livnär sig på. Samma typ av energi finns även i andra delar av universum. Den skapas alltså i den mörka världen, för att sedan förenas med andra komponenter och spridas ut till resten av universum. Det är här som alla färger finns, de vi nämnde under vår astralresa.

Därav är kärnvärlden en producerare av ett vackert energiflöde – deras huvudsakliga uppgift är att producera. Det är en teknik som även ni kommer att få lära er i framtiden.

Vi ska ta ett batteri som ett exempel:

Tänk på ett bilbatteri, eller vilket batteri som helst. Ett batteri har som uppgift att fungera som en strömkälla. Men i kärnvärlden fungerar allting lite annorlunda. Där produceras saker som människor skulle betrakta som farliga, om de hamnade i fel händer. Därav en del namn som människan har skapat, såsom vapen, kraft, reaktioner och så vidare.

Men utan detta kärn skulle universum inte fungera. Det skulle ha samma effekt som att ta ut bilbatteriet; det skulle helt enkelt vara omöjligt att starta bilen igen. Och universum, som är så kraftfullt, behöver ett kraftfullt batteri. Därför behöver vi något som producerar och fungerar som en länk även till andra delar av universum.

– Hur kan denna mörka värld, som inte innehåller ljus, skapa ett energiflöde? Frågar jag Metatron.

– Vad bra att du frågar, för det är precis det vi menar när vi pratar om att den finns, även om ni inte kan se den. Och ja, vi kan producera energi även i det mörkaste utrymmet. För den är inte helt mörk; det är människan som tror att den är mörk.

Vi som lever och verkar i universum kan både se och öppna upp den delen av energiflödet som människan inte kan, och för att se det behöver ni ett bättre seende. Det blir ett seende som kommer att utvecklas inom kort, och det är viktigt även för oss att ni börjar bemästra den delen, speciellt energidelen. För det är genom denna mörka energidel som ni kommer att hämta hem ström i framtiden.

Mer än så har vi inte befogenhet att berätta när det gäller kärnmateria och kärnenergi. Det är människans eget arbete att försöka förstå denna del av universum.

Skapa nya ögon som kan se, då kommer ni att förstå.
Skapa nya tankar som förstår, då kommer ni att se.

Ulrika: Jag skriver nu ner det jag får till mig utan att jag själv förstår innebörden, men jag får en känsla av att det är viktiga komponenter från kärnvärlden som vi kan lära oss av.

°2 är en viktig komponent i mörk materia = kan framställa blixtar. Helium fyller molnen så att °2 kan blixtra. Väte ökar koncentrationen, då uppstår en förändring, förbättring, i C^1.

DEN INTERSTELLÄRA RYMDEN

Änglarna berättar:

Nästa producerare är den interstellära rymden. Den interstellära rymden är den del som finns mellan stjärnorna. Tidigare trodde forskare att detta utrymme var tomt, men så är det alltså inte och har heller aldrig varit, vilket gläder oss att ni äntligen har enats om. Det är också den, precis som kärnmaterian, som oftast får allt i rörelse.

Vad består då den interstellära rymden av, och hur kan vi ta till oss det som händer där i vårt eget liv? Den interstellära rymden består faktiskt av mer gas än ni någonsin kommer att förstå, och det är just gasen som gör att det sker en utsöndring av energi. För utan denna utsöndring skulle det inte ske någon utveckling. Det är alltså gasen och utsöndringen som är viktiga för vår framtida energiforskning. Och det är just den kunskapen, tekniken, som människan behöver ta till sig nu, eftersom det kommer att bidra till en bättre miljö. Sedan finns det naturligtvis fler områden, men vi börjar där.

Vidare består den interstellära rymden även av agerande *zonder*, som vi kallar det. Det är zonder som svävar mellan tid och rum. Och eftersom dåtidens forskare inte förstod innebörden av tid och rum trodde de att den interstellära rymden var bestående och tom – att det varken fanns materia eller tid som flöt på och var föränderlig. Men det finns det, det finns mycket som svävar i detta härliga utrymme.

– Varför just ”zond”, och vad är en zond? Frågar jag änglarna.

– Ordet ”zond” kommer ursprungligen från en händelse där två materia möts och sedan omvandlas till något nytt. Det är även från den händelsen som vi har fått namnet ”zond”. Det är även därifrån som ert namn ”sond” uppstod, där astronomer skickar upp en sond i rymden för att samla in ny information. En zond inom den interstellära rymden agerar på ett liknande sätt som er sond gör. Er sond samlar information medan vår samlar materia, som ett sätt för dem båda att utöka sig på. Därav namnet sond. Därför ändrade vi namnet för att undvika framtida förvirring.

Vår Zond = samlar materia - utökar.
Er Sond = samlar information - utökar.

Vår zond är alltså en massa som har bildats efter att den har kolliderat med en annan massa. Och eftersom massan i den interstellära rymden kan sväva fritt har vi valt att kalla den delen för *den fria världen*. För det känns verkligen så. Dessutom finns det ingen annan plats eller annan massa i universum som är helt oberoende av andra; de kan agera fritt utifrån sitt eget innehåll. Visst förekommer det att en massa själv väljer att kollidera med andra för att få följeslagare, men den är helt fri att agera som den vill.

– Hur kan massan själv välja att kollidera med en annan massa?

– Det kan den eftersom den är fri att göra det; det finns inga andra bestämmande faktorer där. Att en massa väljer själv grundar sig i en önskan om att utöka. Människan kan inte heller utöka sig på egen hand.

– Ursäkta, men det låter nästan som att massan kan tänka.

– Vi förstår att det kan låta så, men det är inte riktigt så vi menar. Att massan väljer själv grundar sig på den dragningskraft som finns i hela universum. Det kan låta som att den väljer själv när vi berättar, men det är alltså dragningskraften som ger upphov till en önskan om att utöka. Det är också här som universums första gravitation uppstod. När en massa ökar i storlek, vilket är dess huvudsakliga uppgift, väljer dragningskraften att samverka med andra massor. Precis som vi har inom vårt solsystem, där både jorden, solen och månen samarbetar. Men i den interstellära rymden behöver den inte göra det, även om den kan om den vill. Men eftersom den existerar i den fria världen kan den själv bestämma det.

Det behöver inte alltid vara en händelse som inträffar för att en massa ska utöka sig. Den kan även dra med sig följeslagare längs vägen, exempelvis en egen måne. Massans dragningskraft är faktiskt så kraftfull att den kan göra det. Bland annat använder den månen som en lampa. Därför är den interstellära rymden inte helt mörk. Den får helt enkelt både ljus och näring från månens energivågor, precis som vi får från vår måne.

Det är detta vi vill att ni studerar vidare nu, eftersom då kan vi senarelägga det ärendet vid era skrivbord.

– Hur kan vi ta in denna massa med medföljande måne i vårt tänk, inom vårt eget solsystem?

– Det gör ni genom att studera innehållet ännu mer noggrant. Gör ni det kommer forskare att hitta en bättre lösning på framtidens strömförsörjning. Och om ni förstår den påverkan som den interstellära rymden har, även för resten av universum, kommer ni också förstå vad det är ni behöver förändra i era liv, även i framtiden.

Den interstellära kraften kan nämligen aldrig agera utan resten av universum. Det är inget som kan. Ingen kan agera ut i sin ensamhet, växa och förändra. Förutom den reaktion vi tidigare nämnde. Men när universum väl slogs samman då förblev det också så. Allt grundar sig alltid i ett samarbete, även allt som berör vårt eget solsystem.

Utan universum skulle jorden kollapsa, eftersom det vi är beroende av för vår överlevnad är i sin tur beroende av något för sin överlevnad. Allt i universum integrerar sig med varandra och allt är sammansvetsat som en lång fastlänkad kedja. Det är så allt utvecklas, även inom den fria världen.

– Hur kan den då vara fri, om den aldrig kan agera på egen hand?

– Den är fri. Vad vi menar är att den är fri att välja med vem eller vad den vill samarbeta med, och när den vill göra det. Resten av universum består redan av en väl inplanerad karta över hur allt ska fungera, vilket inte finns inom den interstellära rymden.

Därför är det just där som all förändring sker; det är där vi skapar nytt eftersom det är möjligt där. Se det som en plats där allt lagras, förändras, utvecklas och byter riktning. Men den kan även, om dragningskraften är stor och om det behövs, agera och ta kraft från resten av universum. För det är dragningskraften som styr om den hamnar utanför sin rymd eller stannar kvar i sin egen miljö. På så sätt är den endast fri i sitt eget utrymme.

– Vad händer om den hamnar utanför den interstellära rymden?

– Om den hamnar utanför gör den det för att det finns ett behov, och det behovet är relevant att ni forskar vidare i nu. När ni förstår det kommer ni även att få lära er hur ni kan förvalta universums energiflöde, kanske inte allt, men grundkunskapen ligger där som en bestämmande faktor, och det är utifrån den som allt sedan utökar sig.

– Hur kan kunskapen om den interstellära rymden lära oss om vår egen miljö?

– Genom att förstå universums dragningskraft, även utanför vår bekvämlighetszon, kommer förståelsen för hur vi kan integrera oss med andra planeter inom vårt eget solsystem att öka.

Vi kommer att vidareutveckla detta när vi kommer till den interstellära dragningskraften. Här vill vi endast betona vikten av att vi kan öka våra kunskaper för att sedan applicera samma tankesätt både i vårt vardagliga liv och våra pågående miljöprojekt. När vi gör det förstår vi också det energiflöde och den dragningskraft som vi är så beroende av. Det som uppstår mellan solen, månen och jorden, precis som den fria världen gör.

Interstellära moln och explosioner

Änglarna berättar:

Det mest intressanta för oss är alltså att den är fri. Därför agerar den interstellära rymden inte alltid som övriga universum gör.

Vi ska ta barnuppfostran som ett exempel:

Vi har två barn som har uppfostrats på olika sätt. Ett barn får strängare regler av sina föräldrar, medan det andra har mer frihet att agera som barnet själv vill. Då kanske ni förstår att deras sätt, hur de agerar på olika händelser, kommer att skilja sig åt både under uppväxten och i framtiden. Däremot, om de får kunskap och förståelse för varandras olika beteendemönster, kan de lära sig att samarbeta i framtiden. För det är just detta, hur de agerar, som skiljer det interstellära rymdens beteende från resten av universum.

Så även om den interstellära rymden har andra "uppfostringsmetoder" betyder det inte att den inte kan lära sig att integrera sig med andra, precis som barnen. Men för att detta ska ske på bästa sätt, och innan den når ut till resten av universum, behöver den först få utlopp för sina känslor. Annars skulle de bli osams. Därför agerar massan ut sitt agerande innan den når resten av universum. Och eftersom den interstellära rymden mestadels består av gas och annat stoft kanske ni förstår vad som skulle ske då, när gas möter annat material som den reagerar på – det uppstår en explosion.

Men en explosion behöver inte alltid vara av ond karaktär. Det finns mycket gott som kan komma fram utifrån det, och det är just detta vi vill att ni studerar vidare nu. Det är en teknik, en explosion, som ni kommer att använda i framtiden. För när de interstellära molnen integrerar sig med samma gas uppstår det en kemisk krock. Det är en kemisk krock som människan kan använda på jorden som en energikälla. Men för att nå dit krävs det fler vetenskapliga undersökningar, när det gäller just den typen av explosion. Annars kan det gå illa om människan inte är försiktig eller om den hamnar i fel händer.

Interstellära moln består av lätt gas
och andra partiklar.
Det är ett ställe där stjärnor bildas,
när ett moln kollapsar.
Gravitationen drar sedan samman materian,
vilket tänder kärnan = explosion.

– Hur skapas molnen? Frågar jag änglarna.

– Hur molnen skapas och fångar in materia handlar mer om den dragningskraft som vi tidigare diskuterade. För det är alltid energins dragningskraft som styr tätheten, vilket gör det möjligt för molnen att skapa vågor.

– Hur kan ett moln skapa vågor utan den kraft som styr och finns utanför den interstellära rymden?

– Det är vågor som skapas på samma sätt som när solen sänder ut sina energivågor till jorden. Principen bygger på samma händelse att vågor uppstår från det energiflöde, den dragningskraft, som finns där.

Vi kan också jämföra vågorna med en slöjfisk, där deras tunna, fladdrande, omkringliggande slöjor endast rör sig tack vare de vågor som finns i vattnet. Molnen agerar på ett liknande sätt, fast i universum.

Det har även kommit till vår kännedom att dagens forskare inte riktigt är överens om hur bildandet av gasmoln kan ske. En del menar att vi behöver fokusera på molnens form, själva strukturen, för att förstå hur ett gasmoln bildas. Andra menar och säger att ett litet moln inte kan skapa en explosion och så vidare. Vi förstår era funderingar. Därför behöver ni studera vidare inom detta område.

Men vi kan säga så här: För att ett gasmoln ska explodera krävs det mycket moln. Resterande delar tar sedan intryck och lär sig från de stora molnen, och det är här läran om integration kommer ifrån. Därför krävs det en kraftig energipåverkan och det är alltså den energifördelningen som vi är ute efter som ett framtida forskningsområde.

Vidare förekommer det även en del stjärnexplosioner i den interstellära rymden. Dessa stjärnexplosioner berör endast det gamla universum, och är inget som människan kan se. Det ni ser är gasexplosioner i den nya världen, men i den gamla världen tillför vi oss alltså även stjärnexplosioner. Att det uppstår har mer att göra med sammansättningen, än att de är helt färdigutvecklade. Men grunden för skapandet finns alltså där och det är det som exploderar.

Ni kommer att förstå när ni öppnar upp för den gamla delen. Då kommer ni också få se detta förstadium av ett stjärnskapande koncept, vilket endast finns att se där. Så när ni öppnar upp länken mellan det nya och det gamla kommer ni få se hur båda samarbetar för att kunna producera det som universum behöver. Båda är nämligen en sammanlänkad kedja av universums skapande kraft. För hade gas och övriga partiklar inte integrerat sig med varandra skulle det inte ske en utveckling. Och det är detta tänk vi vill att ni studerar nu – hur allt integrerar sig. Om ni gör det kan ni både rädda och förändra vår värld.

Det verkar även som att det förbryllar en del forskare att universum är skapat och fungerar som det gör. Men denna förbryllning härstammar endast från den gamla källan, den vi tidigare hämtade vår information ifrån. Därför är det så viktigt att ni nu förbättrar er teknik eftersom det är det som kommer att leda er djupare in i universums mysterier. Då får ni ny information som omkullkastar den gamla. Det är så all forskning fungerar, och det är också en anledning till att vi inte bör prata om alltför avancerade, framtida koncept.

Därför är det så viktigt att människan lever och lär sig efter hur universum lever och lär, inte hur människan har lärt sig eller vill leva och tänka. Det är här skon klämmer; ni motarbetar hur jorden är uppbyggd, skapad och fungerar. Hade vi i stället levt efter universums konstruktion och följt de lagar som råder där, skulle vi inte leva under de förhållanden som vi gör idag. För universum vet; universum är en perfekt konstruerad konstellation som människan endast är i början av att förstå, men vi är på väg.

DEN INTERSTELLÄRA DRAGNINGSKRAFTEN

Ärkeängel Metatron berättar:

Det finns alltså, och som vi tidigare nämnde, en dragningskraft i den interstellära rymden, men för att förstå vad den innehåller behöver ni först förstå varför den agerar som den gör. För det är redan vida känt, även hos er på jorden, att den kraft som finns där inte finns någon annanstans i universum.

Vi menar att den inte innehåller några av de fundamentala begrepp som en del påstår, exempelvis att den inte skulle existera, men det gör den. Den interstellära dragningskraften är faktiskt lika verklig som du är. Skillnaden mellan dig och den är att den kan töja ut sig mycket mer än vad din själsliga kropp kan. Därför förstår ni ännu inte denna egensinniga kraft, eftersom ni ännu inte förstår er själva, men det kommer.

Varför berättar vi då om den interstellära dragningskraften? Ni kommer nämligen att belysa kraftens omkrets i era nya framtida kraftverk (vi kommer att diskutera detta längre fram, bland annat när vi berättar om neutriner).

– Hur kan vi använda den i ett kraftverk? Frågar jag Metatron.

– För att ni ska kunna förena krafterna i framtiden, mer än ni redan gör, behöver ni olika koncept som kan samarbeta. Och den interstellära dragningskraften är villig att samarbeta; därför uppmanar vi er att ni använder den. Att den är villig att samarbeta säger vi bara för att den går att förena med nästan allt. Se det som ett pussel där alla bitar synkroniserar med varandra, även om deras form är olika. Men tänk på att kraften i den interstellära rymden inte kan addera sin egen kraft; utan tar kraften slut, då behöver ni skapa en ny.

Det går alltså inte att förlänga kraften som vi kan med en del andra krafter. Därför går den också att applicera på det mesta. Men den har alltså ingen bestämmande kraft och kan därför avta om vi inte hela tiden tillför den något, vilket sker i universum. Därför avtar inte den interstellära dragningskraften i universum.

Det vi även vill lyfta fram, som den mest bestående aktören i dragningskraften, är den enorma potentialen som den har att kunna förändra. Därför blir den så viktig i framtiden, eftersom den både är villig att samarbeta och går att förändra.

– Hur kan vi förändra en dragningskraft?

– Det gör ni medan ni töjer ut den eller drar i den. Men att dra i en kraft sker endast när vi behöver använda kapaciteten för att agera även i andra syften, exempelvis när vi behöver förändra den. Se det som en extra kraftkälla som kan hjälpa er att binda samman olika *fragment* (ledtråd). För det är detta den interstellära dragningskraften kommer att användas till, som ett sätt att agera, förändra och förena olika krafter så att ni kan skapa den kraft som era framtida kraftverk kommer att bestå av.

Eftersom kraften är så föränderlig kan vi även skapa olika blockstationer. Med olika blockstationer menar vi de delar där vi förenar olika krafter och där vi delar upp dem i olika block. Där de med hjälp av den interstellära kraften kan förenas och öka sin kraft, innan vi förenar dem. Det blir nämligen avgörande att ni gör det.

– Vad händer om vi inte först delar upp dem i olika stationer?

– För att kunna hantera den interstellära dragningskraften behöver den först öka sin inre styrka; annars kan de haverera. Därför delar vi först upp dem i olika stationer. Men när de väl har integrerat sig med varandra, i den styrka de besitter, är de säkra i den kraft ni förvaltar för framtida bruk.

– Vad menar ni med att ”förvalta” i det här sammanhanget?

– För att ni hela tiden ska nås av en och samma kraftkälla är det viktigt att det alltid finns en tillgänglig kraftkälla. Därför kommer ni, precis som idag, att upprätta olika tankar där kraften kan samlas i olika blockstationer, innan den förs samman med den interstellära kraften. På så sätt tar kraften aldrig slut.

Det är också väsentligt att ni alltid förvaltar krafter som bara kan fortsätta och fortsätta, och som hela tiden skapar nytt utan en massa nya tillsatser. Därmed blir kraften både billigare och mer hållbar, och ni uppnår ett bättre och renare samhälle. Men krafter som denna ska inte bara tilldelas en kategori eller land; ALLA ska ha tillgång till samma källa.

DEN GENOMSKINLIGA VÄRLDEN

Ärkeängel Metatron berättar:

Den tredje och sista produceraren är den genomskinliga världen. Att det finns en värld i universum som människan ännu inte känner till beror på att ni inte kan se den, och att ni inte kan se den beror på att den ligger bakom allt bråte. För att kunna se den krävs ett bättre långseendeteleskop, exempelvis ett kalejdoskop. Inte exakt, men nästan mer som ett kalejdoskop med glasögon. Därför blir den också genomskinlig för er. Och som vi tidigare nämnde: om ni inte kan se den tror ni inte heller på dess existens. Men den existerar och är lika verklig som universum är.

Att den kallas för den genomskinliga världen beror på att människan upplever det så. Den verkar alltså inte existera, men den gör det. Den saknar även väggar och har varken en början eller ett slut.

Det är ett utrymme som inte är
lättillgängligt för alla,
men som ändå finns där och kan agera ut
all sin kärlek bakom kulisserna.

Så för att förnya vårt tänkande behöver vi även förnya våra kunskaper, och det är detta vi vill förmedla nu. Däremot kommer vi inte att gå igenom hur den kom till; här vill vi endast belysa att den finns och gå igenom de delar som är viktiga för människans fortsatta forskning.

Den genomskinliga världen är ett utrymme där det uteslutande finns massa. Det är också härifrån som vi kan nå ut till resten av universum. Det är alltså den som integrerar sig med kärnmaterian och den interstellära rymden, som sedan processar och slussar materian vidare till resten av universum, där det sedan används för olika ändamål. Antingen för att skapa nya planeter eller så fångar stjärnorna upp dess materia. Jämfört med kärnmateria och den interstellära rymden är den dessutom en produktionskanal på mycket hög nivå, trots att det är den som syns minst.

Den finns att nå mellan kärnmaterian
och den interstellära rymden.
Den ligger bakom allt
men ändå i mitten att beskåda.
Tillräckligt långt borta men ändå tillräckligt nära.

Varför har vi då valt att lyfta fram den genomskinliga världen i vår bok? Det finns alltid en tanke bakom allt vi förmedlar, och tanken i det här fallet är den sammankoppling som människan redan har nått fram till när det gäller kärnmateria och det yttre universum. Här kan ni genom att koppla samman den genomskinliga världen med det yttre universum vidareutveckla samma koncept på samma sätt.

Tanken bakom är alltså att ju mer vi lär oss om universum i sin helhet, även det som sker bakom kulisserna, desto mer kan vi lära oss och integrera det även i vår vardag. Och när ni gör det och upptäcker den massa som finns där, kommer ljuset att klarna allt mer.

Detta är en informativ källa som kommer från Gud.

KAPITEL 6

GRAVITATION – MAGNETFÄLT

INLEDNING

Änglarna berättar:

Vi har nu gått igenom universums begynnelse och tre av våra stora producerare. De som skapade dragningskraften, de som sedan lade grunden till gravitationen och det magnetfält vi har idag. Det är också det vi ska gå in på nu, och allt berättas utifrån vårt perspektiv.

Vi har delat in allt i nio delar:

1. Gravitationens inträde.

2. Den lilla gravitationen – läran om din kropp och själ.

3. Gravitationen styrs inte av tid och rum.
   När ni förstår själens alla fundamentala begrepp och att gravitationen inte styrs av tid och rum kommer det att komma fram fler framtida notiser.

4. Gravitationen är fri att agera ut i sin egen rörelse.

5. Gravitationen går inte att styra. När ni förstår att gravitationen är fri och inte går att styra, kommer ni att nå nya kunskaper som kommer att utveckla er teknik. Däremot kan gravitationen, trots att den är fri i sin egen rörelse, både samarbeta med och påverkas av ett magnetfält.

6. Gravitationen är en utdragare.

7. Magnetfält är bestämmande och balansbärare.

8. Gravitationen sammanför.

9. Jordens magnetfält.

GRAVITATIONENS INTRÄDE

Ärkeängel Metatron berättar:

Att gravitationen finns är viktigt; annars skulle vi inte ha ett universum och ingenting skulle fungera, inte ens en pytteliten atom. Allt skulle helt enkelt falla pladask.

– Hur och vem skapade gravitationen? Frågar jag Metatron.

– Gravitationen uppstod av en händelse, vilket är en del av den analog vi tidigare nämnde. Den som skapade en tidig dragningskraft, den som sedan satte i gång allting. Vi behövde alltså något som kunde dra ihop materia och skapa rörelse, eftersom det var det som ledde till bildandet av vår första stjärna.

Det var även i samband med detta som forskare tidigt upptäckte hur och varför äpplet kunde falla ner på marken. Äpplet kunde alltså inte falla ner till marken utan gravitationspåverkan.

– Var inte det tyngdkraften?

– Ja, och det är precis det vi menar. Gravitationen är även känd som tyngdkraften. Tyngdkraften är gravitationens rörelseförmåga, den som finns mellan tid och rum. För utan den hade äpplet inte kunnat falla, utan den hade universum inte kunnat bilda sin första stjärna. Det var alltså en stor upptäckt på den tiden, därför kallar vi den för tidig. Men det var också nödvändigt att vi upptäckte den inom läran om universum och kunde utveckla det som kom först. Annars skulle vi lära oss i fel ordning.

– Hur skiljer sig användningen av gravitation i andevärlden och för oss på jorden, i vår fysiska kropp?

– Det är en stor skillnad. Vi kan säga så här: När vi änglar reser, seglar och svävar mellan tid och rum använder vi gravitationen. Annars hade vi inte kunnat sväva. Det vi gör, och som ni inte kan eftersom ni behöver gravitation för att kunna förflytta er och inte sväva i väg, är att vi kan starta och landa genom tankens kraft. Så det finns en ganska tydlig skillnad i hur vi rör oss framåt, men ingen av oss skulle överleva utan gravitation. Utan gravitation skulle inte heller begrepp som tid och rum existera, varken hos oss eller hos er.

– Hur kan vi lära oss mer om gravitation i framtiden? Jag antar att vi människor endast har nuddat ytan när det gäller den kunskapen.

– Det stämmer. Allt ni har lärt er fram till idag när det gäller gravitationens koncept befinner sig endast i sin grundposition. Det finns alltså mycket mer som människan behöver studera nu, vilket ni också kommer att göra, men än är ni inte där.

Gravitationen är faktiskt mycket starkare och mycket mer dragande än vad som finns skrivet i en del böcker. Därför kommer ni att skriva om en del böcker, där författaren själv kommer att utöka dess koncept och innehåll. Efter det kommer ni att hitta andra och bättre användningsområden.

– Kan ni berätta något som människan behöver forska vidare i?

– Ja, därför förmedlar vi nu ut information om gravitationen och dess funktion eftersom vi vill försöka besvara människors frågor, inklusive frågan om hur gravitationen styr och påverkar sin omgivning (vi kommer att diskutera detta mer ingående längre fram). Men innan vi kommer dit måste vi först studera hur den lilla gravitationen fungerar – själens utveckling. För det är här ni kommer att få mer kunskap och nya insikter om gravitationen, eftersom ni även här har blivit vilseledda och lärt i fel ordning.

DEN LILLA GRAVITATIONEN

Ärkeängel Metatron berättar:

När människan diskuterar gravitation pratar ni oftast om den stora. Varför det, undrar vi? För det är alltid i den lilla gravitationen, den vi har inom oss, den som håller samman själen, som vi även finner svaren på det stora. Därför kommer vi både nu och i framtiden att belysa vår egen gravitationsrörelse, eftersom om vi lär oss och förstår den styrka som vi alla har inom oss, kan vi också använda samma information för att förändra vårt eget leverne.

Vi menar: Om själen inte var skapad av något som håller samman allt – vårt eget lilla gravitationsfält, det som omger vår aura – skulle vi varken kunna leva på jorden eller i andevärlden. Därför är det så viktigt att vi först studerar vårt eget lilla gravitationsfält, innan vi kan förstå andra större drivande koncept. Om inte, då kommer vi inte vidare.

– Hur ser vårt lilla gravitationsfält ut, det vi har inom oss? Frågar jag Metatron.

– Vårt eget lilla gravitationsfält består av hela ditt inre jag. Men det är ett yttre fält som binder samman allt innehåll och påverkar en rörelse. Precis som ditt blodomlopp och så vidare. För utan ett eget litet gravitationsfält skulle vi helt enkelt sluta fungera, så även universum. Därför missar ni många bra kunskaper om just gravitation.

Så om ni endast fokuserar på det stora, eftersom ni tror att det stora är kraftfullare, då är det bara det ni når fram till. För utan det lilla och universums stora, och utan det samarbete som råder däremellan, kan vi inte leva. Allt hör samman – litet som stort.

– Vet inte forskare redan det?

– Till viss del, men det finns också många forskare som inte alls intresserar sig för den själsliga kroppen, därför missar de också många upptäckter som finns i universum.

Tänk så här: Allt som vi och ni är skapade av kommer från universum. Om universum har ett gravitationsfält, då har du också ett gravitationsfält. Om universum har en atom, då har du också en atom och så vidare. Allt som finns i universum finns även i er fysiska och själsliga kropp. Så för att lära er mer om universum behöver ni först lära er mer om er själva. Om ni gör det finner ni också stora, betydande svar på de frågor ni oftast ställer oss. Därför behöver vi öppna upp vårt eget inre för att öppna upp universums inre.

Att förstå hur själen är skapad är läran om universum.

Om vi varken vill tro på själen eller det lilla kan vi inte heller närma oss några stora framtida svar. Då stannar hela vår utveckling upp. Därför kommer nu en mer andlig elit att ta över även inom detta forskningsområde. De kommer då att belysa hur viktigt det är att vi först förstår själen, innan vi kan förstå universum. Därför arbetar vi nu lite mer intensivt med en del ljusarbetare, så att de kan sprida sina kunskaper vidare. Men innan de kan göra det behöver de först själva nå det lilla, i sitt eget inre.

Idag söker många efter en *yttre* förklaring som har orsakats av en *yttre* händelse. I framtiden kommer vi att söka efter en *inre* förklaring till ett *inre* fenomen. Det är på det sättet vi kommer att öka vår kunskap i framtiden. Det verkar nämligen som, även om vi förstår att universum kan verka stort till ytan, att vi hellre strävar efter det storslagna än det lilla, det abstrakta, eftersom vi tror att det är där den stora kraften finns. Därför, och för att förstå framtidens forskning, behöver vi först nå läran om vår egen kropp, innan vi kan nå läran om universums kropp.

Skillnaden mellan nutidens och framtidens forskning bygger alltså på din inre energi och förståelse, och det är detta många av dagens forskare missar eller inte är intresserade av. Därför behöver vi en mer andlig elit som kan fördjupa sig i det lilla – i din inre själ.

För att människan ska kunna se bättre
tillverkar ni allt fler teleskop.
Men i framtiden vill vi först förstå innan vi lär oss att se.

Den kvantteoretiska läran

Vi ska använda *den kvantteoretiska läran*, som vi kallar det, för att förklara ytterligare. Det är nämligen här ni kommer att vidareutveckla läran om det lilla gravitationsfältet som vår kropp och själ består av. När ni förstår det kommer ni att utveckla kunskapen om *alla element i den lilla gravitationen.*

Det är även här som en del av era läror har blivit missvisande eftersom det finns de som inte vill att ni når människokroppens alla delar. Därför kommer det att uppstå en del förvirring till en början, när nya fundamentala begrepp inom denna matematiska gren förnyas. Därav kommer den kvantteoretiska läran att få en ny lära i framtiden.

Det kommer även att komma ut en bok i detta ärende, med samma titel som ovan, där ni kommer att få ta del av nya, fundamentala begrepp som både vår kropp, själ och hela universum består av. Och detta, mina vänner, behöver vi. Det finns nämligen, av ovannämnda anledning, inte många som belyser den lilla gravitationens styrka idag, i alla fall inte som vi gör i andevärlden. Och eftersom människan oftast söker kunskap om det stora, utesluter man ibland det lilla, eftersom enligt människan så tillhör allt smått den kvantteoretiska läran (partiklar som är mindre än en atom).

Varför det, undrar vi? Även den minsta slagkraft kan belysa sin vikt i guld och framställas i sin matematiska uträkning. Det är endast människan själv som stoppar sin framfart i det lilla, eftersom ni stannar kvar i det gamla räknesystemet.

Enligt vår källa, den vi har i andevärlden, kan det lilla räknas på ett likvärdigt sätt som det stora och det går även att slå dem samman. Därför anser vi att det går att göra anspråk på Einsteins relativitetsteori även inom den kvantteoretiska läran. Hur då? Jo, för att vi ska förstå universum är det nämligen alltid viktigt att vi först förstår att allt ingår i allt, att vi kan slå samman allt. Så varför skulle vi då inte kunna hänvisa till Einsteins relativitetsteori inom kvantfysiken – inom det lilla?

Varför begränsar ni er? Allt människan gör sätts in i olika fack, även sättet att räkna, och sedan när något går emot då tvärstannar hela ert tåg. Därför måste vi vidga våra vyer och lita på det som faktiskt redan finns, det som redan utgör sin del, utan att vi tillför oss en matematisk uträkning.

Visst finner vi det lilla i partiklar; det är inte det vi menar. Men det människan har missat är en sista uträkning inom den gren som Einstein tillhörde. När ni gör det kommer ni också förstå hur vi kan länka samman det lilla med det stora. Men lugn, uträkningarna kommer att äga rum inom några år. Det är dessutom här som nästa generation tar över och belyser detta tomrum, detta innehåll, att oavsett så finns det ingenting som är tomt. Att allt går att räkna på, stort som smått, tomt som fullt. Det är människan själv som bromsar sin egen framfart.

Därför kommer det nu att ske en stor utveckling för att övertyga dem som tvekar om att allt varken går att mäta eller sammanfoga. Därför ska vi nu kortfattat berätta vem det är som kommer att vidareutveckla detta i framtiden.

Ulrika: Guds andliga vägledare träder nu in i min kanal. Det är han som kommer att berätta vem denna vise man är, och jag skriver ner exakt som det kommer och utan att korrigera hans ord.

Tack, Ulrika. Jag ska förklara:

Han är en framstående man i den djungel där han verkar. En fransman som har kommit för att stanna, och för att vidareutveckla denna del och ta över den tron som sedan länge har beseglat våra fysiska instrument. Hans framsteg kommer att belysa universums alla aspekter och hur allt hör samman mellan tid och rum.

Han är egen i sin karaktär, och kan ibland framstå som lat, men så är han ej. Han är bara mycket i sin hjärna och kan då och då slumra till, då all inre verksamhet tar mycket av hans kraft. Men han är en god man, speciell i sitt slag. För han arbetar åt alla för att vaka och verka i likaså.

Han har ett underliggande temperament som kan missförstås av många men han är ej temperamentsfull. Han är bara egen i sitt sinne och har hela tiden många järn i elden. Han är god så missförstå ej hans lynne. Och han behövs för framtida dagar, så ge honom tid att utvecklas. Han är duktig. Hans inre kunskap kanske även ger honom ett pris på ålderdomens kant, då det är först på ålderdomens kant som ni kommer att förstå honom.

Han är mjuk i sin framtoning och är god av sitt slag. En man med skägg, grov i sina drag men som är mjuk innanför. En fransman som alltid bär hatten på sned.

Det är en man som lever efter den gamla skolan i nutidens dagar. Så räck honom en hjälpande hand. Lyft upp honom för det fantastiska arbete han gör och gå i hans fotspår. Han kommer att sätta sina spår som ni kan följa. Så fortsätt där hans arbete tar slut och vidareutveckla den delen precis som ni gör med Einsteins.

Det är också vi som har tilldelat honom denna uppgift eftersom allt vi gör ska vara tillgängligt för alla. Och han är en man som delar på allt, inklusive åsikter, vilket bekräftar hans vikt av guld. Han har gått i vår skola nu och kommer därför förmedla denna fina och så viktiga kunskap till er i framtiden.

Att vi skriver om honom nu utgörs av att när hans storhet råder, vid ålderdomens kant, finns Ulrika inte längre kvar på jorden.

När vi lär oss och förstår det lilla kommer vi även att utöka kunskapen om det stora.

GRAVITATIONENS FÖRLÄNGDA ARM

Ärkeängel Metatron berättar:

Det är av stor vikt att vi har gravitation på jorden; annars skulle ni sväva och äpplet skulle inte kunna falla ner till marken. Men gravitationen kan också styra sig själv genom rörelse, och det är den delen vi vill nå fram med när vi pratar om universums gravitation. Därför kan vi aldrig kontrollera den eller försöka styra den åt olika håll. Alltså kan vi aldrig göra anspråk på den, vilket ni snart kommer att upptäcka.

Gravitationen är alltså fri att röra sig framåt och i den hastighet som förekommer där. Och det är egentligen inte så konstigt att det är så – att tid och takt sker olika i universum, andevärlden och hos er på jorden, annars skulle vi inte kunna verka mellan tid och rum eller befinna oss i framtidens och i dåtidens rum. Därför kallar vi det gravitationens förlängda arm, för det är gravitationen som förlänger tiden mellan rummen.

– Hur kommer det sig att tiden är så olika? Frågar jag Metatron.

– Gravitationen finns överallt, men det som människan inte upplever är den fria rörelsen som existerar där. Det innebär att allt är fritt att röra sig. Men samtidigt följer allt också de linjer som är utstakade både hos er och i universum. Därför skiljer det sig åt. Det är också här vi kommer in på tid, eftersom det är tidsintervallet mellan rummen som skiljer sig åt. Därför är tiden där och tiden hos er så olika.

– Hur kan tiden mellan rummen påverka oss om vi känner av gravitationen eller inte?

– Allt bestäms efter en rytm men den rytmen behöver varken utvecklas eller öppnas upp på samma sätt, på samma plats.

Vi ska kortfattat ta tid och rum som ett exempel (vi kommer att fördjupa oss i tid och rum längre fram):

Om tiden i universum skulle stå helt stilla sker ingen förändring. Men i universum påverkas vi inte av tid på samma sätt som människan gör. Men om rummet skulle flytta sig behöver tiden också göra det; annars kommer vi inte framåt och ingen rörelse sker. Och eftersom universum inte påverkas av tid på samma sätt som människan gör innebär det att ni känner er tyngdlösa när tiden står stilla. Det är alltså den fria gravitationen som gör att ni får en annorlunda flygtur än ni får på jorden.

– Då kan man undra varför fåglarna inte faller pladask ner till marken om gravitationen är så stark?

– Att fåglar kan flyga beror på deras vingar. Men att fåglarna inte faller pladask ner på marken beror också på universums magnetfält – magnetismen. Så om inte vårt magnetfält och gravitationen samarbetade skulle fåglarna inte kunna flyga. På jorden dras vi neråt på grund av gravitationen, men så är det alltså inte för fåglarna. Fåglarna flyger faktiskt i en sorts mellansfär, eftersom det är där allt samarbete mellan gravitationen och magnetfältet sker.

– Varför påverkas inte vi av det, så att vi kan flyga?

– Ni har inga vingar, och om ni hade haft det och varit konstruerade på samma sätt skulle även ni befinna er i detta mellanläge.

Universums gravitation: Sammanför.

Jordens gravitation: Lagen om tyngdkraft håller allt på plats så att äpplet kan falla.

Vi kan även nämna att några av de matematiska uträkningarna som ni har gjort när det gäller gravitation inte helt stämmer. De är alltså inte korrekt uträknade. Den del som behöver uppdateras, och som vi tidigare nämnde, är den om omgivningen. Gravitation ägs nämligen alltid av ett omgivande koncept, omgivande partiklar, som finns och är aktiva inom samma fält. Men partiklarna kan inte agera utan en egen gravitationsförmåga, eftersom båda behöver varandra.

– Behöver partiklarna gravitation för att kunna röra sig, eller har de en egen? Jag förstår inte.

– Alla partiklar kan agera på egen hand och det är detta som en del vetenskapsmän och kvinnor inte riktigt har förstått än, inte helt i alla fall. Även vi behöver en egen gravitation, men eftersom vi tar oss fram med tankens kraft agerar den lite annorlunda än den gör hos er.

Vi vet att det kan låta komplicerat, därför ska vi inte fördjupa oss i detta nu. Men vi kommer att utveckla vår diskussion i framtiden, speciellt när Einsteins relativitetsteori vidareutvecklas av våra fantastiska vetenskapsmän och kvinnor.

GRAVITATION OCH MAGNETFÄLT

Ärkeängel Metatron berättar:

Den del vi vill förmedla nu är själva dragningskraften som finns i det yttre universum. Vi vill också förklara hur ni kan applicera och koppla samman den med er magnetiska förmåga, på samma sätt som universum gör.

Vi ska även diskutera hur ett magnetfält stoppar universums gravitationsvågor. Det är nämligen detta som blir avgörande för er i framtiden när ni ska få allt i rörelse. Framför allt hur ni kan applicera denna framåtskridande teknik även i era fordon. För även ni behöver belysa gravitationens förmåga och hur den samarbetar med magnetismen eftersom den även är en sammanförare – den sammanför nämligen allt. Men den kan också, precis som ett magnetfält, dela på allt. Därför samarbetar de så bra.

Däremot kan ni inte anamma jordens gravitationsteknik, eftersom den agerar mer som tyngdkraft än som sammanförare. Den är alltså skapad för att hålla allt på plats. Så vårt råd är att ni alltid ser hur universum gör, inte hur människan gör.

– Hur kan vi anamma en gravitationsrörelse samtidigt som vi använder ett magnetfält som stoppar? Frågar jag Metatron.

Vi ska ta en bil som ett exempel:

När ni får i gång en gravitationsvåg i en bil, vilket ni kommer att göra i framtiden, kan ni hålla den vid liv tillsammans med den magnetiska rörelsen. För i den situation som råder då agerar den inte som en stoppare utan den fortsätter så länge det finns ett omfång av gravitation kvar.

Det är bara i de områden där gravitationsvågen är så stark, och där det inte finns ett magnetfält som kan slå ut den, som den kan tillföra sig en negativ händelse. Detta vill vi inte. Därför är det så viktigt att de samarbetar. För om ni når ett bra samarbete mellan båda kan ni också få bilen att bara gå och gå, precis som i universum (vi kommer fortsätta att diskutera magnetism i del tre).

Där gravitation tar vid, där tar magnetismen över.

Det är också detta som gör att gravitationen även ses som en utdragare, eftersom det är genom den som mellanrummet ökar, och det är här som magnetfältet kommer in. Magnetfält kan nämligen gå in och stoppa gravitationen, så att kraften inte ökar alltför mycket. Om den inte kunde göra det skulle vare sig vi eller ni existera, eftersom gravitationen skulle ta över hela universum. I det sammanhanget är gravitation en farlig lek att leka i.

Magnetfält ser även till att gravitationen inte blir för svag. Därför fungerar de så bra tillsammans, då de kontrollerar varandras styrkor och svagheter.

Så utan ett magnetfälts konstanta bestämmande skulle gravitationens dragningskraft skapa fler kollisioner än de som redan sker. Det är detta som gör att magnetfältet har en mer bestämmande karaktär, eftersom det även fungerar som en balansställare mellan det svaga och det starka. Så utan ett magnetfält som har dessa viktiga funktioner skulle allt i universum verka lite i oordning. Därför kan det ena aldrig slå ut det andra. Därför finns det alltid en god balans i universum.

Vi vet att människan redan har diskuterat både gravitation och magnetfält under många år. Därför är det också hög tid att ni vidareutvecklar den läran, annars kommer vi inte vidare. Därför behöver ni utforska nya perspektiv inom gravitation.

Vårt råd är: rita linjer där ni normalt inte skulle rita dem. Koppla samman materia som normalt inte skulle kunna kopplas samman, och ta hjälp av universums magnetism. Försök dra nytta av universums sätt att observera och styra. Sedan lär ni vidare era kunskaper till andra, för det är endast på det sättet vi kan uppnå framgång och skapa en ny och bättre värld.

Den inre kraften som ett magnetfält utgör
är också den som kommer att rita om
er karta i framtiden.

JORDENS MAGNETFÄLT

Ärkeängel Metatron berättar:

För att ett magnetfält ska kunna fungera både som stoppare och skydd behöver det ibland förstärkas, eftersom all kraft som används för att skydda kan även försvaga ett magnetfält. Och eftersom även jordens magnetfält fungerar som stoppare behöver det vara starkt och stabilt, vilket det inte är just nu. Därför håller jordens magnetfält på att både förstärka sin kraft och förändra sin formation.

Ett magnetfält består nämligen av *små elektrosfäriska partiklar*, som vi kallar det. Det är också de som fungerar som sammanförare, vilket vi tidigare nämnde. Men ibland händer det att ett magnetfält brister och det är då det behöver förstärkas.

- Hur gör den det? Frågar jag Metatron.

- Det sker genom värme från andra komponenter, inklusive solen. När ett magnetfält kopplar samman värme med andra partiklar ökar de nämligen i antal, och det är på detta sätt som det reparerar den försvagade länken - den som brast. Det är alltså genom ett stort antal högt laddade partiklar som vi kan skapa, reparera, tillföra och förändra både vår yttre och inre värld. Det är också på samma sätt som vi kan tillföra mer magnetism på jorden.

- Hur skapas värmen?

- Värme skapas genom att partiklar expanderar. Universum är nämligen fyllt med partiklar som är i vila och kan användas vid behov. När nya partiklar kommer in, kommer de med en ny kraft som tillsammans genererar ny energi, vilket i sin tur skapar värme. Det innebär att fler magnetiska partiklar tillförs. Vi kommer inte att gå djupare in på detta just nu, men vi kommer att återkomma senare om det behövs.

– Tack, älskade ni. Jag förstår. Men vad är det som gör att ett magnetfält brister?

– Det sker oftast på grund av gravitationen. Se det som ett snöre. Ju mer du drar, och din motståndare på andra sidan gör detsamma, desto tyngre blir det för mitten av snöret. Därför brister det till slut.

– Kan vi laga själen på samma sätt? Jag menar genom partiklar som genererar värme.

– Vi änglar (själar) använder en annan metod. Det är en mer läkande och helande metod som en del av våra jordbundna själar redan använder. Det är en metod som tillför mer magnetism, och genom att göra det kan vi också öka själens energiupptagningsförmåga.

Det är detta det handlar om när vi pratar om små, små partiklar som vi sedan använder för egen del, exempelvis i vårt aurafält. Det är alltså genom magnetism och jordens magnetfält som vi kan förändra dessa små partiklar och ställa om hur vi vill förändra. Det är också detta som sker nu med jordens magnetfält, när det behöver funktionsförändra sig.

– Kommer det att påverka även andra delar av universum? Jag tänker på moder jord som även hon håller på att läka och förbättra sin inre verkan.

– Allt i universum har antingen en styrande eller en tillförande funktion, där den styrande delen är av en mer bestämmande karaktär. Den ser till att det inte sker alltför mycket elände och att en del inte tar över andra delar. Den tillförande delen ser till att det sker ett samarbete. På det sättet tillför och styr de hela universum. Det är så vi uppnår balans.

Om vi inte hade haft dessa bestämmelser skulle andra delar kunna styra och ställa hur mycket som helst. Men för att kunna styra och tillföra behöver de tillåtelse till detta, och endast om det sker ett samarbete för det högsta bästa. Därför kommer det inte att påverka andra delar av universum, men det kunde ha gjort om vi inte hade haft dessa bestämmelser. Det är alltså detta som gör att jordens magnetfält nu kan läka och förflytta sig i lugn och ro, utan att riskera att bli uppätna av andra delar.

– Vem ger dem tillåtelse att styra och tillföra?

– Det gör Gud.

FÖRFLYTTNING AV JORDENS MAGNETFÄLT

Änglarna berättar:

Jordens magnetfält har alltså påbörjat en förflyttning. Det är en förflyttning som ingår som en del i den nya formationen som kommer att äga rum inom några år. Därför behöver magnetfältet stärka upp sin kraft. Det vi menar är att det kommer att förändra sin formation om några år, vilket behövs för att stärka upp jordens fält, både som skydd mot utomjordiskt intrång, solvindar och de solarutbrott som kommer att öka kraftigt i framtiden.

– Kommer det att påverka oss människor? Frågar jag änglarna.

– Till viss del, men precis som allt annat påverkar det mest våra överkänsliga själar när vi berör ämnen som dessa. Det gäller särskilt de som följer universums lära, precis som du gör, Ulrika.

– Gör inte alla det?

– Det gör vi, men alla kommer inte från samma plats eller från samma ursprungsstjärna. Därför reagerar ni också olika, beroende på vad din själ är van vid där. Så en del överkänsliga själar, precis som du … du kanske själv vill berätta hur du både har och fortsatt upplever denna tid av förändring. Även om du inte visste då att det var och fortsatt är just vårt magnetfält som påverkar dig så kraftfullt.

– Tack … jag ska försöka.

Det är som att både min inre och yttre energinivå har höjts och det går inte att stänga av den. Det finns ingen stoppknapp. Det känns som ett överladdat batteri, om det finns ett sådant, och jag kan inte koncentrera mig.

Föreställ dig hur det känns efter en snabb löprunda. Hur kroppen fortsätter att vara i detta laddade tillstånd, även efter att du har kommit hem och innan du har fått ner pulsen igen. Fast i min situation är det inte pulsen som är hög, det är min inre energinivå som är hög. Det är svårt att förklara, men jag blir helt enkelt speedad. Och eftersom jag är en person som hör vad änglarna säger, är det också där kraften sitter, vilket ökar vid tillfällen som dessa. Därav snurrar ibland tankarna i väg i en väldig fart och det går inte att stänga av dem.

Jag har även haft problem med både värmevallningar och reagerat på en del kosttillskott som jag normalt inte reagerar på, inklusive B och D vitamin. Där det framför allt är vitamin B som jag har haft särskilt svårt för, eftersom det ökar min inre energinivå ännu mer. Så om jag tar kosttillskott eller äter mat som ger extra energi samtidigt som solen, månen och vårt magnetfält påverkar mig, fördubblar det min inre kraft, vilket blir mer än vad min fysiska kropp klarar av just då.

Det är så det har varit för mig, och är fortfarande. Men jag förstår nu att detta har mer att göra med min känslighet för universum, eftersom jag går i den läran. Jag förstår också varför dessa dagar, veckor, månader och år har skapat så mycket frustration inom mig och hur skönt det är att äntligen få veta vad det beror på. Kommer det att lugna ner sig?

– Ja, din energinivå kommer snart att anpassa sig till det nya. För det är inte bara jorden som behöver förändra och laga sitt magnetfält. Genom alla tider, när jorden och universum har förändrats, har människan också förändrats, eftersom vi följer universums rytm. Annars blir det svårt att vistas på jorden.

– Vad händer med oss människor när jordens magnetfält förändrar sitt inre?

– Det som sker just nu är att energin går in på cellnivå i era kroppar, där den applicerar samma teknik och samma energi som en del av jordens magnetfält består av. Och kom ihåg att även vår minsta beståndsdel har ett omkringliggande magnetfält som ett skydd för att hålla samman allt. Därför är det så viktigt att vi först förstår det lilla.

Detta innebär alltså en applicering även för er, där ert inre också kommer att förändras i samma stund som universum förändrar sitt inre. Annars kan vi varken utvecklas eller orka möta ett nytt samhälle, där vi lever mer fritt och i harmoni. Så för att kunna ta del av hela denna uppgradering behöver ni ibland befinna er i en fysisk kropp, eftersom den typen av integration inte går att genomföra i andevärlden.

– Vad händer med de som inte lever på jorden när denna integrering sker?

– Även de kommer att nå denna integrering, fast i något mindre skala eftersom delar av det sker här i andevärlden. Därför behöver själen befinna sig i en fysisk kropp för att kunna ta emot allt i den uppgraderingen. Så de som inte lever på jorden nu kommer att nå det i ett annat liv eller på en annan planet, där dessa uppgraderingar redan har ägt rum.

Änglarna avslutar:

Mycket av framtidens forskning kommer alltså att ske nu, vilket kommer att medföra en större förståelse för den magnetiska världen, vilket är viktigt. För om ni förstår universums magnetiska kraft, inklusive det som pågår mellan jorden, solen och månen, kommer ni också att förstå hur stjärnor och magnetfält kan leda er till ett bättre liv.

En del forskare har också redan börjat undersöka det stora magnetfältet, men de förstår ännu inte helt kraften eller hur man skapar den typen av kraft. Men det är en resa som ni kommer att göra i framtiden, där ni både kommer få lära er och använda universums magnetiska kraft och förstå var den kommer ifrån.

Det är bland annat här som Kathremerna kommer in i bilden. Därför vill de nu kortfattat dela med sig av hur ni kan öka era kunskaper om gravitation och magnetfält, eftersom det är det som kommer att leda er till framtidens magnetism.

DEN MAGNETISKA SFÄREN

Kazandra berättar:

Den förmåga som vi använder på vår planet kallar vi för *den magnetiska sfären*. Det är en bärande teknik som även ni kommer att använda och vidareutveckla i framtiden (den magnetiska sfären är bara en introduktion till det vi kommer att diskutera i del två). Men innan vi börjar ska vi säga så här: den teknik som vi använder fungerar hos oss, eftersom vår atmosfär och dess tillhörande magnetfält är lite annorlunda än vad det är hos er. Vår planet har nämligen en enorm inre kärna, vilket medför att den kan hålla två magnetfält.

Nämligen:

1. Vi har ett stort magnetfält som omger hela Thrinica och är det som står i direkt kontakt med oss. Det är det vi använder för att kunna integrera oss med varandra och genom det tillför vi oss en magnetisk framåtrörelse.

2. Vi har även ett yttre påliggande magnetfält, och det är det som agerar som ett skydd mot de kraftiga gravitationsfält som ibland påverkar vår värld.

Nog om detta; här ville vi bara belysa att det faktiskt finns en tydlig skillnad mellan våra världar. Därför arbetar vi där ni är, inte där vi är, så att ni kan agera utifrån den kraft som ni har på er planet. För det är universums kraft som ni behöver studera nu, inklusive den lilla kraften som omger er planet. För om ni studerar den, precis som vi har gjort, kan ni få fram en ny form av magnetism tillsammans med gravitationen.

Hur når vi då fram till den magnetiska sfären? För att förklara det har vi delat upp det i tre delar:

1. Först behöver vi komma nära en gravitation, och för att komma nära den behöver vi först sänka den, vilket vi gör med hjälp av ett kraftigt magnetfält. När vi gör det upprättar vi en bärande balans.

När ni har funnit den och den skillnad som finns mellan tid och rum, kan ni använda samma teknik på er planet. Det kommer nämligen att påverka era resultat positivt om ni först lär er hur gravitationsförmågan och magnetfältet skiljer sig åt, men även hur de arbetar olika i olika dimensioner och det som sker i tidens alla rum.

Så börja med att förstå denna skillnad och försök sedan hitta det som vi kallar *ett nära samarbete*, i olika koncept. Om ni gör det kommer ni bättre förstå den grund som ni behöver förstå först innan ni kan skapa ett nytt rörelseschema, som stöds av denna bärande teknik (vi kommer att diskutera rörelseschemat längre fram).

2. När ni har nått dit ska ni tillsammans med vår värld lära er om elektromagnetism och den kraftiga energi som en neutronstjärna sänder ut, speciellt den del där den omvandlar sin yttre vrå för att öka sitt inre energiupptag. Del två handlar alltså om läran om neutronstjärnan och elektromagnetism (vi kommer att diskutera neutronstjärnan och elektromagnetism längre fram).

3. När den delen är klar behöver ni studera fria radikaler mer än ni redan gör. Det är fria radikaler som även vi använder på vår planet, och det är de som öppnar upp för ett nära samarbete, både med gravitation och magnetism, samt övriga ämnen som vi tidigare nämnde. Men det viktigaste som vi förespråkar, och som vi vill att ni använder, är helium, som vi kallar för kol. Ni kommer att förstå varför, när ni läser vad helium består av och härstammar från.

Detta är grundsatsen för alla läror inom den magnetiska sfären. Men innan ni kan förstå er nya, förbättrade elektromagnetism och det rörelseschema som ni kommer att skapa i framtiden, måste vi först utforska stjärnornas rike. Det är nämligen där all omvandling sker. Det är där ni kommer att hämta den kraft som ni behöver för att sätta allt i rörelse och som samarbetar med gravitation och magnetfält. Allt är förenat.

KAPITEL 7

STJÄRNOR

DÅTIDENS LÄROSÄTE

Ängel Sepatzon berättar:

Vi har nu äntligen kommit fram till stjärnorna. Det var faktiskt här allt tog fart, det var här allt exploderade ut i sin fulla verkan, det var här grunden lades till skapandet av vår första stjärna. Trots detta kommer vi inte att fördjupa oss i hur en stjärna skapas; det vet ni redan. Det som intresserar oss är hur vi kan anamma deras egenskaper i vårt nya kraftverk. Syftet med denna del är alltså att lära er den teknik som ni kommer att använda i framtiden, baserat på neutronstjärnans sätt att hämta och agera.

Därför var det ingen slump att människan upptäckte neutronstjärnan för väldigt många år sedan, eftersom det ingick i den plan som vi har i andevärlden, att ni skulle använda tekniken i ert framtida bränslesystem.

Men innan vi fortsätter behöver ni först förstå den del som ni har förlorat. Därför inleder vi med några upptäckter som romarna gjorde eftersom de redan på den tiden var inne på det vi vet idag. Det var en tid då människan sökte sig inåt för att nå de yttre svaren, vilket de gjorde genom att studera stjärnor på ett mer inre sätt. Det är detta vi vill att ni går tillbaka till nu, att hitta den inre förmågan som de använde innan ni kan förstå och skapa ett nytt kraftverk.

– Varför behöver vi gå tillbaka i tiden? Frågar jag Sepatzon.

– Eftersom det var efter den tiden som människan förlorade sin inre förmåga. Det finns nämligen en hel del förhistorisk betydelse i detta som vi tror att människan har missat, men som romarna inte gjorde. För romarna såg inte bara en stjärna; de förstod också att utan stjärnor skulle det bli mörkt. De förstod inte vad en lampa var, men de förstod att det behövdes ett visst ljussken för att en stjärna skulle lysa. Men eftersom vi varken hade ström eller glödlampor på den tiden, förstod de inte utvecklingen av elektricitet. Vad de i stället fann var dåtidens strömbärande kedja – ett stearinljus.

De lärde sig att utan syre kunde inte ett ljus brinna. För tro det eller ej, men redan på den tiden hade de god insikt i hur ett ljus påverkas av det yttre. De gjorde också allt i sin makt för att vidareutveckla ljusets teknik, exempelvis genom att stänga in det. De gick nämligen i tron att utan vindens och solens påverkan kunde inte ljuset brinna. Tanken bakom var alltså att bättre förstå stearinljusets yttre och inre konstruktion och hur det påverkas av det yttre, för det var endast så de kunde skapa hållbarhet, sa dessa män.

För er kanske detta låter som en löjlig historia, i dagens mått mätt. Men tänk hur stort det var på den tiden att försöka förstå universums existens.

Vidare fick de även lära sig att bemästra vatten som energikälla, och på den tidens mått mätt skulle de slå ut dagens forskare med hästlängder. Det var en teknik som vi använde redan på Atlantis, men som vi blev tvungna att stänga ner, men som vi önskar att ni väcker till liv igen. Det var detta som var Ulrikas ämbete i ett av hennes tidigare liv, där hon arbetade både med vattnets olika strukturer och som ledare för den vattenenergi som vi hade på den tiden, och är den vi kommer att ta fram och använda oss av. Men fram till dess håller vi oss till den teknik som romarna använde.

– Vad har det med nutidens stjärnor att göra?

– Det var faktiskt från himlen som romarna fick sina mest geniala idéer, inklusive transport av vatten. De hade nämligen redan på den tiden utvecklat en väl genomtänkt metod för hur de kunde transportera vatten, men som tyvärr gick förlorad över tid. Men det är just den metoden vi vill återuppliva nu, och för att kunna göra det behöver vi alltså återvända till den teknik som de använde – den inre förståelsen som de hade för moder jord och universum.

Vad gjorde då romarna för att studera och förstå universum? Jo, de kartlade viktiga geografiska punkter för att observera hur en stjärna agerar ut sitt stoft, som de kallade det. Genom detta kunde de följa stoftets resa, rörelse, och allt detta skedde genom deras intuition. De förstod också tidigt att universum inte kunde lysa utan ett visst antal stoftpartiklar, som vi kallar fotoner, vilket enligt oss var en mycket bra och tidig analys.

Romarna visste också, när det gällde vatten och ljus, att de hade något stort på gång. Därför låste de in sina nedskrivna kunskaper, så att bara dåtidens forskarlag kunde belysa dess styrka och förståelse. Man var nämligen lite egoistisk på den tiden. De var, och som nämnts i dagens historieböcker, dåtidens härskare och önskade förbli det.

Man förbjöd helt enkelt obehöriga att komma in i deras styre, även in i dåtidens forskarlag, vilket till slut även påverkade dem själva negativt eftersom mycket av det de lärt sig försvann i den brand som uppstod då. Därför finns det inte många anteckningar kvar från den tiden, vilket är synd.

Men en del har vi ändå lyckats få fram, bland annat genom hieroglyfer (hieroglyfer är bilder av djur eller föremål som används för att representera ljud eller betydelser. De liknar bokstäver, men en enda hieroglyf kan betyda en stavelse eller ett begrepp). Det är alltså tack vare dem som vi nu kan se bakåt i tiden, för att lära oss och se hur de gjorde på den tiden.

Romarna hade alltså redan på den tiden en bättre förståelse och känsla för tidens uträkningar än vad många har idag. På den tiden hade de nämligen inte den tekniska utrustning som vi har idag, vilket gjorde att de helt enkelt fick förlita sig på sin inre känsla och det universum gav dem. Men mycket av dessa inre känslostyrda faktorer finns alltså inte kvar idag. För ju mer teknik som människan utvecklar, desto mindre känner ni inåt. Och ju mindre ni känner inåt, desto mindre förstår ni universum eftersom universum finns inom er – i själen. Det är detta vi anser att dagens människa har förlorat.

Det är detta vi vill att ni tar med er från denna historia, att allt inte behöver läras utifrån dyra teleskop. En god inre kännedom och en god lärare vid din sida som har goda kunskaper om universum kan utveckla människans kunskaper mer än vad ett tekniskt hjälpmedel någonsin kan. Allt är inte framgångsrikt ju mer teknik ni utvecklar; en del kan till och med hämma er inre känsla. Därför kom också romarna mycket längre än vad ni gör idag, trots all teknisk utrustning.

Därför ska vi nu in i stjärnornas rike. Det är nämligen där vi finner våra läror, och romarna hade som sagt redan knäckt den koden. Men eftersom mycket av dåtidens information inte längre finns kvar är det alltså upp till er nu att väcka upp den forskning som romarna fann på den tiden. Vi inleder med stjärnans grundläggande syfte.

Något släckte själens intuition, vilket även släckte kunskapen om vår ursprungsstjärna.

STJÄRNOR

Ängel Sepatzon berättar:

En stjärnas skapelse utgörs alltid utifrån tre grundläggande intentioner:

1. En stjärna *processar* den gas som finns i universum och andra materiella födoämnen.

2. Den agerar som en *stabilisator* så att en omvandling av materia kan ske.

3. Den agerar även som en *stoppkloss* för att stjärnan ska sprängas i rätt takt och för sin egen skull.

För att en stjärna ska bildas behövs en grund och precis som allt annat är det av stor vikt att den grunden utgörs av ett stabilt material – det här fallet gas. Men för att en stjärna ska kunna växa behöver den fylla på med något mer, vilket den gör från universums stoft, inklusive fotoner. Det är också de som bildar ett starkt solitt ljus och som gör att en stjärna lyser.

Stjärnan fungerar även som en stabilisator, så att gasen eller andra födoämnen inte delar på sig eller svävar i väg. Nu pratar vi inte om den gravitation som drar samman materia; vi pratar om den inre processen som sker och som gör att det inre håller sig stabilt och starkt. Det är där en omvandling av lättare och tyngre grundämnen sker.

För att en stjärna inte ska explodera för tidigt kan den också agera som en stoppkloss genom att agera inåt. Det är det den gör innan den exploderar. Den sjunker in till ett litet hål för att sedan explodera ut all sin inre kraft. Därefter fångar andra delar upp dessa födoämnen, och det är på det sättet en fortsättning sker.

– Varför agerar den som en stoppkloss om det nu är meningen att den ska explodera? Frågar jag Sepatzon.

– Det blir som ett eget försvar för att försöka undgå sin egen undergång, vilket den naturligtvis inte själv vet om utan det är endast en reaktion när den börjar känna sig full. Utan denna stoppkloss skulle det även skapa fler stjärnexplosioner än vad som redan sker i universum.

Nu kanske ni förstår hur viktiga universums bestämmelser faktiskt är. För utan dem skulle stjärnorna kunna agera ut i sitt eget fria flöde och därmed inte hämmas av universums regler. Dessutom, om alla stjärnor skulle agera ut sin inre kraft samtidigt, skulle det påverka universum mycket negativt eftersom det skulle hämma universums balans.

Balans mellan tungt och lätt.
Balans mellan gammalt och nytt.
Balans mellan dött och födelse.
Balans mellan svart och vitt och så vidare.

Därför har våra stjärnor en slags inbyggd stoppkloss, för att det varken ska gå för fort eller att det kommer ut för mycket materia på en och samma gång. För vad tror ni händer om det går för fort? Stjärnan skulle inte hinna processa klart sitt eget inre och genomgå den omvandling av materia som sker innan den exploderar. Vi skulle även tappa en stor del av stjärnans viktigaste grundämnen, speciellt de som behöver lång tid på sig att utvecklas.

En stjärna kan alltså aldrig agera på egen hand eftersom den är fylld med materia som påverkar kraften, och det är detta vi kommer att använda i framtiden. Men bara om vi lär oss mer om stjärnans innehåll. För mycket av den information som en stjärna besitter har ännu inte riktigt landat i ert inre. Därför finns det fortfarande några pusselbitar kvar som ni behöver studera, exempelvis innan en explosion äger rum och hur eller varför den inte bara stannar av. Visserligen är det stjärnans inre kraft som gör att den exploderar, men huruvida den får hjälp från även andra utomliggande delar i universum behöver ni se över, vilket kommer att utöka era kunskaper ytterligare.

Mer än så varken får eller kan vi berätta, eftersom det är människan själv som behöver hitta svaren på dessa frågor. Det vi däremot kan säga är att det en stjärna kan göra är en så kallad restart (omstart).

När en stjärna börjar känna sig full, när den har producerat klart de flesta lätta ämnen, kan den processa om sitt innehåll. Det är så den tillför sig en omstart. En omstart innebär alltså att den börjar om där den slutade senast och den kan då stanna kvar i samma stadie lite längre än vad den normalt brukar göra. Det är på så sätt den förlänger sitt eget liv.

– Påverkar inte det stjärnans innehåll – de ämnen som stjärnan producerar?

– Nej, alla ämnen är intakta eftersom stjärnan stannar kvar där den slutade senast.

– Varför gör den en omstart?

– Genom en omstart får stjärnan en chans att vila. Det medför också att det inte sprängs alltför många stjärnor på en och samma gång. Det är så vi skapar balans i universum genom att fördela, vila, producera och laga och så vidare. Allt i universum sker alltid i lagom takt.

– Blir inte stjärnan kall när den försätts i viloläge?

– Nej, stjärnan blir aldrig kall i sitt inre eftersom det alltid pågår en aktiv rörelse där.

Vi ska ta en bil som ett exempel:

Tänk dig en bil som går på tomgång – den är i gång fastän den står helt stilla. Kontra en bil som kör framåt – den är i rörelse. Bilen som går på tomgång är fortfarande varm eftersom den fortfarande agerar och använder bensin, men inte i samma utsträckning som den som kör. Bilen som kör kommer alltså att förbrukas mycket snabbare än bilen som går på tomgång, eftersom den antingen till slut går sönder eller stannar när bensinen tar slut. Andra bilar, andra stjärnor, tar då över som producenter när de andra vilar. På det sättet upprätthåller de en balans.

– Är det något vi kan se när en stjärna vilar?

– Nej, allt sker i det inre, därför valde vi att ta med det i vår bok. Även solen kan göra en omstart där den ser över sitt inre och förlänger därmed sin livslängd. Det är också det som kommer att ske nu, tills vi har bytt ut vår nuvarande sol.

Det är en omstart som ni också kommer att använda i framtiden, vilket gör den mycket viktig. Men för att kunna göra det behöver ni först förstå stjärnans tre intentioner. Ni kommer nämligen att använda denna transformerande metod i era nya kraftverk. Men innan ni kan göra det måste ni först förstå kraften hos en neutronstjärna, eftersom det är den som kommer att generera energin som era nya kraftverk kommer att distribuera till era hushåll (vi kommer att diskutera ert nya kraftverk mer detaljerat senare). Men innan vi fortsätter till neutronstjärnans värld avslutar vi med en kort notis som Ulrika fick se under en astralresa.

Ulrika berättar:

Jag står framför en jättestarkt lysande stjärna. Det finns många av dem, och de är mycket vitare och lyser mycket starkare än vad vi har vetskap om idag. Men det kommer när vi når den del av universum som jag precis var inne i. Det var en resa som tog mig bortom vårt eget universum. Det var som en helt annan värld, ett helt annat universum.

Jag såg även mängder av *stjärnplaneter*, som änglarna kallar dem, och vad de gör kan vi inte gå in på nu, men även detta kommer ni att få vetskap om i framtiden. Jag ser stjärnplaneterna som mycket små, och jag får en känsla av en tomhet som jag tidigare aldrig har känt, som en helt ny främmande värld, men det finns inget liv där, inte som det gör hos oss.

NEUTRONSTJÄRNA

Ängel Sepatzon berättar:

En neutronstjärna är det som återstår efter att en stjärna har exploderat – det som är kvar efter en supernova. Och som namnet antyder består den av både neutroner och andra komponenter som är spridda från just supernovan.

På samma sätt som jorden drar till sig månens och solens energivågor, de länkas samman, gör neutronstjärnan också det. Men neutronstjärnan går ett steg längre genom att medvetet samla in yttre omkringliggande material för att fortsätta växa. Ju mer material den samlar in, desto snabbare snurrar neutronstjärnan. Det är också magnetismen och dessa styrande egenskaper som finns inuti en neutronstjärna som människan kommer att använda i framtiden.

Genom att ta in denna styrande, ledande kraft, kan ni nå fram till ett bättre miljövänligt bränsle. Men för att ni ska kunna applicera neutronstjärnans kraft i era framtida bilar behöver ni först skapa något som kan agera på ett liknande sätt. Det neutronstjärnan gör är nämligen att den vrider sig sönder och samman, vilket den gör för att skapa nytt och är också neutronstjärnans huvudsakliga uppgift. Därför behöver vår neutronstjärna också vrida sig sönder och samman för att fungera som vi vill inom vårt tekniska användningsområde.

Hur gör den det? Jo, den spinner, och den enorma kraft som en neutronstjärna genererar kan vi alltså använda som en drivkraft i framtiden. Neutronstjärnans spinn, rotation, är nämligen en evig process där den magnetiska rörelsen aldrig avtar, vilket gör den till en bra lösning för vår framtida teknik. Vi kommer även att använda den stråle som neutronstjärnan sänder ut som en extra kraft i våra framtida bilar.

– Varför spinner den så fort? Frågar jag Sepatzon.

– Efter att en stjärna har frigjort sig och blivit en neutronstjärna är den fri att agera utifrån sin egen kraft, vilket den gör när den spinner. Det är alltså genom detta spinn som den tillför sig mer energi, och det är det den behöver för att kunna utöka sitt eget innehåll. Så utan dessa strålar skulle neutronstjärnan explodera. Därför behöver den läcka ut lite för att sedan kunna samla på sig mer. Den behöver nämligen, precis som allt annat när vi diskuterar universum, nå en balans.

Det är också så den skapar sina ingående och utgående portar. Dessa in- och utportar kan även ni skapa på jorden, och när ni gör det då tillför ni en magnetism som styrs utifrån neutronstjärnans egenskaper.

– Hur kan neutronstjärnans stråle påverka vår framtida teknik?

– Vi kommer att använda neutronstjärnans stråle som en förlängning av kraften i bilen, både som in- och utportar. Varje gång spinnen slutar kommer strålarna att starta upp allt igen. Det fungerar alltså som en extra energikälla när den gamla är uttömd. Även kvasaren har dessa egenskaper, både som in- och uthämtare, vilket vi kommer att diskutera senare.

– Jag förstår ändå inte. Vill ni utveckla hur ni tänker?

– Det gör vi gärna. Vi förstår att det är svårt.

Vi tar en ”ljus spinner jojo” som ett exempel. En sådan som barnen leker med, med ett tillhörande snöre (en ljus spinner jojo är en variant av jojo som har inbyggda lysdioder som blinkar när jojon roterar):

När barnet drar i snöret sätter spinnen i gång och snurrar, vilket skapar ett vackert ljusspel. Det är liknande förhållanden som råder här, och det är det vi förespråkar när det gäller neutronstjärnans laserstrålar. Det innebär att de ska fungera som en startknapp när energin börjar ta slut. Snörena på varje sida symboliserar in- och utportar, och det är de som tillför oss denna extra energikraft efter neutronstjärnans agerande.

Nu kanske en del tänker: Inte kan vi efterlikna en leksak i vårt så välutvecklade och tekniska samhälle? Jo, säger vi. Varför ska alltid de mest avancerade resultaten komma från de mest svårbyggda konstruktioner? En del problem löses på det mest enkla sättet. Det är så våra idéer uppstår – i det enkla.

Ulrika berättar:

Via en astralresa som jag gjorde tillsammans med ärkeängel Metatron fick jag se ytterligare hur neutronstjärnan är konstruerad. Han visade mig en tidslinje och förklarade att den tidslinje som vi befinner oss på nu kan ni inte se detta, eftersom ni ännu inte har utvecklats dit. Men när vi har skiftat tidslinje kommer även ni få se vad han visade mig.

Han visade mig att det finns en tidsaxel i mitten av neutronstjärnan, och det är den som avgör om ni kan se att neutronstjärnan även kan rotera, vilket den gör när den skjuter ut sina signaler, som änglarna kallar det. Då menar vi inte den spinn som ni ser idag när den snurrar upprätt. Detta är en snurr som sker åt alla möjliga håll, ännu mer än det ni ser idag. Det var så jag såg det – att den spinner åt alla håll samtidigt.

Det är som att den även kan tvärslå sig, att den bara på en sekund kan stå helt stilla. Och det är detta *skifte* som änglarna vill att vi utvecklar – snabb rotation till helt stillastående på ett par sekunder. Så beroende på vilken tidslinje som människan befinner sig på avgör om ni kan se detta eller inte, och för att göra det behöver ni ett kaskadteleskop.

Fredzo sa: ”Försök se hur den agerar, Ulrika, inte hur den ser ut på utsidan. Vi kommer att hjälpa dig med detta. Det är en stor lära som redan finns på vår planet”

Ärkeängel Metatron sa: ”Den linje du befinner dig på, Ulrika, ligger lite före sin tid, därför kan du se detta men inte andra. Därför har vi öppnat upp den delen för dig nu”.

Jag står kvar framför neutronstjärnan och känner en fantastisk känsla. Ni vet det där, när det pirrar till i hela själen, när allt positivt sprider sig i kroppen. Och det var en inspiration som är större än jag någonsin kunde föreställa mig. Det var också då jag insåg att neutronstjärnan är för mig vad svarta hål är för Stephen Hawking. Äntligen har jag hittat mitt universella kall! Min själ kände en sådan enorm glädje denna dag.

Summering:

Genom att lära oss att studera neutronstjärnans beteende, hur kraften och rörelsen ökar ju mer yttre material den samlar på sig, kan vi öka hastigheten på bilen. Det är på det sättet vi kan förbättra och styra bränslet i våra bilar – med hjälp av universums kraft.

De ljusstrålar som skjuts ut från neutronstjärnan, *blixtar* som vi kallar dem, symboliserar nämligen den kraft som neutronstjärnan skapar på insidan – den måste frigöra en del energi utåt. Tänk på våra in- och utportar; annars skulle den till slut explodera. Speciellt i den enorma hastighet som pågår i och runt en neutronstjärna. Så frigörelse av energi utåt är grundläggande, även när vi anammar samma tänk i våra bilar.

Men innan ni når hela vägen fram och kan anamma denna nya teknik, behöver ni först veta var neutronstjärnan har fått sin grundkraft ifrån. För detta, mina älskade vänner, finns endast att beskåda i den gamla delen av universum, där tiden började och där allt sedan vidareutvecklades. Ärkeängel Mikael vill komma in och förklara.

Ärkeängel Mikael berättar:

Det är faktiskt så att neutronstjärnans kraft inte kommer från den källa som människan tror att den gör. Enligt de kunskaper som vi har i vårt bibliotek, i andevärlden, härstammar nämligen grundkraften från den gamla tiden – det är en helig kraft som skapades långt innan vår första stjärna skapades och det är den som våra stjärnor når.

Det är detta som är själva grundförutsättningen för en neutronstjärnas kraft, vilket vi kallar det när något har samlats in från den gamla tiden men har utvecklats vidare i den nya. Det som fanns långt innan vårt nya universum skapades. Därav kommer även ni att nå denna gamla informationskälla, men inte förrän ni har påbörjat den nya teknikens koncept.

– Hur vet vi det? Frågar jag Mikael.

– Ni kommer bara att hamna där som människan alltid tror är en slump när ni har lärt er hur ni kan anamma neutronstjärnans kraft i ett magnetiskt fält. Då kommer ni att *lösa* en del nyupptäckter. Inte hitta, utan ni kommer att lösa dem som en gåta som behöver ett svar. Det är också då som ni kommer att upptäcka den gamla delen av universum, mer än ni redan har gjort. Så sök, leta och lös svaren på era framtida frågor, då kommer ni till slut att hitta denna ålderdomliga kraft. Det är en grundkälla som endast vårt gamla universum kunde skapa, men som nu är på alltmer framfart även hos er.

Därför kommer vi nu att återuppliva den gamla eran av vår tids historia, även vår forntida kraft. För det är genom krafter som denna som vi kan ta tillbaka vårt rike – tiden när vi levde på Atlantis.

NEUTRINER

Ängel Sepatzon berättar:

För att kunna uppnå en neutronstjärnas fulla kapacitet behöver vi neutriner. Det är nämligen spinnen som agerar ut som en evighetsmaskin som kommer att skapa den kraft och nå den hastighet som ni behöver i ert nya kraftverk. Och för att förstå vad neutriner är och hur de fungerar ska vi nu gå in i neutrinos värld – en värld där allt spinner fortare än en het löpsedel i tryck.

Neutriner är partiklar, och utgör själva energikällan för neutronstjärnan, solen och hela universum. De bildar även den energi som neutronstjärnan behöver för att kunna öka sin kapacitet. Partiklarna, energierna, skapas och formas alltså inne i stjärnan, och deras syfte är att expandera. De kan också multiplicera sig snabbare än något annat i universum – sett ur människans perspektiv. Så ju fler partiklar, desto snabbare ökar styrkan.

Neutriner utgör som sagt energi och som nästan allt i vår bok, när det gäller våra miljöförbättrande metoder, är det just universums energi vi behöver nå mer av, och det är just neutriner som kommer att leda människan till en ny, bättre bärande teknik.

Varför just neutriner, och arbetar vi inte redan med neutriner? Frågar jag Sepatzon.

– Vad bra att du frågar. Det är sant att det finns många forskare som redan använder neutriner på ett mycket bra sätt. Men det finns också mycket kvar att lära, särskilt när det gäller omfånget. Det är de omkringliggande aspekterna som kommer att bli ännu mer väsentliga i framtiden, för att bättre förstå hur de kan multiplicera sig så snabbt och därmed öka i antal, vilket är det vi vill. Det är detta som blir avgörande för vår framtida teknik – att vi har partiklar som kan skapa energi och som kan utöka sig snabbt. När vi kan det, kan vi använda samma teknik i våra framtida maskiner. För de maskiner som vi pratar om ska kunna producera sin egen kraft, inne i den producerande delen.

Neutriner kan även korsa varandra, och det är då de tillför sig mer energi. Så ju fler korsningar vi gör, desto snabbare tillför vi dem mer energi, vilket ökar den omvandlande processen.

– Hur kan vi applicera neutriner så att de kan samverka med den magnetiska kraften och fungera som en snabb rörelse i våra bilar?

– Det gör vi genom att låta dem agera som förare. De får själva bestämma hastigheten i den omvandlande processen. Därav har de tagit på sig en ledande roll och det blir de som kommer att stå för hela kalaset.

Därför är det nu forskarnas uppgift att försöka skapa denna höga och snabba kapacitet, som vi vet ligger bakom utökandet av just neutriner. Och tveka inte; neutriner är faktiskt mycket snabbare än ni tror. För den hastighet som neutriner har, har inte era professorer riktigt förstått än, därför tvekar ni. Och även här, precis som magnetismen, har den blivit felaktigt uppdaterad för att ni inte ska förstå konceptet helt.

– Vilken är den verkliga kraften?

– Kraften hos neutriner är mycket starkare än ni förstår. De kan också samverka med mycket mer och med andra faktorer än ni förstår. Därför är ni osäkra på vad de verkligen kan användas till. Därför är det vår rekommendation att ni experimenterar och testar er fram. Till och med med det som ni tror att de inte kan ackumuleras med. Försök att addera och försök att utöka kraften mer än vad ni redan gör eller skriver om att de kan utvecklas. Det går nämligen att vidga och utveckla neutriner mer än det som står skrivet idag.

Så lyssna inte på dem som säger att de är svaga i sin kraft, och att det finns en begränsning i dem. Detta är fel! Neutriner begränsar sig aldrig, och de går att addera även till det elektromagnetiska konceptet. De kan nämligen nå en enorm hastighet, och kraften kan bli nästan lika stark som dagens bilar, de som drivs av bensin, och detta med endast *en* neutrinos kraftkälla. Så forska vidare, utveckla men framför allt vidga dem.

Därför kommer vi inte behöva tanka i framtiden (däremot kommer vi alltid att behöva byta ut och laga delar). Det blir en process som kommer att fylla på och lagra av sig själv. Och för att denna process ska vara möjlig behöver vi alltså energipartiklar som kan fortplanta sig själva och i den snabba takt som de gör. Vi kan alltså inte tillföra långsamt producerande energipartiklar. Om vi gör det, då rör sig inte produktionen framåt inne i omvandlaren och i den takt vi vill uppnå.

Neutriner tar också gärna upp liftare längs vägen. De är nämligen oerhört samspelta, så slå dem gärna samman, vilket då ökar kraften. Ni kan även ställa upp dem på ett led, och när ni gör det ska ni se att de alltid följs åt. Och det är just detta som gör neutriner så speciella – de går alltid åt ett håll, de rör sig alltid framåt, aldrig bakåt. Det går dock att ändra riktning på dem, men bara åt ett håll i taget.

Neutriner sprakar och skiner i sin fullaste glans.
De kan omvandla det mesta inom sitt slag.

Neutriner är alltså framtidens koncept, och det är den inre kärnan som kommer att "lyfta" (ledtråd) framtidens vetenskap. Så lyft upp dessa fenomenala partiklar som är skapade utifrån den starkaste och hållbaraste källan och använd dem som rörelseenergi både i ert kök, hem, bilar och som en värmebeständig del i era värmepannor. För det är i detta framåtskridande rörelsemoment som vårt intresse ligger.

Vi vet att neutriner redan är ett mycket välkänt område på jorden, vilket är anledningen till att vi inte nämner dem mer än vi gör. Men ni kommer att förstå vad vi menar, eftersom det är just neutriner som kommer att skapa nya lösningar på nutidens och framtidens problem. Men vi kan inte bara skapa en kraftfull energi utan något som håller samman allt, och det är här magnetaren kommer in.

MAGNETAR

Ängel Sepatzon berättar:

När en stjärna exploderar och blir en supernova överför den allt sitt innehåll till universum. Det som återstår är en neutronstjärna, med ett extremt starkt magnetfält – en magnetar. Magnetaren har ett magnetfält som är tusentals gånger starkare än den vanliga neutronstjärnans. Detta innebär att stjärnans magnetfält fortfarande finns kvar och är mycket kraftigare än något annat magnetfält i det yttre området. Det är just detta fenomen som vi förespråkar att människan använder i sina framtida magnetiska rörelsemotorer.

Vi är väl medvetna om att vi inte kan applicera universums styrka på jorden, eftersom den skulle bli för stark. Men när ni börjar använda samma teknik som neutronstjärnan, med tillhörande magnetar, kommer ni både se och förstå hur ni kan använda den del av magnetismen som ni klarar av.

Så om vi ska uppnå en kraftigare magnetism i framtiden är det alltså magnetaren vi förespråkar, sättet den agerar på, och där den omkringliggande magnetiska rörelsen är så stark att den kan skydda och få allt i rörelse. För det är just rörelse vi är ute efter när det gäller neutronstjärnan och den inre magnetismen som finns där – att använda magnetarens sätt och yttre styrka och slå samman allt till ett.

Att magnetaren har dessa egenskaper har också räddat många delar av universums sfär, eftersom dess kraftiga magnetfält har lyckats undgå många annars flyktiga problem. För om den inte gjorde det skulle det kompakta innehållet kunna åsamka mycket stor skada i universum.

Exempelvis: Tänk en boll av bly som svävar runt i universum. Denna enormt tunga massa som genererar värme skulle alltså kunna bränna och smälta bort det mesta i sin väg, vilket inte får ske. Därför är ett magnetfält så betydelsefullt, speciellt magnetarens.

Vi är väl medvetna om att magnetaren redan är ett välbelyst område inom vetenskapen. Men det är inte magnetaren i sig som vi vill nå fram med här. Det är som sagt magnetarens starka magnetfält som vi åberopar som en viktig komponent för framtiden. För även om ni redan har kunskap om den kraft som en neutronstjärna sänder ut, både när det gäller in- och utportar och neutriner, behöver ni ett starkt fält som håller samman allt. Det är först då som ni kan inleda nästa fas – ett nytt kraftverk.

Magnetfält lagrar energi. Det är den delen vi kommer att använda i framtiden.

KAPITEL 8

SVARTA HÅL - KVASARER

STEPHEN HAWKING

Ulrika berättar:

Stephen Hawking är en av mina andliga lärare, och han hjälper mig i det arbete som vi nu gör tillsammans. Han kommer även fortsätta att belysa sina kunskaper genom fler mediala själar som vill nå hans kontakt, eftersom hans framtida arbete kommer att belysa den del som han arbetade med när han levde - svarta hål. "Det är en svår nöt att knäcka, men med lite hjälp från ovan kommer vi snart att vara där", säger han och ler.

Därför ska vi nu gå in i hans värld, och det är en stor ära för mig att få utvecklas tillsammans med Stephen och lära oss av vår fantastiska och älskade vetenskapsman. För han har så mycket kärlek och kunskap att förmedla till oss. "När jag gör det kommer ni bättre förstå varför min resa var som den var", förklarar han.

Jag känner mig trygg med Stephen och han ger mig alltid ett enormt lugn när vi arbetar tillsammans. Så tack Stephen för din vänskap och kunskap. Du lyser upp min själ med dina fantastiska kunskaper, och jag vet att vi kommer att fortsätta vår resa tillsammans och stödja världen även i framtiden.

Ärkeängel Metatron berättar:

Det är inte bara neutronstjärnans kraft som vi kommer att använda och lyfta fram i framtiden. Både svarta hål och kvasarer har sedan länge varit välkända fenomen inom vetenskapen och har blivit alltmer kända ju mer vi har lärt oss om de grundläggande begreppen för en stjärna. För de har alltid funnits; det var bara människan som inte kunde se dem till en början.

Men i detta kapitel kommer vi endast att skriva om det vi får från Gud, vår högsta Herre, och de delar som Stephen Hawking själv har valt ut och tagit fram, men som fortfarande ligger i sin grundlära. Det vill säga, hur kan vi fortsätta arbeta med svarta hål och den kvasarteknik som människan kommer att utveckla i framtiden?

Därför har vi tillägnat detta kapitel till hans ära, som ett sätt för oss alla att hedra honom som person och för det fantastiska arbete han alltid utför. Det är en lära som även Ulrika går i nu, tillsammans med oss. Därför har hennes känslighet för alla delar av universum ökat och när den ökade, ökade även hennes inre kunskaper.

SVART HÅL

Ärkeängel Metatron berättar:

Ett svart hål uppstår när en gigantisk stjärna har exploderat. Kollapsen lämnar då efter sig ett svart hål, som sedan styrs av den dragningskraft som finns runt hela universum. Det är också den som tillsammans med den kontenta linjen som agerar som producent i ett svart hål.

Men för att människan ska kunna fortsätta sina studier och lära sig mer om detta oerhört vackra, svarta fenomen behöver ni först förstå hur det skapades från början. För hur det skapades ligger alltid till grund för hur det sedan kan agera i sin helhet och hur det förvaltar det material som det sedan suger upp som en dammsugare. Fast det är inte riktigt så det går till, även om vi förstår att det kan se ut så. Det svarta hålets mystik är mycket mer känslosam än så. Ett svart hål började faktiskt sin resa redan när universum skapades. Det är detta vi ska gå in på nu.

Stjärnor är inte bara här för att producera; de är även här för att förändra universum.

För att kunna skapa något behöver vi tillsätta något som sedan kan fogas samman. Så utan ett svart hål skulle vi alltså inte ha en sammanfogare som kan samla samman materia för att sedan använda det för sin egen kraft och överlevnad. Annars skulle denna cirkel av skapande kraft inte hitta sitt säte. Det var så grundtanken var, och fortsatte även så.

– Skapades ett svart hål efter The Big Bang? Frågar jag Metatron.

– Vi kan säga så här: utan dessa uppsamlare hade universum inte kunnat skapa något. På så sätt fanns ursprungskraften redan innan The Big Bang, men i en annan form, men den utökade sig alltmer ju mer materia som skapades i universum, det som de kunde äta och växa av.

– Jag förstår inte helt. Hur kunde det finnas ett svart hål innan den första stjärnan hade skapats?

– Ett svart hål är en del av en stjärna där vi först behövde skapa kraften innan vi kunde skapa själva produkten. Det var detta stjärnan hade till uppgift – att skapa en inre kraft. Vad vi menar är att kraften fanns där innan, vilket sedan skapade ett svart hål allteftersom det växte.

Tänk på hur ett barn blir till. Vi måste först skapa ett embryo;

annars har barnet ingenstans att växa. Men innan vi kan skapa ett embryo måste vi skapa en kraft som kan verka i embryot och se till att det växer. Så embryot var inte heller från början ett fullt fungerande embryo. Allt tar tid att utvecklas. Således är barnet, precis som ett svart hål är en del av en stjärna, en del av embryot.

Men de stjärnor vi pratar om befann sig inte i detta universum. Därför var också kraften annorlunda och mindre i både storlek och styrka. Således lämnade stjärnorna endast efter sig en förkänning till ett svart hål, och det är här ursprungskraften kommer in.

– Så stjärnorna var så små att de endast lämnade efter sig en kraft och inte ett svart hål. Är det så ni menar?

– Ja, precis. Det var också detta som just de stjärnorna var skapade för – att utveckla ett svart håls ursprungskraft (alla stjärnor har inte samma uppgift; alla har sin speciella egenskap till varför de skapades). Det var sedan samma kraft som började dra samman materia. Vi behövde alltså först skapa ursprungskraften, det som var själva syftet med ett svart hål. Och desto större och starkare stjärnorna blev, ju större och starkare blev dess inre och till slut lämnade de alltså efter sig det vi i dag kallar ett svart hål.

Men ett svart hål är inte bara här för att samla samman materia och växa sig större. Kraften som Gud skapade åt ett svart hål är också här för att förbättra universum, vilket den gör genom att städa bort det som skulle kunna bli, men som inte kan bli, för om det blev det skulle det helt enkelt bli för mycket av just den sorten. Eller så skapas de med ett annat syfte än vad vårt universum kan eller orkar ta emot just då.

– Var det det som gjorde att universum kunde börja agera på egen hand och att det behövdes en så kallad ”vakt” på den tiden?

– Ja, precis, och så härligt att du kunde lista ut det. För det är precis det de gör ibland – de städar, både för att hålla vakt och för att hålla ordning. Ungefär som hos er. Ibland behöver även ni städa, annars skulle ert hus översköljas av damm eller annat som inte gynnar er värld. Ni städar för att nå en balans i ert hem, så gör även ett svart hål.

Denna mystiska stjärna har alltså en egen bestämmande funktion och beteende som människan ännu inte riktigt förstår, särskilt dess inre del. För det är i det inre som en omvandling sker, och det är det människan behöver lära sig mer om, eftersom det är relevant för den tid vi lever i. Därför ska vi nu, tillsammans med Stephen, lyfta fram de blixtar, kanaler och den kontenta linje som finns i ett svart hål.

BLIXTAR

Ulrika berättar:

Vi ska nu ta er med på två av de astralresor som jag gjorde tillsammans med Stephen Hawking. Det är resor som tar oss djupare in i svarta hålets mystik. Det var också via dessa astralresor som jag mötte Stephen för första gången.

Den första resan handlar om *svarta hålets blixtar* och den andra om *svarta hålets kanal.*

Jag sätter mig ner och andas med djupa, lugna andetag. Plötsligt befinner jag mig i en vit bubbla och jag svävar upp i universum. Väl framme öppnar jag en dörr och kliver ut på en vit stig, precis lagom bred. En man möter mig, klädd i vitt för tillfället. Först trodde jag att det var min urfader, min skyddsängel, men senare fick jag reda på att det var ärkeängel Metatron. Vi kramas och ler åt varandra när vi möts igen på den plats där jag lär mig i andevärlden.

Jag tittar ner och ser hur universums alla färger lyser upp och sprakar i sitt klaraste sken. Färgen gul är särskilt framträdande, men jag vet inte varför.

Jag ser upp igen och Metatron visar mig en ballong. Han förklarar om det helium som människan kommer att använda i framtiden. "När ni har lärt er och anammat helium, mer än ni gör i en ballong, kommer helium att ersätta vätgasen. Den ni använder i era bilar, den som inte är helt säker. Därför kommer ni snart att byta", säger han.

Jag ser mig omkring. Längre ner på den vita stigen kommer en man gåendes. En man i beige byxor, vit tröja, ljust hår och glasögon, och jag känner genast igen honom som en av mina lärare. Han ler lika varmt som solen själv och vi gläds åt vårt möte. Vem det var? Jag mötte min lärare, min fina, fantastiska lärare, Stephen Hawking. Han tar mig i sin hand och leder mig upp för en trappa, och vi stannar till vid ett stort svart mörker. Det blixtrar till riktigt ordentligt och han ber mig att se efter.

– Försök förstå varför blixtarna finns, säger Stephen.

– Är det de som agerar energikanal i ett svart hål? Frågar jag.

– Ja, precis, och forskare känner redan till att de finns. Men de agerar inte helt som människan tror att de gör.

– Vad menar du med "inte som människan tror"?

– Jag menar att det är energikanalerna som fungerar som uppsamlare, att det är blixtarna som äger den grundläggande styrkan hos ett svart hål. Det är därför de kan dra in så mycket från universum.

– Vad består blixtarna av?

– Det får människan själv finna ut. Mer än så får jag inte berätta.

– Vad är det som skapar blixtar?

– Ett svart hål är egentligen i grunden en stjärna, men precis som en neutronstjärna är den skapad av en enorm mängd energi, annars skulle det inte uppstå några blixtar. Tänk på den enorma kraft som en neutronstjärna har och föreställ dig sedan blixtar i den. Då kanske du bättre förstår hur de kan agera ut som de gör.

– Så det är blixtarna som ger dem den hastighet som ett svart hål består av?

– Ja, precis, och det är detta som människan behöver forska vidare i, eftersom det är en process som ni behöver gå igenom först innan ni kommer vidare – att studera blixtar och hur de kan agera ut i sin fulla styrka.

På jorden avger de energi, men i ett svart hål sammanför de energi.

Jag tittar rakt ner i detta gigantiska svarta hål. Jag ser hur det blixtrar och sprakar, men mer än så låter han mig inte se. ”Vi fortsätter imorgon”, säger han och ler.

Jag tackar för mig och för det fina möte vi hade tillsammans. Jag avslutar allt med att tacka Gud för den fina gemenskapen som vi har i andevärlden. En plats där alla samarbetar och hjälper varandra så att vi kan växa i kropp och själ.

Jag kvicknar till och ser tillbaka på detta möte som ett av de tydligaste minnen jag har fått från änglarna. För det var ett minne som väcktes till liv; det var ett minne jag såg, därför kom jag igenom så lätt. En dag, på en plats där vi rådgjorde med varandra, och det var där jag tillsammans med Stephen lärde mig om universums heliga kraft långt innan detta jordeliv tog fart.

Öga mot öga. Hjärta mot hjärta möttes vi och kunde dela denna fina stund tillsammans.

SVARTA HÅLETS KANAL

Ulrika berättar:

Dagen efter fortsätter vi vår resa. Jag sätter mig ner och andas djupt och lugnt. Jag försöker fånga den rätta känslan av vad Stephen vill visa mig den här gången.

Idag gick det snabbt. Jag drogs omedelbart in i ett enormt svart utrymme, och jag kände mig ensam. Det kändes ödsligt på något sätt, nästan som att det var ett definitivt slut. Det var stort. Jättestort! Jag såg blixtar igen.

En enorm kraft tar tag i mig och suger in mig i ett rör, och ju längre in jag kommer, desto snabbare går det. Min själ snurrar och snurrar och det känns som att jag flyttas allt längre in, men jag vet inte vart. Plötsligt … stannar allt upp och jag börjar sväva igen. Det känns lugnt och skönt nu för det händer inte mycket här. Stephen ger mig känslan av att jag befinner mig i ett svart hål, i dess inre kärna. Det är några blixtar här och där, men annars är det ganska lugnt.

Färgen är grå.

Något tar tag i mig igen och jag slungas vidare. Det känns som att det yttre har börjat röra på sig igen. Det är som när kraften sugs in är det lugnt inne i kärnan. Men när den yttre skivan aktiveras, när allt börjar sugas utåt igen, då ökar aktiviteten.

Jag slungas ut och vaknar upp från min astralresa. Lite svagt tilltygad, men jag mår relativt bra och ler för mig själv för jag vet vem som var här och visade mig allt detta. Jag är så tacksam.

Vi fortsätter vårt samtal i köket:

– Varför är det förhållandevis lugnt inne i kärnan när allt sugs in, men ökar när det sugs ut? Frågar jag Stephen.

– Därför att det sker en aktivering vid ett inflöde, som inte är lika kraftigt som vid ett utflöde. Även om det kan verka så. När akretionsskivan aktiveras i det yttre absorberar den all yttre energi, och denna yttre energi är faktiskt mycket kraftfullare då än när den väl når det inre.

– Hur kommer det sig?

– Det är nämligen där, under transportsträckan, som du själv fick ta, som all kraft samlas. Väl inne i kärnan har kraften avtagit. När kraften sedan släpper ut allt igen, ökar kraften igen, även inne i kärnan, och det är då den skjuter ut sina ljusstrålar. Men för att kunna göra det behöver den först ha byggt upp en enorm inre kraft inne i kärnan, som just vid det tillfället blir mycket starkare än den var när allt sögs in. Det har alltså skett en omvandling.

Att trycket ökar gör det för att undvika sin egen undergång; annars skulle den sprängas eller bara försvinna helt enkelt. Kraften är alltså så stor att utan den vila som kärnan behöver ibland skulle kraften bli alldeles för stor. Därför behöver den ibland befinna sig i ett viloläge innan allt börjar om igen, och så håller den på tills den försvinner.

– Varför försvinner den?

– För att den är färdig, den har gjort sitt, och då tar nya svarta hål över. Annars skulle hela universum styras av svarta hål, vilket inte får ske. Det skulle helt enkelt bli för mycket av allt material som ett svart hål producerar, som det sedan släpper ut, och vi skulle inte nå balans i universum.

– Jag har hört att vårt tidiga (gamla) universum var fullpackat med materia och att det var så våra superstora svarta hål bildades. Stämmer det?

– Ja, men universum hade inte den höga densiteten vid den tiden som en del tror. Men det är inget vi ska gå igenom här, men jag har noterat din fråga och kanske vi utvecklar den i framtiden.

Vi fortsätter med kanalen:

Ett svart hål består alltså även av ett kärnhus, eftersom alla stjärnor alltid har en grundkärna från början. Tänk på vad vi tidigare nämnde – ett svart hål bildas när en gigantisk stjärna exploderar. Efter kollapsen lämnar den efter sig ett svart hål. Kärnhuset utgör därför en inre del av ett svart hål.

I kärnhuset samlas alla partiklar som ett svart hål suger in och dras in i en strömliknande linje. Där snurrar de runt som i en lång kedja tills antingen kraften sinar eller deras förmåga ökar. Det innebär att en del partiklar dör, men bara de svaga. En del ökar i styrka, men bara de starka. Andra slår sig samman som ett par och det är då en kollision inträffar. Det är alltså från den händelsen som kapaciteten ökar och det är då blixtrar uppstår.

Det är alltså inne i själva kärnhuset som all kraft skapas. Det är också där som den sedan omvandlar allt. Det är efter denna omvandling som den kan sända ut sin inre kraft igen, för att sedan samla in kraft igen. Det är också härifrån som den har fått sin sugkapacitet.

– Hur kan partiklarna åka in och ut?

– Det gör de genom en kanal. Det finns nämligen en kanal där som inte påverkas lika mycket av det tryck som uppstår i ett svart hål, och det är där alla partiklar samlas, de som åker in och ut.

– Hur kan det finnas en kanal i ett svart hål som inte påverkas av dess enorma sugkraft?

– För att den är fristående. Den rör sig runt kraften men inte hela vägen in. Den styrs alltså inte av resten av ett svart hål eftersom den endast fungerar som en förmedlare, kan vi säga. Den transporterar – den agerar inte.

Tänk dig en bil när det stormar ute, men på insidan är det helt stilla. Bilen transporterar dig (föraren) men den kan alltså inte agera emot den fart som sker på utsidan.

– Hur hamnar partiklarna i kanalen?

– De hamnar där för att de har förts dit av kraften när de sugs in. En del stannar kvar i kärnan medan andra transporteras vidare.

– Varför gör de det?

– För det är det som skapar osämja, vilket behövs för att ett svart hål varken ska stanna av eller vila. För om den vilar, då sker det ingen omvandling och då kan inte blixtarna utöka sig.

– Så det är som en gaspedal i en bil? Om jag trycker in pedalen då ökar farten, men om jag släpper lite på pedalen då minskar farten. Kan man säga så?

– Ja, precis, men i det här fallet fungerar de som in- och uthämtare. Det är som sagt en kanal som transporterar, inte agerar, vilket den gör för att kärnan ska kunna fortsätta sitt arbete med att skapa blixtar.

– Varför skapar den blixtar?

– För det är de som skapar elektricitet i universum.

– Hur kan ett svart hål försvinna eller dö?

– Ett svart hål dör aldrig helt. Det kommer alltid att växa, men i en annan form, och det är just detta som en del forskare har missat – att de omvandlas till något annat. För det är bara de starkaste partiklarna som överlever i ett svart hål. Det är när ett svart hål endast består av svaga partiklar som de klingar av, men de försvinner aldrig helt.

Ungefär som en såpbubbla. Antingen växer den sig större och starkare eller så sprängs den till slut av för lite kraft och allt innehåll faller då ner på marken. Men eftersom allt i en såpbubbla är transparent kan vi inte se det. Och beroende på hur stark ytan är, desto större är chansen att bubblan får leva ett tag till.

– Så det är det yttre av ett svart hål som avgör dess storlek och styrka?

– Ja, men ändå inte. Ett svart hål omges av så mycket mer än människan har hittat. Det sker nämligen en sammankoppling mellan det inre och yttre, som vi alltid måste ta hänsyn till när vi söker efter ett svar. Det är närmare bestämt i denna sammanpressade koppling som vi finner svaren på vad som sker med allt innehåll när ett svart hål dör ... enligt människan. Så om ni kopplar samman händelsehorisonten med de starka partiklar som skapar blixtrar i det inre, då finner ni också svaren på vad som sker med innehållet, efter ett blixtnedslag (ledtråd).

DEN KONTENTA LINJEN

Stephen berättar:

Vi har även funnit en dragningskraft som finns att belysa både i och runt ett svart hål, som en del människor inte känner till än. Vi kallar den för *den kontenta linjen* och innehållet är abstrakt.

Den kontenta linjen är, som sagt, ett abstrakt innehåll. För det är en linje som inte syns eftersom vi inte kan se den med blotta ögat, men den finns i den skapande process som vi pratade om tidigare. I denna skapande process sker ett linjärt förhållande, som vi inte ska utveckla här, men detta linjära förhållande särskiljer sig åt eftersom det genom sin enorma dragningskraft kan skilja delar och materia åt.

Men ett svart hål kan inte själv bryta den kontenta linjen. För att kunna göra det behöver det alltså först omvandla materia till ett annat starkare material, och det är just denna skapande process som människan har börjat nudda vid nu. Därför är det av stor vikt att den kontenta linjen finns och att den med hjälp av en enorm styrka kan brytas inifrån. Det är också så ett svart hål kan förändra sin karaktär.

Det är därför genom den kontenta linjen, den som har genomgått en delning, som skapar processen och är den vi vill att våra fantastiska forskare fortsätter att studera nu. Om ni gör det, då finner ni också förklaringen till hur ett svart hål i sitt inre kan skapa och processa det material som den äter, för att sedan spotta ut allt igen när den klingar av. Den omvandlar nämligen endast det som den behöver för att växa sig större, och ni kommer snart att upptäcka vad detta är.

– Vad innehåller och består den kontenta linjen av? Frågar jag Stephen.

– Den kontenta linjen är som sagt abstrakt, så även innehållet. Men att det är abstrakt beror bara på att ni ännu inte kan se det, men det kommer. Den kontenta linjen innehåller nämligen en kraft som ni kommer att använda i framtidens industri eftersom den kan *kopplas samman*. Därav kommer den att fungera som en tidig strömbärande länk.

Kraften i den kontenta linjen är så stark att den även kan ses som en utdragare, vilket ni kommer att få kännedom om och vidareutveckla när ni väl är där. Och eftersom det går att förlänga den kontenta linjen är det också det ni kommer att göra i framtiden. Efter det kommer ni att vidareutveckla kraften så att den även fungerar inom andra ändamål.

Kraften består även av en strömbärande linje, därav namnet ”den kontenta linjen”. Det är den som vägleder kraften och ser till att den alltid hamnar i rätt position. Men för att den ska kunna göra det behöver den bestå av en bestämmande kraft, och det är här neutrinerna kommer in. Inte att kraften består av neutriner, men ni kommer att anföra kraften i industrin efter den kontenta linjens agerande, men där neutrinerna bär fram kraften, strömmen.

– Så är kraften mer en teknik i det här sammanhanget än vad innehållet utgör i styrka?

– Ja, för er kommer det att bli så när ni har utvecklat kvasartekniken (vi kommer att diskutera kvasartekniken efter detta).

– Hur hittar vi den kontenta linjen?

– Ni hittar den genom att söka i den källa som släpper ut (ledtråd). För det är där de länkas samman, och att de länkas samman beror på att de alltid samarbetar. Så sök efter den källa som släpper ut och det samarbete som sker mellan båda – utsläppet och den kontenta linjen. Men för att hitta den behöver ni först skapa ett nytt system som skapar ett nytt seende. För det är en linje som är aktiv men som människan ännu inte kan se med blotta ögat.

– Hur kan vi då veta att den är där?

– Ni kommer få se det genom ett nytt teleskop. Visserligen finns det redan på plats men endast som ett tillhörande instrument, och är alltså det vi behöver foga samman med dagens.

– Hur kan instrumentet hjälpa oss att se och förstå den kontenta linjen? Och vilket instrument menar ni?

– Det kan ni inte göra nu, eftersom instrumentet endast finns på papper idag, men där forskare äntligen har börjat förstå att vi även behöver förstå bortom det yttre. Så när den ritningen sätts i bruk, då kan ni se och förstå varför ett svart hål drar så mycket som den gör. Det är nämligen den som kopplar samman ett svart håls dragningskraft, och allt kommer ni att belysa i framtiden.

Instrumentet är som sagt en tillhörande del och kommer att utvidga er syn i kubik. Det är också utformat för att kunna förändra en bilds förmåga att *uppfatta* (ledtråd), vilket möjliggör att se bortom det som är verkligt, om vi kan kalla det så. Våra forskare vet redan vad detta innebär; nu väntar vi bara på ett resultat.

– Varför kallar ni det för instrument om det är en tillhörande del?

– Att vi säger instrument är bara för att den kommer att agera fristående i framtiden. Så den är egen, men den kan ändå kopplas samman som en tillhörande del.

Ärkeängel Metatron berättar:

Mer än så får vi inte berätta om denna enorma kraft eftersom det är förbjudet för oss att göra det. Men vi hoppas att det har gett er en inledning till att fortsätta ert arbete. För det är inte vad den samlar på sig som är viktigt utan *hur* den gör det. Och nej, den kontenta linjen och Hawkingstrålning är inte samma sak då de utgör olika *delpunkter*, som vi kallar det. Det finns nämligen en skillnad mellan Hawkingstrålning och den kontenta linjen.

Exempelvis är strålning en process som avger elektromagnetisk energi. Den kontenta linjen utgörs av själva dragningskraften, den energi som finns där utan att blockera eller söndra magnetismen. För det är vad strålning kan göra ibland, den kan blockera magnetismen utan att vidröra den, och det är här vår linje kommer in. Den kan nämligen själv gå in och bryta en stråle när den har omvandlat sitt material till ett starkare material, vilket strålningen inte kan enligt oss.

Vi förstår om en del tvekar nu, men vi pratar endast om sådant vi vet finns och verkar i universum.

Tänk så här: Alla forskare har inte alla svar, men vi har många av dem, inte alla men fler än er. Därför kan vi inte vända oss till människans kunskapsfält; för att lära oss nytt och rätt måste vi göra om. För det finns forskare som behöver nya glasögon eftersom de har fastnat i det gamla 3D-tänket. Därför kommer en del forskare att gå emot och inte tro på våra ord, vilket är helt okej. Men allt nytt måste börja någonstans, och om vi aldrig provar att gå nya vägar når vi heller aldrig ny information.

Så finn denna kraftkälla och lita på att den finns, då kommer ni också att förstå hur allt kan ansamla sig. Ni kommer nämligen att använda innehållet till våra elektriska delar i framtiden, speciellt där vi behöver belysa krafter som drar och sammanfogar materia. Då menar vi de delar som har nått den höga kvoten av aktivitet så att de kan omvandla ett material till ett annat starkare material, som i ett svart hål.

Vidare kommer det även att hjälpa er när ni ska belysa andra främmande föremål som finns i universum. För om ni förstår dynamiken av kraft kommer ni även att förstå andra fenomen i framtiden. Så slå samman era påsar och försök studera den kontenta linjen – hur stark dragningskraften är i den inre och yttre atmosfären. Därefter genomför ni en omvandlad procedur, det som sker i ett svart hål.

Däremot, när vi pratar om kvasarer, är det deras kontroll över styrkan som intresserar oss. För ni kommer som sagt att genom detta utveckla en egen kvasarteknik.

KVASARER

Ärkeängel Metatron berättar:

Kvasaren är en ursprungsstjärna, ett supermassivt svart hål, som befinner sig i mitten av en galax. Den omges av en ackretionsskiva där materia strålar runtomkring och snurrar runt i extremt hög hastighet. Skulle vi översätta kapaciteten till en mänsklig faktor skulle vi kalla den för *hybris*. Kvasaren samlar nämligen på sig allt i sin väg och har en obegränsad hunger och framfart. Därför kan den bli enorm. Att den kan växa sig så stor beror på dess magnifika dragningskraft, vilket gör att den själv kan välja vad den vill äta för att växa sig större och kraftfullare.

Det är detta insamlande av olika energirika innehåll, samt dess enorma dragningskraft, som blir människans uppgift att forska vidare i nu och använda denna kombination av olika näringskällor för att nå mer energi än ni redan gör. Och eftersom en kvasars liv uppstår av energirika ämnen, som tillför den en energirik massa, kan ni anta samma teknik i ert vardagliga liv, men inte förrän ni uppnår samma tekniska förutsättningar.

– Varför behöver vi en ursprungsstjärna i mitten av vår galax? Frågar jag Metatron.

– Att denna ursprungsstjärna kom till var nödvändigt; annars skulle vi inte kunna skapa en galax. Ursprunget grundades nämligen på sammanhållning. Så utan denna ursprungliga sammanhållning skulle vår galax inte kunna utvecklas.

– Så kvasaren behövdes för att en galax skulle kunna bildas, annars skulle den gå isär, eller?

– Ja, men inte helt. En galax kan även skapas utifrån andra element, så även kvasaren. Men då bildas något helt annat, även om det fortfarande är en galax.

– Vad bildas då?

– En spiral, lång som en orm, men i det här fallet är det huvudet som styr. Därför kan människan även se andra galaxer som inte ser ut som en galax, men som ändå är en galax. Och så länge det inte finns en kvasar i mitten kan inte galaxen hålla samman allt, inte på samma sätt som vår galax gör. På så sätt formas en del som en spiral. Därför är det så viktigt med olikheter i universum; annars skulle vi inte utvecklas.

Kvasaren kan också styra sin galax så att det inte bildas för många stjärnor. Den kan alltså, om det behövs, sakta ner förbränningen så att galaxen kan leva lite längre.

Kvasaren är även känd som en kraschare, en kraschad massa. Den har alltså under sin färd lyckats samla på sig så mycket näringsrikt innehåll att det är just detta som har gjort den så stark och till slut skapat en enormt kraftfull energikanal.

Kvasaren är alltså så kraftfull att den kan förstöra det mesta i sin väg, men att förstöra innebär inte alltid en negativ påverkan, eftersom det även kan uppstå andra saker som en följd av denna förstörelse, vilket också är kvasarens huvudsakliga syfte – att resa runt och förstöra för att sedan försvinna så att en återuppståndelse kan ske.

”Ur gammalt växer nytt”, som ärkeängeln Metatron brukar säga.

Därför, när vi riktar vår uppmärksamhet mot en kvasar, kan vi få en känsla av att den liknar en elakartad tumör som fördunklar universums glans. Men universum följer inte regler som säger att det som glimrar är gott och det som är svart är ondska. Här är allt lika viktigt, och den styrka som universum består av kommer faktiskt från färgen svart. Det spelar alltså ingen roll om något är vitt eller svart. Allt samverkar; annars skulle universum slockna.

Så kan människan fördjupa sina kunskaper om kvasaren och dess sammansättning kan ni tillföra er ett mycket bättre energibränsle i framtiden. Men se och hör upp, gott folk! Det är en farlig väg att vandra så länge vi fortfarande har en del egocentriska själar på jorden, eftersom det även kan leda till vapen som kan användas mot varandra. Men i rätta händer och under rätt förhållanden är kvasarens framfart en god investering för framtiden. Och eftersom tekniken ligger lite längre fram i tiden, och om den skulle hamna i fel händer, får vi inte nämna mer än vi gör.

Kvasarens livsuppgift är att förstöra för att skapa nytt.
Den bryter ner för att sedan tillföra och öka kapaciteten.

KVASARTEKNIK

Ärkeängel Metatron berättar:

Kvasaren samlar alltså in materia från det yttre. Det är olika delar som slås samman genom den dragningskraft som sker där, vilket gör att den kan fortsätta att rotera. Därför innehåller en kvasar nedbruten materia som har fogats samman med andra delar, och är också det som gör den så kraftfull. Den belyser nämligen allt i sin väg och all den energi som den genererar gör att den även kan förändra universum.

Kvasaren har alltså en styrande kraft som en del vetenskapsmän och kvinnor redan känner till. Men vet ni att den även kan släppa ifrån sig och samla på sig mer materia beroende på om den känner sig tung eller svag – mätt eller full? För det är det den gör genom explosioner. Genom explosioner kan de släppa ut materia när det behövs, och genom att göra det tillför de också nytt på andra platser, där det antingen finns för mycket eller för lite av något, och de skiftar då över omfånget till andra delar av universum.

Därför kallar vi dem våra in- och uthämtare. Man kan säga att de är säkerhetsvakter med medföljande säkerhetsåtgärder, där några av dem kan verka skrämmande eftersom kraften kan upplevas så. Men för oss är det en naturlig del att använda i universum.

Det är just denna del som vi vill berätta om nu och som vi tycker är så spännande, eftersom vi vet att om ni väljer att gå den vägen kommer ni att använda denna kvasarteknik i framtiden. För det är en teknik som kommer att öka både människans uppfattning om universum och förståelsen för dess styrka.

Det finns tre steg som ni behöver ta fast på på när ni utvecklar kvasartekniken:

1. Den samlar in, blir mätt.
2. Den sprutar ut.
3. Den samlar in allt igen. På så sätt återställer den allt och kan börja om igen.

En kvasar kan alltså själv stanna av när den känner sig mätt – nöjd. Den har nått sitt mål. Den materia som kvasaren sedan sprutar ut igen som en laserstråle kan faktiskt kvasaren återanvända, och det är när den börjar samla in allt igen som den kan återställa och återupptända sin inre kraft. Det är just denna återställning, återtändning, som människan kan använda i framtiden som ett sätt att driva en rörelse framåt – att återuppta ny energi när den gamla har stannat av. Vi kan kalla det en på- och av- knapp. Det är alltså inte bara tekniken i sig som vi kommer att använda, det är tempot men framför allt den växling som sker när vi ska tända upp allt igen som vi måste lära oss mer om.

Men för att hålla i gång allt behöver ni även förbättra era kunskaper inom fusionsförbränningen. Därför är det speciellt två faktorer som blir viktiga för er framtida forskning:

1. Få i gång fusionsförbränningen, mer än ni redan gör.

2. Efter det kommer kvasaren att utöka ert kunnande och utåtagerande. Kvasarens omfång och innehåll är nämligen mycket större än vad människan kan räkna på idag. Därför kommer er uträkning att förändra sin karaktär även här.

Ni kan även utforska framtidens energiuppdagningar på samma sätt som ni gör med neutronstjärnan, men där kraften är mycket större. För kvasaren, precis som neutronstjärnan, samlar också på sig omkringliggande materia. Så när trycket ökar kan den omvandla gravitation till magnetenergi, vilket leder till rörelseenergi när strålarna skjuts ut. När ni kan se liknelsen mellan kvasarens och neutronstjärnans inre och yttre agerande, även om omfånget och styrka skiljer sig åt markant, då har ni kommit långt!

Detta är en teknik som ni även kommer att använda inom industrin för att förlänga en del processer. Men framför allt kommer ni att använda den inom framtidens bilindustri, och det är då ni kommer att sprida era kunskaper inom kvasartekniken. Så ni ser, det finns många goda möjligheter i framtiden när det gäller just kvasartekniken.

Men här vill vi även gå ut med ett varnande finger, eftersom när denna teknik dyker upp kommer några att försöka behärska den på egen hand, i sitt land, vilket naturligtvis inte får ske. Allt vi gör ska alltid delas lika med alla. Detta kommer vi att stoppa, eftersom inget land ska ha företräde. Därför vill vi redan nu berätta lite kort hur ni kan vidareutveckla kvasartekniken.

Hur vi vidareutvecklar kvasartekniken

Allt kommer att ske i en maskin som ni skapar själva. Det blir en maskin som går på ånga och som kommer att ge er de resultat som ni vill uppnå.

– Hur kan vi utveckla en kvasarteknik som går på ånga? Frågar jag Metatron.

– För att ångan ska kunna appliceras tillsammans med den sköld som ni kommer att skapa med kvasartekniken är det viktigt att vi arbetar med något som kan tränga igenom. Vad vi menar är att för att vi ska kunna utveckla en kvasarteknik behöver vi först ta fram material som är lätt att arbeta med och som är lätt att vidareutveckla, och det är precis det vi kan göra med ånga. Vi kan enkelt addera andra element i ångan som stärker effekten.

– Så kvasartekniken kommer att gå på ånga i framtiden?

– Nej, inte så. Den agerar inte som en kraft för den finns redan. Ångan kommer endast att agera som en förbättrare, eftersom den behöver passera olika stadier så att kraften i kvasartekniken kan öka. För till en början blir kraften inte så stark, därför behöver ni utveckla den.

– Hur kan ångan öka kraften? Jag förstår inte.

– Den kommer att hjälpa kvasarens innehåll så att det kan fungera som en förbättrare. För när vi förbättrar en del påverkar det positivt på även andra delar. Så det blir en ånga baserad på positiva element. Det är nämligen de positiva elementen som ökar kraften, inte själva ångan i sig.

Men för att vi ska kunna tillsätta nya element i ångan behöver vi först förstå vad det är vi söker efter när vi ska utöka kraften i en kvasarteknik. Det är nämligen här det kommer att bli ett stopp för er i framtiden. Därför är det vårt råd att ni ser över vad som integrerar en kvasar med den hastighet som den utgör. Vad är det för element som får en kvasar att öka i styrka? Däremot vill vi inte att ni ser varje element för sig. Se dem som en sammansvetsad kedja eftersom det är där kraften finns – i kedjan. Det blir en förlängning av kraften, och det är den vi tidigare nämnde.

Se på ånglokomotiven. De kan kanske ge er en ledtråd till det som rör själva ångan och hur den rör sig.

Kvasaren ligger nu i era händer att både utveckla, använda och applicera denna fenomenala styrka, denna fenomenala teknik, i ert vardagliga liv. Så lyssna på dem som studerar kvasaren och ge dem de medel de behöver så att de kan fortsätta att beskåda och mönstra av och bilda en ny *ring* till allas beskådan (ledtråd).

Vi har även redan satt in aktiva aktörer vid en del olika program som är där för att granska ”deras” verksamhet och kontakta oss vid behov. Dels för att uppmärksamma dem som inte delar med sig av sina kunskaper till andra, men även för att förhindra att de inte skapar nya framtida planer.

KAPITEL 9

KRAFTVERK

NYTT KRAFTVERK

Ärkeängel Metatron berättar:

Förutom den magnetism som vi kommer att utveckla i framtiden, vilket vi kommer till i nästa del, kommer vi även att skapa ett helt nytt kraftverk. Och för att kunna förklara det behöver vi återgå till neutronstjärnan.

För att en neutronstjärna ska få fart behöver den både hämta hem och skapa kraft, och det är just detta samarbete som behöver ske för att ni ska kunna starta upp en ny kraft. Det är nämligen en teknik som ni kommer att använda i framtidens kraftverk, både på grund av den snabbhet och föränderlighet som neutriner har.

Men neutronstjärnan utgörs inte bara av en enorm inre kraft; den agerar även som en balansbärare. Men för att kunna göra det behöver den först uppnå dessa egenskaper. För mycket av den kraft som uppstår skapas inte ensam; den samarbetar nämligen även med andra delar i universum. Därför behöver vi även förstå det som finns runtomkring en neutronstjärna, exempelvis magnetaren.

Det är också detta yttre material som en neutronstjärna omger sig med som en del forskare har hittat delar av nu, och därmed har de nästan funnit den kraft som cirkulerar runt en neutronstjärna, den ni kommer att använda senare. För det är vid just det ögonblicket, när den yttre och den inre materian möter varandra, som det börjar hända saker. Det som händer då är att kraften ökar. Så utan detta yttre och inre samarbete kan neutronstjärnan alltså varken uppnå sin kraftfulla verkan eller skjuta ut blixtar, och det är just denna händelse, dess omkringliggande aspekter, som börjar intressera forskare nu. Så fortsätt med det, för ni är på rätt spår.

Detta sätt att samarbeta kommer ni att använda i framtiden. För det är ett kraftfullt samarbete som behöver ske nu för att ni ska få i gång ett annat elkraftverk som enbart utgörs av magnetism, och det är just utifrån neutronstjärnans teknik som ni kommer att skapa dessa metoder. Ni kommer nämligen att använda magnetism på samma sätt. Därmed kommer det att ersätta de elkraftverk som finns idag.

Det sägs att en del kraftverk inte bör finnas kvar på jorden eftersom de inte bidrar till jordens välfärd. Men vårt råd är ändå att ni låter dem stå kvar eftersom ni kommer att återuppväcka några av dem i framtiden, fast då som bättre och renare kraftverk. Så stanna kvar där ni är, men gör er inte av med saker! Låt tiden ha sin gång och fortsätt att utveckla där ni är nu så kommer ni snart att förstå vad vi menar.

Det kommer att skapa stora rubriker i era tidningar när dessa nya kraftverk tar sin plats. Neutronstjärnans magnetiska förmåga kommer nämligen att användas över hela jorden i framtiden och förvalta era källor som är mer näringsrika. Därför ser vi helst att ni vänder på skutan nu och tar bort de delar inom er kraftstation som inte är bra för framtiden, men att ni lämnar kvar det ni kan använda.

Det var också detta vi tidigare diskuterade när det gäller neutronstjärnan och neutriner. Därför utvecklar vi inte mer än så. Att vi nämner det här beror endast på den nytillkomna kraft som neutronstjärnan kommer att släppa i framtiden, och det är då ni kommer att förstå. Så börja med grunden och när denna nytillkomna kraft anländer kan ni börja utveckla era kraftverk baserade enbart på neutronstjärnans inre koncept.

Detta är en teknik som ni kommer att vidareutveckla efter att bilen har fått sitt genomslag.

KÄRNFUSION

Nikodemus berättar:

En annan del som vi rekommenderar och som kommer att påverka ert energiflöde positivt är delen om fusion. Det är en teknik som härstammar från en stjärna och det är samma teknik som vi använder när vi ökar vår kraft.

Vad är då kärnfusion? När en stjärna bildas sker det i första hand genom att ett tunt moln av väte dras samman av den enorma tyngdkraften i universum. När stjärnan sedan har nått en viss storlek börjar den genomgå kärnfusion, och det är här det blir intressant – när stjärnan börjar omvandla sina olika grundämnen. Det som händer då är att den enorma värmen och det tryck som uppstår i stjärnan tvingar atomer att slås samman och bilda större och tyngre kärnor.

Det är alltså olika händelser i olika stadier som bildar olika ämnen, inklusive magnesium. För det är genom koldioxidförbränning som sker i stjärnan som vi också får ut magnesium.

Fusion är den process som driver alla stjärnor, inklusive vår egen sol.

Vi skulle kunna fortsätta att diskutera atomkärnor som slås samman och hur de frigör energi, vilket är grunden för kärnfusion. Men det är inte det som är vårt syfte med kärnfusion. I stället har vi valt att endast fokusera på ett ämne som bildas i en stjärna när fusion sker – magnesium. Magnesium kommer nämligen att få en ledande roll även inom fusionsförbränning i framtiden eftersom det har en tändande egenskap. Därför behöver människan bli bättre på att anamma denna stjärnteknik – hur en fusion uppstår.

Tänk så här: Det krävs koldioxidförbränning för att framställa magnesium och syre. Det som sedan sker, efter att vi har fogat dem samman, är alltså en omvandling, och det är denna omvandling som måste tas i bruk innan vi kan använda framtidens magnesium – inte dagens. När ni har lärt er detta, och integrerat en ny typ av kärnfusion i er framtida teknik, kan ni agera på liknande sätt även i era maskiner. När ni sedan kombinerar detta med hur en neutronstjärna fungerar kommer ni snart att förstå vad vi menar. För det är här rörelsen kommer in, bland annat genom fusionen som neutronstjärnan använder.

Därför är och kommer magnesium alltid att vara en ledande faktor i våra framtida produktionsfaktorer, eftersom utan magnesium kan vi varken starta eller tända upp ett energiflöde.

- Stjärnan omvandlar materia till det vi behöver i generatorn, exempelvis magnesium.

- Neutronstjärnan innehåller magnetism och skapar rörelse. Rörelsen fångar in omkringliggande materia och roterar.

Fusion ska alltså användas på samma sätt som i en stjärna, den omvandlar för att få fram ny materia. Inte för att sätta samman redan existerande ämnen för att sedan öka kapaciteten. För det är inte styrkan som är viktig i det läget, inte just nu i alla fall. Det är framställandet av nytt, omvandlaren som är viktig.

Genom att studera stjärnans teknik när fusionsförbränningen pågår kan ni alltså skapa framtidens fusion. När ni sedan använder en omvandlare, som exempelvis omvandlar kol till magnesium, kan ni använda hela energiflödet för att exempelvis få en bil i rörelse. Detta blir er första uppgift - hur ni kan nå fram till ett bättre bärande fusionsbränsle.

- Krävs det inte enormt höga temperaturer för att skapa kärnfusion, och skulle det inte påverka magnesiumet negativt då? Frågar jag min far.

- När ni har kommit längre fram i er utveckling har ni också funnit ett nytt sätt att förvalta ert magnesium. Det vi förespråkar ska endast användas som en energiupphöjare, nästan som en antändning. När energinivån har ökat tar andra ämnen vid, de som kan hantera höga temperaturer, precis som i en stjärna, och det är här magman kommer in (vi kommer till magmaenergi efter detta).

- Hur kan vi tillföra magma i en kärnfusion?

- Vi ska inte tillföra magma eller magmastenar. Det är den tillhörande ångan som vi förespråkar, fast inte den del som har en negativ påverkan. Det finns många ämnen när det gäller just magma och vulkanutbrott som ännu inte är kännbara för människan, men som kan, om det görs på rätt sätt, få i gång en fusion.

Det blir alltså en ånga baserad på natriumklorid, som även den kommer att nå en bättre plats i framtiden. Det är ett sodium som kommer få utgöra grunden, men där sedan allt kommer att växa till av sig själv (ledtråd). Men ni kan även använda magma som en värmebeständig effekt.

Därför kommer magma och magnesium att ha en stor påverkan på våra forskargrupper även i framtiden. Det är också deras uppgift att göra det, så att vi kan komma vidare i denna stora fråga. Men vi vet att det finns en del forskare som komplicerar det mer än vad som är nödvändigt. Ibland räcker det med det enkla för att lösa det stora. Vi behöver alltså inte alltid komplicerade, högkänsliga formler för att lösa svåra problem. Det handlar bara om att hitta rätt formel. Så ge inte upp. Vi ser nämligen att kärnfusion kommer att ge er goda nyheter i framtiden inom detta energiberikade område.

Fusion är alltså framtidens melodi, men som mycket annat så finns det en hel del att åtgärda först. Men ta den tid ni behöver, för det är av stor vikt att processen och dess ämnen tas om hand på rätt sätt; annars kan det påverka mer negativt än positivt. Det är nämligen precis som i en stjärna en högst farlig process att arbeta med.

Vi är väl informerade om att det redan finns en kärnfusionsreaktor på jorden, vilket naturligtvis är bra. Men det är inte den vi vill belysa i vår bok. Vi processar vår del på vårt sätt, baserat på de grundläggande kunskaper som vi har i andevärlden. Därför kan vi inte förlita oss på människans begåvning; vi litar alltid på vår egen.

MAGMAENERGI

Ärkeängel Metatron berättar:

Hur kan vi då använda magma i vårt framtida energisystem?

Men framför allt, hur kan vi hämta upp magma från moder jord när den är så varm?

För att ni ska kunna utvinna magmaenergi behöver ni gräva efter den. Men för att kunna göra det behöver ni en borr, och det är inte vilken borr som helst. Den måste kunna hantera både den mängd jord som den ska tränga igenom och den värme som finns i magman. Men eftersom ni ännu inte har nått fram till denna teknik rekommenderar vi att ni i stället låter jordskorpan själv lyfta upp detta energiflöde. Det människan inte vet än är nämligen att det även går att utvinna energi ur magma utan att behöva lyfta upp den, vilket kan göras genom att ni startar ett eget litet vulkanutbrott.

Hur gör vi då det? Det gör vi genom att förstå hur utsläppet i ett vulkanutbrott fungerar. För det är genom att släppa ut lite gas i taget som människan kan skapa ett eget litet vulkanutbrott. Ett tillräckligt för att kunna lyfta upp den del av magman som ni behöver. På så sätt kan ni utvinna magmaenergi från moder jord utan att någon tar skada.

Men för att vi ska kunna använda magma på rätt sätt i framtiden behöver vi först förstå vad den innehåller, men också vad den inte innehåller. Och för att förstå det behöver vi frigöra vissa delar, vissa partiklar, som består av just värmeenergi, för att sedan låta resterande innehåll vara. På så sätt förbrukar vi inte hela moder jords resurser när det gäller magma, utan vi tillför endast det som är viktigt just då. Resten kommer ni att få lära er senare.

Om ni använder denna teknik innan ni har lärt er att förvalta och ta hand om moder jord får den inget fäste. Era möjligheter att kunna starta något fint kommer att glida ur era händer. Därför måste ni först lära er att ta hand om det ni får upp utan att tillsätta kemikalier, innan ni kan gå vidare.

– Hur frigör vi partiklar? Frågar jag Metatron.

– Vi utvinner de partiklar som genererar värme i magman och placerar dem sedan i en värmebehållare. Värmebehållaren kommer att fungera på samma sätt som dagens batterier, genom att kunna lagra och avge energi. Tro oss, det kommer att fungera så länge partiklarna hålls inneslutna i en värmebehållare.

Processen att utvinna partiklar från magma är redan delvis i gång. Här handlar det mer om hur vi kan förvalta och vidareutveckla samma teknik för att användas på fler platser, exempelvis som ett drivmedel i framtiden. Och för att framtidens värmebehållare ska fungera behöver vi tillsätta mer magma än vi redan gör; annars fungerar det inte rent energimässigt. Därför kommer de initialt, och innan människan fullt ut förstår dess koncept och funktion, att förbli relativt stora. Men storleken kommer att minska när ni har blivit bättre på att utvinna det som behöver utvinnas.

Det blir en behållare, en generator, som kan ta och ge ut värmepartiklar.

Vi ska ta ett exempel, och vi återgår till Merkurius:

Tänk på en apelsin, där skalet motsvarar Merkurius yta och resten av apelsinen är dess inre kärna. Sedan frågar du dig själv: Hur kan vi använda Merkurius sätt att hantera sin inre och yttre värme för att skapa en värmebehållare? Och kan vi hitta ett material som kan hantera den magma vi tidigare nämnde? Dessutom, om vi har varm massa, exempelvis i en generator, behöver vi då, precis som Merkurius, ett starkt magnetfält för att skydda innehållet? Vi svarar ja på alla frågor.

Men för att ni ska kunna utveckla en magnetisk inre kärna behöver den vara stor, åtminstone till en början, precis som Merkurius. All utveckling tar tid, men det är också den som sedan tar er vidare till andra uppgifter. Därför är det väsentligt att ni studerar Merkurius inre kärna och dess tillhörande magnetfält, eftersom värmegeneratorn kommer att behöva vara nära den värme som ni kommer att producera i framtiden. Dessutom kommer den att skapa sitt eget starka magnetfält, men i ert fall en stark magnetisk dragningskraft.

Vidare kan vi ställa oss en annan viktig fråga: varför dras inte Merkurius in i solens starka dragningskraft? Med andra ord, hur kan vi skapa ett yttre hölje som är tillräckligt starkt för att stå emot universums kraftiga gravitation, precis som Merkurius gör? Dessutom, hur kan vi undvika att dragningskraften som vi utsätter generatorn för varken förstörs eller helt försvinner? Något för våra framtida forskare att bita i. Det är så vi vill betona Merkurius som en hjälp för att öka era kunskaper.

Genom att anamma Merkurius sätt, användandet av Merkurius system, kan vi alltså tillföra oss ett bättre inre skydd i framtidens värmebehållare, generatorblock, så att värmen inte läcker ut. Därför kommer vi att upprätta en helt ny teknik i framtiden; annars sker det ingen förbättring (vi kommer att diskutera detta längre fram när vi pratar om magnetism).

– Vad menar ni med ”användandet av Merkurius system”?

– Vad vi menar är att Merkurius system inte lutar, att axeln inte lutar. Vilket leder till, trots att planeten sakteliga rör sig runt och nära solen, att det finns is på Merkurius. Men hur kan då en planet som ligger så nära solen bestå av is? Hur är det ens möjligt? Och hur kan Merkurius framsida vara varm, medan baksidan kan bli flera hundra minusgrader?

Eftersom Merkurius inte har någon lutning, befinner sig nordpolen och sydpolen alltid på samma plats. Detta innebär att det inte sker några förändringar i miljön. Kylan förblir alltid kall, vilket gör att isen kan bevaras i Merkurius tunna mantel. Genom att använda samma teknik, med en konstant minuspol och en konstant pluspol, kan vi uppnå samma rörelse och resultat. Det innebär att det inte sker några förändringar i värmen.

Vi syftar inte på dagens plus och minus, utan på en kraftigare, stillastående position som kyler vid nordpolen eller värmer vid sydpolen. Med andra ord, i stället för plus och minus skapar vi pluspoler och minuspoler och så vidare.

Vi vet att pluspoler och minuspoler redan har börjat sin resa på jorden. Därför ansåg vi att det var en bra idé att ta med Merkurius som ett exempel, eftersom vi vill att ni vidareutvecklar era pluspoler och minuspoler till att fungera på samma sätt som Merkurius gör – att de är stationära men ändå agerar som skydd för det innehåll de har, för att skydda och bevara dess temperatur. Dessutom behöver vi något som kan koppla samman värme och fungera som ström, vilket till viss del kan komma från solen men det kan alltså även komma från magmans kraft.

– Kommer magma att ersätta batteriet då?

– Det kommer inte att fungera exakt så eftersom magma genererar hundra gånger mer energi, om inte mer, än vad ett batteri gör eller klarar av. Så det kan inte ersätta ett batteri helt eftersom magma inte kan leda ström. Men det är inget vi ska gå igenom här.

Avslutningsvis vill vi tillägga:

Vi ska även nämna att det redan används en hel del magma idag, där man bryter ner magman till olika funktioner. Bland annat stenblock som sedan används i kakelugnar och så vidare.

Det är en teknik som används där man först låter magman svalna för att sedan brytas ner till pimpsten, och det är just detta vi kommer att göra även med värmen i framtiden.

Skillnaden ligger i hur vi lär oss att tända upp pimpstenen och hur vi med hjälp av den kan generera värme i vår behållare. Därför kommer vi att se mer av detta även i framtiden, även vid en del forskningsstationer. Men för att exempelvis Island inte ska belamras med folk när allt fler börjar använda magma är det alltså grundläggande att ni först lär er hur ni kan starta ett litet vulkanutbrott.

– Hur kommer det sig att trots att många redan har analyserat magma och vulkanutbrott, att en del ändå varken förstår eller känner till dess funktioner?

– Vi låter aldrig människan nå mer kunskap än ni är redo att möta. Det skulle helt enkelt bara skapa en ny hets om vem som kom först eller vem som vet mest. Låt oss säga det som skulle rädda moder jord, genom att vi här och nu ger er en hemlig kod för ett bättre drivmedel.

– Skulle inte det gynna människan och moder jord?

– Absolut, men det skulle bara leda till en kortsiktig förändring, och som du vet arbetar vi alltid utifrån ett långsiktigt perspektiv.

– Att hitta ett bättre klimatstyrt bränsle är väl ett långsiktigt perspektiv?

– Absolut, men det är också viktigt att även människan hinner med och utvecklas i samma takt.

Vi menar: Tänk om det skulle ramla ner en lösning på hur vi kan lösa alla världens problem, så vill vi att människan också arbetar utifrån ett långsiktigt perspektiv, vilket inte alltid görs enligt oss. Det förekommer nämligen en kamp ibland om vem som var först på månen eller vilket land som är bäst inom olika områden. Enligt oss är detta bara egoism, och hindrar människan från att arbeta utifrån ett globalt och långsiktigt perspektiv. Så innan vi ger er mer kunskap som ni kan vidareutveckla, exempelvis vulkanutbrott, behöver vi först förändra människan så att ni arbetar från ett globalt perspektiv.

– Kommer ni sedan att berätta hur vi ska göra för att nå en bättre lösning?

– Vi kommer alltid att finnas här som stöd, men att här och nu ge människan ett färdigt recept på hur ni kan lösa alla världsliga problem vore fel av oss. Människan måste själv lösa sin situation, vilket ni kommer att göra. Vi berättar endast om magmaenergi för att vägleda er genom att säga att ni är på rätt väg i den frågan. Se det som en slags bekräftelse. Därför vill vi att ni som studerar framtidens bränsle även studerar magmans kraftfulla energinivå.

Men lyssna och hör vår bön! Detta medel, denna teknik, ska endast användas antingen som drivmedel eller värme, inget annat! Om ni ändå gör det och trotsar våra ord har vi fått tillåtelse av vår högsta Herre att ingripa och förändra er utgångspunkt.

Sammanfattning:

Vi omvandlar energi – värme genereras, vilket innebär energipartiklar (beståndsdelar). Partiklarna samlas in och används som värmeenergi i en värmebehållare som drivs av kol. Kol, tillsammans med magmaenergi, driver framåtrörelsen, exempelvis i en bil. Kol kommer att ersättas när vi har förbättrat vårt fusionsbränsle (kärnfusion).

Magmaenergi värmer på samma sätt som solen, men har en mer hållbar effekt när det gäller transport – precis som magma gör när den rör sig under marken. Det är helt enkelt en mer hållbar värme.

Anledningen till att vi inte ser det som en fara för framtiden att ni använder magma grundar sig i två saker:

1. Genom att förstå magma som en integrerad del av en vulkan kan vi faktiskt förhindra en del utbrott i framtiden. Det innebär att när vi använder magman minskar trycket inne i magmakammaren, vilket i sin tur minskar behovet för vulkanen att få ett utbrott.

2. Magman kan aldrig ta slut, inte på samma sätt som kol och olja kan. Det beror dels på att det tar lång tid att nå den, den är lite mer komplicerad i sitt sammanhang. Dessutom är den energi som den avger så kraftfull att människan endast behöver en bråkdel jämfört med kol och olja.

Därför ser vi ingen fara i att människan sträcker sig långt ut i detta ämne. Moder jord har även gett sitt godkännande för detta, och det finns gott om magma som människan kan använda, säger hon. Men tekniken kommer inte att utvecklas förrän människan har lärt sig att ta bättre hand om moder jord.

MAGNESIUM – FOLAT

Nikodemus berättar:

Magnesium är ett av våra viktigaste grundämnen. Det är också ett ämne som har varit med oss ända sedan universum skapade sin första massa, när både liv och energi skapades. Därför är magnesium utspritt nästan överallt, även i moder jords inre kärna.

Magnesium skapar även ett fritt flöde i universum och tillhandahåller alla de delar som vi behöver när vi ska sammanställa något, exempelvis en massa i universum. Därför är det nödvändigt att ni förstår magnesiumets roll, både som en sammanhängande och tillhörande komponent. Därav kommer magnesium alltid att vara framtidens byggsten eftersom det är den som fungerar som en styrande näringskedja, både i universum, andevärlden och hos er på jorden. För vad tror ni händer utan magnesium? Hur skulle vi kunna verka på jorden då?

Utan magnesium: Skulle det varken finnas liv eller energi på jorden. Skulle vi inte kunna utvecklas. Skulle vi inte kunna röra oss i våra fysiska kroppar. Skulle vi bli sjuka.

Det finns även andra viktiga grundläggande ämnen för att liv ska kunna uppstå, inklusive folat. Både magnesium och folat är nämligen ämnen som tidigt kunde integrera sig med andra källor i universum, där de precis som en stjärna kunde agera med full styrka. Därför var magnesium, precis som folat, en viktig grundkälla när vår första stjärna skapades. Det är också en anledning till att vi har valt att lyfta fram magnesium som den grundpelare den faktiskt är – en riktig överlevare, en riktigt stark byggsats, om ni frågar oss. En näringskälla som hela vår grund är uppbyggd av.

– Är det inte kol som är vårt starkaste grundämne? Frågar jag min far.

– Sant, även kol har funnits i vår atmosfär sedan tidernas begynnelse, men enligt oss är det inte kol som utgör vår starkaste grundprocess. Det är inte så att bara för att ett ämne kom före det andra, så är det sedan det som utgör en stark grund. En stark grund utgörs inte alltid av varifrån det kommer eller är skapat från första början. För oss utgör en stark grund alltid det som står kvar när resten faller, vilket är av större vikt än själva skapandet i sig. En stark grund skapas genom olika möten, och om dessa möten inte hade ägt rum, hade vi inte kunnat skapa en stark grund.

Vi ska ta ett exempel:

Låt säga att vi bygger en altan med brädor och spik. Tillsammans utgör de en stark byggsats, men enligt oss är det alltid den som överlever som utgör grunden. För vad tror ni finns kvar efter att en altan har förmultnat? Jo, spiken. Alltså utgör spiken (magnesium) en starkare källa, och brädorna (kol) en stark tillhörande grund. För kol har i många avseenden lättare för att brytas ner.

– Magnesium bryts väl också lätt ner?

– Ja, dagens magnesium – inte framtidens. Vi ska inte fördjupa oss i detta nu. Det är vad det är och alla behöver inte tro på våra ord. Nu var träd och spik endast ett exempel på att den starkaste överlever och är också den som sedan utgör grunden – den som står kvar.

Magnesium och folat blev alltså viktiga näringskällor för allt mänskligt liv, vilket sedan skapade den styrka som vi behövde för att både vår själ och fysiska kropp kunde leva och verka på jorden. För utan folat och magnesium skulle vi inte ha kraftiga byggklossar. Därför är magnesium vår allra största vetenskapskälla och kommer alltid att vara det. Det är också den som våra forskare kommer att forska vidare i nu. Det är alltså en mycket stark kandidat att räkna med i framtiden.

ANDRA GRUNDLÄGGANDE ÄMNEN

Ärkeängel Metatron berättar:

Det finns några ytterligare grundläggande element som vi kortfattat vill lyfta fram nu. Dessa element kommer att ha en direkt påverkan och kommer att vara helt avgörande när ni har lärt er och vidareutvecklat detta koncept. Nya kemiska beteckningar kommer nämligen att förändra sin struktur i framtiden, vilket även kommer att ta er kemiska karta framåt. Vi börjar med helium.

HELIUM

Ni kommer att skapa nytt helium genom det gamla, vilket kommer att skapa nya möjligheter och användningsområden utöver bara ballonger. Det innebär att man tar den befintliga sammansättningen och förlänger den.

Men börja med att introducera ert nya helium som en konstgjord variant – av säkerhetsskäl. Det kommer då att öppna upp nya möjligheter för er kemiska introduktionsmodell. När ni sedan blandar det med andra komponenter kommer det att ta er dit ni behöver. Så lär er att utnyttja heliumets nya kraft och använd det även inom den industriella världen. Helium kommer nämligen att vara till hjälp även där. Därför behöver ni även framställa en ny typ av kväve som kan användas tillsammans med ert nya heliumtillskott.

Ledtråd: rulla fram i nutida dagar. Vad är det som får det att rulla?

Renare vatten

Helium kan även användas för att rena vatten och tillföra er en annan vattenkälla. Därför är det av stor vikt att ni gör det; annars kommer fler att dö, antingen på grund av vattenbrist eller smutsigt vatten. Särskilt i de länder som har drabbats hårdast. Börja där!

För att kunna omvandla vårt dricksvatten och återställa vattnet till sin ursprungliga renhet (helighet), behöver vi även göra nya beräkningar.

Ulrika: Jag skriver nu ner det som kommer till mig utan att jag har kunskap om vare sig ordning eller innehåll.

U^2 (inte uran) - Väte, H^2 - Mg - Helium

Ledtråd: Vi kan väcka mycket till liv när vi har lärt oss att använda helium på ett bättre sätt.

Det kommer alltså att bli ett framtida koncept där vi framhäver heliumets konst genom att tillsätta andra komponenter, vilket kommer att inledas efter att corona har lagt sig och människor har återgått till sina vardagliga liv. Då kommer nya elever att få kunskap om *hur heliumet faktiskt kan gå över och förändras så snabbt* (ledtråd).

När de har förstått det kommer det att gå fort. Att ni ännu inte har tilldelats denna information beror på den mängd information som ”de” har täppt igen.

SVAVEL - SYRE

Svavel och syre kommer att användas tillsammans i framtiden, exempelvis i bilar. Båda kommer nämligen att ingå i den nya gasen som ni kommer att framställa inom kort. Men det blir ett konstgjort svavel som kommer att tas i bruk inom en snar framtid. Det är ett nytt svavel som inte sprider ondska. Det är ett svavel som kommer att användas tillsammans med syre, eftersom de efter en del forskning kommer att samarbeta, men då på ett helt nytt sätt.

En del menar att svavel och syre aldrig går att kombinera, men i det här sammanhanget med ert nya, konstgjorda svavelprogram kommer de att samarbeta. När detta uppdagas kommer ni att glädjas enormt över denna upptäckt.

Men det är ett farligt koncept, men som kommer att lösas av våra forskare, de som studerar den kemiska strukturens innehåll inom dess kemiska beteckning. Därför kommer era elever att ta upp frågan om detta skifte – om svavel och syre. Så lyssna och hörsamma deras ord, och hjälp dem att utvecklas. Det är viktigt att ni gör det, och att ni litar på deras ord. De är nämligen här för att hjälpa. Och skratta inte åt era elever; de är alla fantastiska men de behöver styrande hjälp och stöd så att en fortsättning kan ske.

FOSFOR

Även fosfor kommer att bli ett av naturens förbättrade grundämnen i framtiden. Därför är det vår önskan att ni fortsätter forska i hur det kan aktiveras och röra sig framåt. Fosfor kommer även att användas inom den industriella utvecklingen, där det kommer att användas som en gasprodukt. Men det kommer att vara en gas som bara berör – inte förstör. Så fortsätt att utveckla gasen, inklusive fosfor.

Den kommer att belysa er väg som en fångst, inte som en del av den (ledtråd).

Fosfor kommer även att finnas med i ert framtida kök, där ni vidareutvecklar den teknik som redan pågår där. Därför behöver ni utveckla era instrument, eftersom dagens inte når hela vägen fram, vilket ni snart kommer att upptäcka. När ni har gjort det kan ni också hantera ert nya fosfor på ett mer varsamt sätt, och om ni följer de regler som gäller då kommer heller ingen till skada. Så var varsam men våga utveckla, är vårt råd. För fosfor kommer att upptäckas och användas i ett helt nytt sammanhang, och när ni gör det kommer utvecklingen att ta fart som en raket.

NYTT GRUNDÄMNE

Gud talar:

Det kommer även att komma fram ett helt nytt grundämne, som även det är skapat vid en stjärnexplosion. Men det är inte från en röd supernova utan från en stjärna som många ännu inte känner till, men som ni kommer att få beskåda inom en snar framtid.

Ledtråd: En del astronauter kommer att förstå vad vi menar eftersom de redan har gjort resor till den stjärna som ni ska återvända till nu. Ni kommer nämligen att använda och vidareutveckla detta grundläggande ämne, eftersom det kommer att påverka er framtida forskning positivt.

Däremot är det inget färdigt grundämne; det är en teknik som ni själva måste skapa. Det är en teknik, en framställning, som till en början kommer att kräva sin man. Men ge inte upp, för ni har gott om intellektuella själar på jorden. Och ni kommer att lyckas, och när ni gör det kommer ni att förstå varför och var ni kan använda detta grundläggande begrepp. Det är ett grundläggande ämne som redan används av många andra galaxer i universum.

Det är en teknik att använda och formler att omforma för att skapa och framställa detta nya ämne utan att ta från moder jord.

Se det som en slags ersättning för litium, eftersom ni inte längre ska använda litium i era batterier. Litium behöver nämligen, precis som mycket annat, lämnas kvar i moder jords vackra sköte. Därför kommer användningen av kobolt, litiumbatterier, att upphöra helt, eftersom det är ett mycket farligare ämne än vad ni för närvarande är medvetna om. Det kan framställas mycket farliga produkter i framtiden om ni inte slutar att använda detta koncept. En varning är alltså utfärdad av mig nu, så lyssna på den! Vi vill inte ha fler motoriska delar som exploderar på grund av okunskap.

Gud undertecknar denna framtida notis.

Ärkeängel Mikael avslutar:

När vi nu har gått igenom de delar som vi behöver förbättra och förstå, ska vi äntligen gå in i den magnetiska världen. Det är nämligen där vår framtid ligger, eftersom det är den som sätter allt i rörelse. Det är också där vi skapar levitation.

DEL 2

KATHREMER – MAGNETISM

KAPITEL 10

MAGNETISM – ELEKTROMAGNETISM

MAGNETISM – ELEKTROMAGNETISM

Änglarna berättar:

Vad är då magnetism och elektromagnetism?

Magnetism uppstår genom elektriska krafter, där exempelvis två magneter attraherar eller stöter bort varandra. Magnetism innebär alltså att elektriskt laddade partiklar är i rörelse, men för att hålla allt samman behöver vi ett magnetfält.

Det blir som när två människor håller varandras händer. Den rörelse, den sammanstrålning, som sker då, skapas av en automatisk magnetisk rörelse. Och det är precis detta vi söker efter i våra nytillverkade bilar – en automatisk magnetisk rörelse som kan ersätta den elförbrukning vi har idag.

Elektromagnetism beror på magnetiska och elektriska krafter, vilket innebär att det sker en interaktion mellan elektriska fält och ett magnetfält. Elektromagnetism är alltså den del som förenar elektriska och magnetiska fenomen och utgör den inre delen av den magnetiska världen. Och det är just den inre världen av elektromagnetism som blir viktig för oss i framtiden, och är den som behöver förbättras eftersom delar av konceptet är felaktiga.

HÄMTA HEM DEN MAGNETISKA KRAFTEN

Kazandra berättar:

Hur når ni då dessa felaktigheter? Det gör ni när ni når framtidens magnetism. Och för att förklara det har vi delat upp det i tre delar:

1. För att nå framtidens magnetism behöver ni först förstå varför dagens inte fungerar (håller) helt som den ska. Efter det går vi igenom några metoder som ni kan använda för att öka kraften i elektromagnetismen.

Del 1 handlar även om att arbeta i sektioner. Vi delar nämligen alltid upp magnetismen i olika sektioner, där varje sektion har sin egen kandidat, vilket vi kallar det i stället för elev. Detta ger mer respekt för de läror som vi är där för att lära oss och det är alltid så vi arbetar. Därför har vi kommit mycket längre än ni har.

Så den största begränsningen är att ni oftast diskuterar hela det magnetiska konceptet, i stället för att ni delar upp ert arbete, vilket gör det lättare för er att hitta den saknade länken.

Vi är också mer samspelta än ni är. Det råder nämligen en hel del egoism på er planet när det gäller vem som upptäcker först. Detta behöver ni lära er att alltid dela med er av era framgångar och att ni alltid arbetar tillsammans – inte gå emot varandra. Detta var och är fortfarande den största orsaken till att ni har begränsningar.

2. Efter det vandrar vi åter in i universum. Det blir nämligen genom magnetfält och de magnetiska bubblorna som ni kan förbättra er elektromagnetism ytterligare.

Del 2 handlar mer om själva händelseförloppet, när och var er magnetism avtar. Och varför gör den då det? Den avtar för att den inte har den kraft, den inre styrka, som den behöver för att kunna vara långvarig. För att magnetismen ska kunna vara långvarig behöver den användas. För det är när ni använder magnetismen, mer än ni redan gör, som ni finner fler begränsningar som ni kan lära er från.

Så del två handlar om att använda er magnetism, eftersom det är det som kommer att utveckla er. För om ni inte använder era pågående magnetiska projekt, då stannar de av och då begränsar ni också er.

3. Sedan avslutar vi allt med solmagnetism och den transformator som ni kommer att bygga i framtiden.

Del 3 handlar nämligen om att få fart på era rörelsekomponenter. En rörelsekomponent är en ihållande rörelse. Något som är starkt och håller uppe farten, men som även kan sakta ner om det behövs. Men för att göra det behöver ni först skapa en slags fjärrstyrning – något som kan stänga av och på en magnetisk förmåga. För det är just detta ni saknar. Ni saknar en fjärrstyrning i ert sätt att förvalta magnetismen.

Fjärrstyrning är ett verktyg som kommer att reda ut den situation som ni befinner er i idag, och när ni når den kommer ni förbi de begränsningar som finns i dagens magnetism. Det är en fjärrstyrning, en teknik, som lade sin grund i en av våra stjärnor och som vi kallar för *stjärnans magnetiska aspekt.*

Det är detta vi kommer att gå igenom nu och som kommer att följa med oss ända fram till slutet av denna andra del. Vi inleder med punkt ett: varför dagens magnetism inte fungerar som den borde.

FORNTIDENS KONCEPT

Ärkeängel Metatron berättar:

För att förstå varför dagens magnetism inte fungerar som den borde behöver vi gå tillbaka till tiden när romarna byggde sitt rike. Det är faktiskt där ni kommer att hitta framtida lösningar på de magnetiska aspekterna som inte fungerar helt som de ska, eftersom de redan då var inne på det vi vet idag.

För hundratals år sedan, i forntida Egypten och även i romarriket, hade de nämligen redan på den tiden påbörjat ett gediget försök att förstå magnetismens rörelseförmåga.

Även romarrikets byggnationer byggdes av vetenskapsmän som tidigt lärde sig konsten att bära, lyfta och förflytta sig framåt. Men som vi vet fanns det ingen magnetisk förmåga på den tiden. Däremot undersökte de grundförutsättningarna för magnetismen – rörelse. För på den tiden var rörelse något helt annat än den vi har idag med bilar och snabbtåg. På den tiden kunde de endast belysa en rörelse genom att transportera och lyfta. Så det de fann var ett nytt sätt att transportera stenblock – de använde en rullningsteknik.

De förstod också tidigt att det inte räckte med några få män för att lyfta upp dessa stenblock. Så det de gjorde för att lösa förflyttningen på höjden var att de kombinerade båda teknikerna, det vill säga både en framåtrörelse (rullningstekniken) och ett lyft, vilket var en form av tidig magnetism. Dåtidens vetenskapsmän, kom då fram till: ”För att förstå hur vi kan tillföra oss rörelsens kraft (magnetism) och tyngd (gravitation) behöver vi något utöver det vanliga”, sa dessa män. Vad man gjorde var alltså att placera människor på ett led (neutriner), där var och en fick fösa fram dessa stenblock.

Men för att få upp stenblocken ännu högre behövde de en rörelse som var högre och kraftigare (neutronstjärnans kraft), därav hade de skapat en höjd av framåtrörelsens kraft. Och genom att placera människor på ett led, även när det gick uppför, applicerade de en lyftkraft. Sedan utvecklade de samma lyftteknik, men det är inget vi ska fördjupa oss i nu.

Nu var detta endast ett exempel. Romarna hade fler och mer avancerade tekniker än så, men vi tror ändå att ni förstår.

Nu kanske många tänker att detta inte alls har med magnetism att göra. Jo, säger vi. Vi menar att utan alla de människor som stod på ett led skulle det inte fungera. Och det är dit vi vill komma, även i vår framtida magnetiska förmåga. Att öka rörelsens förmåga framåt för att sedan kunna lyfta uppåt. För hur ska ni kunna lyfta upp era bilar om ni inte först har en rörelsemotor som kan ta er framåt?

Och nej, era framtida bilar kommer inte att bäras eller sväva fram bland moln – åtminstone inte till en början. Det kommer endast att bli en illusion av att er bil svävar. Bilen kommer nämligen att lyftas fram av rörelsens kraft, men de kommer ändå fortsatt att befinna sig på marknivå. Längre fram i tiden kommer ni att sväva högre upp.

Så försök att se tillbaka på den teknik som romarna använde, och när ni förstår deras bärande koncept kan ni multiplicera samma tankemönster i era framtida koncept. Och det är faktiskt inte svårare än så att få magnetism att sväva. Att ni ännu inte har hittat den felande länken, till varför er förmåga att flyga med magnetism inte har tagit fart, beror på de som inte vill att ni ska lösa denna *uppstigning*, som vi kallar det. Därför är det nu dags att vi plockar hem den magnetiska fångsten, den som våra egyptier och romare undersökte på den tiden, och fortsätter där deras arbete slutade. Det finns nämligen en hel del felaktigheter där som vi vill att ni reder ut.

Vårt råd är: sök varken i pyramider eller sarkofager. Sök på den plats där allt samlar sig. Det är där dessa felaktigheter har spärrats in. Lita på oss, för vi vet att de finns där. Så sök, och ge inte upp för det kommer att hjälpa er att förstå vad som gick fel på den tiden. Och ges ni inget tillträde, be oss ärkeänglar om hjälp. För det är endast vi som kan ge er en dispens i detta ärende. Vi kommer då att öppna upp en ny väg för er.

”Ta hem och återkalla den magnetism som sedan länge har legat fördold”, säger Gud.

FÖRVRÄNGD MAGNETISM

Ärkeängel Metatron berättar:

Så om nu romarna redan på den tiden undersökte magnetisk förmåga, varför har det då inte gjorts större framsteg inom magnetismen?

– Dagens magnetism fungerar väl? Frågar jag Metatron.

– Ja, men ändå inte helt. En del har ni lärt er, men det finns ändå en hel del bakomliggande problematik kvar som ni behöver studera, som ni behöver undersöka, eftersom de källor som ni har inte har varit helt korrekta. Vi menar: Har ni aldrig undrat varför magnetismen inte har utvecklats mer än den har, när man redan på romartiden var så välutvecklade?

Magnetismen har ju redan påbörjat sin resa på jorden, där vi bland annat har ett tåg som använder just det vi förespråkar. Så varför använder vi då inte det eller utvecklar det vidare? Är det inte konstigt? Och varför står er magnetiska utveckling stilla trots att det finns så många duktiga forskare på er planet? Varför tror ni att det är så? Jo, för att den har blivit förvrängd.

Med förvrängd menar vi den del som inte fungerar helt. Den förvrängda delen utgörs nämligen av ett inre koncept och det är här vi kommer in på den elektromagnetiska förmågan, och det är den som har stannat av.

– Hur vet vi var det felar?

– För att förstå det behöver vi förstå olika tidsaspekter, för det är endast i den tid som ni lever i idag som den är förvrängd.

– Jag förstår inte riktigt. Lever vi i en värld som egentligen inte existerar?

– Den existerar, men eftersom vi lever i flerdimensionella världar samtidigt når vi också olika kunskapsnivåer. Och den information som ni når på jorden har alltså blivit förvrängd; den stämmer bitvis men inte helt.

– Hur kommer det sig att vi lever så?

– Jorden finns till för att själen ska utvecklas, och för att kunna göra det behöver vi vara *flerdimensionella,* som vi kallar det. Annars skulle vi inte utvecklas och då skulle tiden stå helt stilla.

– Menar ni att allt vi lär oss kommer från den gamla jorden? Det är den känsla jag får när vi samtalar.

– Ja, precis. Den gamla jorden skapades först och det är också den som många lever kvar i. Medan en del själar, som du Ulrika, har påbörjat en ny resa till den nya världen, och ni flyttar sakta över er till en ny tid – en ny jord. Därav förändras även era tillgångar. Ni får helt enkelt ny information.

– Vad händer med den gamla jorden?

– Den försvinner, men det är inget vi ska vidareutveckla här. Därför kommer vi nu sakta och säkert att gå över till den nya jorden så att alla som har fått förnimmelsen också hinner göra det.

– Hinner inte alla göra det?

– Nej, alla kommer inte hinna utvecklas så pass mycket.

– Vad händer med dem då?

– De kommer att få göra om samma resa, fast på en annan 3D planet. Detta behöver ske; annars kan vi inte följa den uppstigning som sker nu.

Vi återgår till magnetismen:

Det är alltså i den tidsaspekt som ni lever i nu som magnetismen har blivit förvrängd.

– På vilket sätt har den blivit förvrängd?

Vi ska ta bakning som ett exempel:

Om någon skulle ändra innehållet i bakpulvret skulle du inte längre få samma goda resultat som du fick när bakpulvret hade rätt sammansättning, så att kakan kan jäsa som den ska.

– Så det är sammansättningen som har blivit förvrängd?

– Ja, det kan man säga. För tänk som ovan. Med fel sammansättning kan inte kakan resa sig i ugnen, i det här fallet lyfta.

– Varför har den blivit förvrängd?

– För att ni inte ska kunna utveckla levitation. Men det är endast den utvecklande delen som har blivit förvrängd; grunden är som sagt lagd. Det är resten av den magnetiska förmågan som ni behöver vidareutveckla. Därför, för att hitta var den är förvrängd, behöver ni först nå rätt magnetism, för vi pratar inte om dagens magnetism utan vi pratar om den som endast går att omvandla en gång.

Det finns nämligen ytterligare en hake innan magnetism övergår till elektromagnetism, och det är att den endast kan omvandlas en gång. Vi menar att när magnetismen befinner sig i en så kallad dvala kan den inte längre omvandlas. Då måste ni helt enkelt börja om från början.

Det är bara den delen vi vill belysa nu eftersom det är av stor vikt att ni endast bearbetar magnetismen en gång. Det är en purifiering av elektromagnetism som kan omvandlas flera gånger, vilket vi kommer att diskutera längre fram. Så vänta inte. Och går det inte, då går det inte och då måste ni som sagt börja om.

– Hur ser vi att magnetism inte längre kan omvandlas?

– Vi menar att den ligger lite mer i framkant, därför berör detta inte dagens koncept. Här pratar vi om en framtida magnetism, och det är alltså den som inte kan omvandlas mer än en gång. Och att den inte går att omvandla mer än en gång är för att den är förbrukad, som vi brukar säga. Och om den är förbrukad kan vi inte längre använda den.

– Kan vi inte motverka så att vi inte hamnar där?

– Det kan ni göra genom att gå ifrån ert gamla sätt att belysa magnetismen och börja om på nytt. Inte helt och hållet. Grunden för magnetism, det sätt den agerar på, kan vi aldrig förändra. Vad vi menar är att utveckla en ny form av magnetism, och det är alltså den som bara kan omvandlas en gång.

– Vad omvandlar vi den nya magnetismen till?

– Till elektromagnetism.

– Ah, okej. Så klart. Så när vi har funnit en magnetism som bara kan omvandlas en gång, då har vi nått fram till rätt magnetism, eller?

– Ja, så kan vi säga. Och att den bara kan omvandlas en gång är ett hinder som Gud har lagt dit, för att ingen ska kunna motverka hans inre koncept. Detta blir alltså en framtida modul som ni sedan kan bygga upp resten av det magnetiska konceptet på.

Ledtråd: För att få till rätt mängd magnetism, när vi tillför oss en magnet, behöver vi först räta ut den. För det är när vi har rätat ut den som vi kan börja styra den.

– Menar ni att vår magnetiska förmåga inte är rak?

– Nej, inte så. Det finns ingen magnetism som är helt rak över en längre sträcka. Om den vore det skulle vi inte kunna styra den. För att kunna styra den behöver den agera olika, och det är här er förvrängda version kommer in. Men för att förstå var den är förvrängd behöver vi först förstå var magnetismen befinner sig i sin felaktiga position, och det är den vi behöver nå och förändra.

Men magnetismen är inte bara här för att lära oss om bilens rörelseförmåga och hur vi kan utnyttja den. När vi har kommit ännu längre fram i tiden kommer magnetismen även att belysa våra hem. Vi är väl medvetna om att den utvecklingen redan pågår, vilket gläder oss mycket, så fortsätt med det. För den kommer som sagt att fortsätta utvecklas även i framtiden.

Ni kommer även att få ta del av en helt ny teknik. Det blir då den som kommer att generera både värme och tekniskt utförbara energivågor. Det blir energivågor som via en magnetisk värmepanna kommer att vägleda och värma hela ditt hus. Då försvinner också eluttagen. Men för att komma dit behöver vi först fördjupa våra kunskaper i just energivågor. För det är energivågor som kommer att styra framtidens bränslesystem, hur energin ska fördelas och cirkulera i en maskin.

Energivågor är de som skapar ström, kan vi kalla det. Det är där elektricitet finns. Hur uppstår då energivågor? När magnetism försöker bryta sig igenom en gravitation, försöker styra en gravitation, uppstår en så kallad krock, då uppstår energivågor eftersom ingen av dem ger vika. Det är som att de inte vill samarbeta men tvingas ändå till slut in i ett ofrivilligt sådant, vilket kan uppstå när två positiva fenomen möter varandra.

Det är på samma sätt som vi kan skapa våra egna magnetiska energivågor, men för att skapa dem behöver vi gravitation. Det räcker alltså inte med en del utföranden där vi tillför elektricitet, batterier eller andra begrepp. För att uppnå samma mystiska resultat behöver vi använda och belysa samma begrepp som universum gör.

Därför kommer ni att upptäcka en ny form av gravitationsvåg i framtiden. Framtidens forskare kommer då att lösa detta vid sina skrivbord. Det är också deras uppgift att skapa denna kraftfulla energivåg som vi kan använda till förmån för magnetismen.

Det skulle inte heller förvåna oss om ni först skapar en konstgjord gravitation som ger upphov till ny kunskap i framtiden. Om ni kan göra det, kan ni vidareutveckla energivågorna inom magnetismen. För det är just energivågor som vi kommer att använda i framtiden.

Men för att förstå hela konceptet med magnetism behöver ni först förbättra era kunskaper inom elektromagnetism. Detta gör ni bland annat genom att förstå *hur vi kan purifiera och tudela en magnetism*. Men innan vi når dit, ska vi först kortfattat förklara vad en atom är och vad den inre världen av elektromagnetism innebär, eftersom det är just det inre som ni behöver förbättra. Det är också där den har blivit förvrängd.

KAPITEL 11

DEN INRE VÄRLDEN AV ELEKTROMAGNETISM

ATOM

Kazandra berättar:

- Atom = är den minsta beståndsdelen i ett grundämne. Atomen har en kärna i mitten.
- Proton = i kärnan finns det protoner.
- Neutron = i kärnan finns det även neutroner.
- Elektron = elektroner är de som cirkulerar runt kärnan, som ett skal.

En atom är alltså endast ett grundelement för andra elektronfenomen som gör att elementen kan användas och snurra som en stjärna. Därför behöver vi även andra element; annars kommer vi inte vidare, och det vi önskar lyfta fram är just elektromagnetism. Vi behöver alltså atomer och elektroner med mera för att kunna skapa en magnetisk förmåga.

Den inre världen, i den magnetiska aspekten, härrör också från den energi som våra magnetfält belyser. Det är som en inre del av en atom, en inre del av en apelsin och så vidare. Det är alltså innehållet som påverkar magnetismens rörelse, och det är det yttre lagret – elektronerna – som ligger som en slags skyddande barriär.

I det inre finns även något som vi kallar för *påförare*. Exempelvis består både ett magnetfält och vår själ av fotoner. Och det är fotonernas kraft som vi kallar för påförare, eftersom det är de som får allt att snurra. Påförare är alltså ämnen som fungerar som rörelse. Det är ämnen som finns att beskåda över hela universum, och utan dem skulle universum inte existera.

Så till viss del stämmer det när en del forskare säger att atomen själv skulle kunna sortera ut dessa fotoner mellan varandra, inne i den cirkel som råder där. Så långt är det rätt. Men i det här fallet skapas inte fotoner inne i en atom. Fotoner dras till den magnetiska sfären eftersom de flesta föredrar att omge sig med en elektrisk sfär, den del som de är skapade av. Det blir som att komma hem. De fotoner som möter en atom studsar nämligen mellan atomerna och reagerar därför på det yttre – elektronerna. Och det är den reaktionen som våra fotoner använder för att skapa en helig kraft.

Denna händelse kallar vi *en påförsel av elektromagnetism.*

Det är alltså fotoner som är bärare av den elektriska magnetismen eftersom de dras dit, och när de kommer dit kan de använda sin fulla potential för att tillsammans med atomen och dess struktur starta en elektromagnetisk process. Och ju längre exempelvis en ljusstråle når, desto mer ökar kapaciteten, vilket vi även kan använda i våra solceller eller andra moderna fenomen.

Detta är en teknik som behöver förbättras i framtiden när vi diskuterar framtidens bilar. Det innebär att låta fotonerna starta processen, likt vad de gör i en stjärna. Men det bör finnas en form av antändning med, med ingående magnetism och även andra tillhörande element. Fotoner fungerar alltså som en strömbärande länk - det är de som håller allt vid liv. Men i det här fallet är det inte själva ljuset vi är ute efter, den del som aktiveras när molekylära bindningar tar plats. Här menar vi den rörelse som sker mellan en atom och en foton.

Kort summering:

Elektroner, protoner och neutroner skapar en atom. Partiklar, inklusive fotoner, sätts i rörelse, vilket till slut skapar ett magnetfält. Det är endast den delen av magnetismen som vi har valt att diskutera, eftersom resten av den magnetiska världen är så stor och om vi skulle skriva om både storleken och alla användningsområden skulle vår bok aldrig ta slut.

Fotoner är bärare av den elektromagnetiska kraften.

Detta är den inre delen av elektromagnetismen och är alltså den ni behöver förbättra innan ni når framtidens magnetism - framtidens elektromagnetism.

DEN NYA ATOMENS INTRÄDE

Guds andliga vägledare berättar:

Ni kommer även att tilldelas en ny atom i framtiden. Det är den som ni kommer att koppla samman med ert nytillkomna järn, eftersom den även kommer att förändra ert sätt att bygga (vi kommer att diskutera järnet efter detta). Det är ett inträde som delvis redan har tagit sin plats på jorden, men som ännu inte har nått fram till alla.

Vad menar vi med det? För att skapa nytt behöver vi ibland förnya hela grunden. Därför introducerar vi nu en ny atom till er värld. Det är en ny, grundläggande atom som kommer att belysa en helt ny konstruktion.

Därför kommer vi att introducera detta nya atomliknande fenomen för de som arbetar inom byggbranschen, säger Ärkeängel Mikael. Ärkeängel Mikael har nämligen hand om allt som berör orättvisor. För många av er har blivit orättvist behandlade i denna fråga, eftersom det finns de som inte delar med sig av sina kunskaper. Det finns alltså de som redan har hittat delar av den men som sedan har hållit den hemlig för resten av omvärlden.

Vad innebär då den nya atomens inträde? Och vem är det som skapar nya atomer? Som vi tidigare nämnde är en atom en inre process där vi dagligen genomgår förändringar, både inom oss själva och i moder jord. En atom utgör alltså alltid grunden för allt annat som sedan ska förändras. Därför har vi valt att även placera denna nya, grundläggande teknik som en atom.

Atomer utgör nämligen grunden för när vi upptäckte och förändrade atomens inre cirkel, och genom det kunde vi sedan studera de förändringar som faktiskt sker i en atom. Allt utgår nämligen alltid från en grund, både i andevärlden och i hela universum. Det betyder att allt är i ständig förändring. För om universum inte skulle förändras skulle allt stå helt stilla. Därför är det viktigt att människan först förstår varifrån allt har sin grund, eftersom det finns de som inte helt förstår universums synkronisering, och för att förklara det behövde vi först återgå till vår grundposition – atomen.

En synkronisering sker när nya atomer skapas i universum. De behöver först etablera sin grund för vad och varför de skapades, för att sedan kunna synkroniseras med andra delar. Om inte denna process hade ägt rum först, skulle vi varken kunna dela eller påverka en atomförändring. Därför måste universum alltid integrera en ny atom med en ny grundläggande aspekt när den skapas. Denna grund kan sedan förändras så att vi kan använda den även i andra delar i framtiden. Av denna anledning behöver vi synkronisera ut en atom i olika delar för olika ändamål innan den tas i bruk.

Så ni ser. Det finns inga slumpmässiga upptäckter eller resultat när det gäller människans forskning. Allt är skapat för att det ska ske.

– Vem är det som skapar allt nytt? Frågar jag guds andliga vägledare.

– I första hand är det Guds kraftkälla som tar hand om allt. Det är han som övervakar innehållet och processen som sker i universum. När grunden sedan är lagd släpper han ut det till vårt andliga himlavalv. Där får även vi en fin möjlighet att studera allt nytt. Men allteftersom universum självt växte och lärde sig hur det kunde processa och skapa situationer, förändrade och utvecklade det sedan allt i sin egen takt, på sitt eget sätt att processa saker. Men det finns en tydlig begränsning här: universum kan aldrig förändra sig självt förrän efter att grunden är lagd.

– Hur kan vi fortsätta att förändra från ett synkroniseringsperspektiv? Jag menar, finns det en gräns för hur mycket en atom kan synkronisera sig med?

– Det finns en inlagd begränsning, och den begränsningen är viktig; annars kan den användas till andra ändamål som inte är av god karaktär. Så allt som går att synkronisera med en atom är alltså redan inlagt. När den sedan har nått sin begränsning, den kan inte längre utvecklas, då kommer det i stället in en ny atom, med en ny kraft.

Därför är det av stor vikt att vi inte skapar nya atomer förrän människan är redo att möta detta nya, vilket kommer att ske nu. Därför har vi införlivat en annan synkronisering i denna nya atom, så att den sedan kan agera ut och användas till fler ändamål än den var ämnad till från början. Förstår du, Ulrika?

– Tack, jag förstår. Men är inte den nya atomen redan på plats?

– Till viss del. Det har gjorts en ny upptäckt i detta där forskare, som vi tidigare nämnde, redan har tagit sig an eller rättare sagt gjort anspråk på den, vilket inte får ske! Därför har vi nu valt att skicka ut en ny signal så att alla kan nå den nya atomen, så att alla kan lära av den.

– Menar ni att de ännu inte har nått hela atomens innehåll eller dess egenskaper?

– Så är det, och det är vi som har satt ett stopp för detta eftersom de inte delar med sig av den nya atomens upptäckt.

Det förekommer nämligen en hel del egoism inom den vetenskapliga sektorn. Därför gör vi allt vi kan för att dela ut våra kunskaper till alla. Men eftersom det finns de som anser sig ha större rätt till atomen än andra, gör de anspråk på den och verkar endast utifrån sitt eget perspektiv. Därför kommer vi nu att sända ut olika signaler i olika takt och med olika benämningar, så att ni sedan kan sätta samman de delar som kommer till er.

Så lyssna efter nya upptäckter, för på grund av den tidigare nämnda situationen kommer de att komma ut i olika delar. När ni sedan har fått alla delar, sätt då samman allt och skapa det som det är menat att vara. Men framför allt vill vi att ni alltid delar med er av era upptäckter - universum är för alla!

Att vi kommer in med vår styrka nu beror delvis på att den är svår att förstå, men det är också svårt att se att det faktiskt är en atom eftersom den finns långt bortom människans egna ögon.

- Den ser inte exakt ut som vår nutida atom, men uppbyggnaden, grunden, är densamma.
- Den kommer att belysa en bättre framtida byggnation, både för att förstå universum och moder jords innehåll.
- Dess styrka är enorm, därför är den också mer hållbar än vad nutidens atom är.
- Dess yttre hölje ska också få belysa sin vikt i guld, för det är här ni kommer att få lära er att rama in och skydda saker.

Atom - a process is a beginning of a new life.

JÄRN

Kazandra berättar:

För att ni ska få allt att hålla i framtiden behöver ni även utveckla en ny typ av järn, vilket ni kommer att tillverka med universums kraft. Det är en universell kraft som ni kommer att producera innan året övergår till 2030.

Hur bygger vi då upp framtidens konstruktion av järn, och vilka komponenter ska ingå? För att skapa ett starkare järn behöver vi atomer som kan göra det. Därför kommer ni att anamma den nya atomens inträde även inom byggbranschen. För det är en atom som är mycket lättare men också mycket starkare. Den tillhör även den lite mer avancerade gruppen och är hård av sitt slag. Det är också detta de vet om och har redan anammat i sitt framtida bygge.

Så först skapar ni ett nytt järn, utifrån er nuvarande järnatom som ni slår samman med den nya. När ni har gjort det påbörjar ni nästa del – atomkraften.

Den gamla och nya atomen kommer att leda varandra i framtiden, även inom byggindustrin.

Det är alltså två atomer som utgör nästan samma sak, men med en liten twist. I vår nuvarande järnatom kan vi faktiskt nå delar och anamma idén tillsammans med den nya atomens inträde, vilket gör att det uppstår en ny händelse, vilket gör att atmosfären förändrar sin karaktär, vilket skapar en ny grundkraft. Den kraft vi pratar om är alltså atomkraft, och i det här sammanhanget menar vi den atmosfär – den energi – som skapas och befinner sig runt denna händelse. Det är den kraften som ni kommer att utveckla i framtiden.

Järn kommer alltid att finnas kvar i era liv, och när ni väl har utvecklat det kan ni använda det till så mycket mer än ni redan gör. Så även ni kommer att träda in i denna järnera av nyupptäckta fundamentala begrepp, så att ni också kan bygga upp delar utan att behöva ta sand från moder jord, vilket som sagt en del redan gör.

Men det de gör fel enligt oss är att de struntar i *var* de bygger, men det är också detta som kommer att åsamka dem fel i framtiden. För det de inte har tagit med i beräkningen är att den typen av atom förändras genom åren. Så om några år kommer de att få känna av att denna typ av element inte går att använda som en grund.

– Vad händer då? Frågar jag Kazandra.

– Eftersom den typen av atom inte är konstant – den är lätt och stark men den är föränderlig – kan vi inte använda den som ett grundkoncept. Det vi däremot kan använda den till är själva ramen och innehållet av ett bygge, men den får alltså aldrig utgöra en grund. Då blir era byggnationer ostadiga om några år. Och att den förändras beror på att den är rörlig. Inte att den kan röra sig fritt, men den är fri att förändra sig själv.

– Varför ska vi då använda den om den skapar oreda?

– Vi ska använda den eftersom den är fenomenal och lätt att forma. Men framför allt är den billig att utvinna och använda som en ingrediens. Men tänk på vad ni ska använda den till. För om ni använder den på rätt sätt och den hamnar på rätt plats och i rätt temperatur är den mycket stadigare och stabilare än något annat inom byggindustrin. Men på fel plats, då håller den inte.

Ni kommer även att använda den som skydd för er motorik. För det kommer att krävas ett rejält skydd runt omkring när ni börjar utveckla er magnetiska förmåga, eftersom det händer att en magnetism smäller av. Med smäller av menar vi att kraften antingen blir för stor – och ni har ännu inte lärt er vilken kraft som är rätt att använda – då kan den smälla av enligt oss. Men den kan även stanna av om den blir för svag. Därför är det viktigt att ni finner en god balans i detta.

– Var får vi tag på detta molekyljärn?

– Hur visste du att vi pratade om molekyljärn?

– Det bara kom i mitt huvud, så jag vet inte riktigt. Jag vet inte ens vad ett molekyljärn är (vi skrattar hjärtligt tillsammans).

– Du är på helt rätt spår. Det kommer att bli ett kompakt molekyljärn som är starkare än den ni redan har. Men detta järn går inte att smida. Däremot går det att sätta samman.

– Vad menar ni med att sätta samman?

– Järnet kommer, som sagt, att agera som ett skydd i er framtida motorik, men det går även att samla på hög. Vad vi menar är att om vi tar molekyljärn och staplar dem på varandra får vi fram en lång kedja. Denna kedja binds sedan samman med andra molekyljärn, och till slut får vi alltså fram en lång kedja av järn. Denna sammankoppling blir då mycket starkare och hållbarare. För det är en järnatom som kommer att skapa kedjor av molekyljärn och användas som ett skydd.

Ni kommer även att skapa en ny industriell revolution, eftersom ni kommer att införa detta järn när er industri utvecklar ett rent leverne.

– Så vi kommer att använda det inom industrin som producerar detta järn?

– Nej, inte så. Järnet framställs inte i industrin. Det skapas i ett labb, men utvecklas sedan i en teknik som ni kommer att använda som ett atomämne, i det vi tidigare diskuterade.

– Ah, jag förstår. Det kommer att ingå som en ingrediens där vi behöver förbättra vår järnkraft?

– Ja, precis. Så ingrediensen av järn kommer att skapas i ett labb, där den sedan vidareutvecklas och tillsätts i varje del som den ska tillhöra. Om det är som skydd, då lägger ni till den där. Om det är till en molekylär järnkedja, då lägger ni till tekniken där och så vidare.

Men innan ni kommer dit behöver ni först studera solen mer än ni redan gör, för det är där ni når ännu längre och ännu djupare i de molekylära band som binder samman järnet. När ni har funnit den då kan ni, som vi tidigare nämnde, producera fram denna nytillkomna kraft och färdigställa den innan år 2030.

Detta järn bygger nämligen på solens inre koncept. Så när ni har lärt er och utvecklat solens inre kärna kommer även era kunskaper om hur järnet fungerar att öka. För det är där ni finner de flesta läror när det gäller grundkonceptet i de läror som järnet kan ge er. Men för att utveckla det behöver ni en bättre förståelse för de komponenter som ska ingå. För järnet kommer att styra och påverka er framtida vardag, mer än det redan gör. Så lyssna på de som studerar solen. Och glöm inte: det är viktigt att ni alltid delar era kunskaper med andra. Även detta kommer vi att ha koll på att det sker.

KAPITEL 12

PURIFIERA – TUDELA

PURIFIERA

Kazandra berättar:

När ni nu vet vad en atom och den inre delen av elektromagnetism är, kan vi fortsätta med elektromagnetismen. För det är den ni behöver förbättra, vilket vi gör genom att purifiera och tudela magnetismen. Vi inleder med purifiering, och vi ska förklara hur den uppstod hos oss.

Den purifiering som vi pratar om kommer ursprungligen från den ätt där vi verkar – den Kathremska ätten. Men den purifiering som vi kommer att lära ut till er utgår endast från ett grundläggande perspektiv. Det finns nämligen fler lager av purifiering som vi eventuellt kommer att skriva om i våra framtida böcker. Men för att förstå effekten av purifiering behöver vi först förstå grunden som idén bygger på. Det är det vi vill berätta om nu. För från början var magnetismen egentligen en sammanslagning av olika agerande faktorer, men ju mer vi utökade våra kunskaper, desto mer utvecklades magnetismen.

Hur hamnade vi då i en purifierad elektromagnetism? Det skedde av en slump – det är i alla fall så det står skrivet i våra böcker. Men som vi vet idag finns det inget som sker av en slump; allt är skapat som en förutsättning för att vi ska kunna utveckla våra läror, oavsett vilken planet vi härstammar från. Men det var så dåtidens mästare lärde oss att en purifiering kom till.

Den uppdagades av en mästare när han försökte åsidosätta magnetismen och lämnade den kvar i sitt värmeskåp, där den sedan kom i kontakt med de tillhörande partiklarna. Detta resulterade i att partiklarna ökade när magnetismen kom i kontakt med sin omgivning. Så allt som allt krävdes det inte mer än värme och partiklar för att öka det elektromagnetiska konceptet.

– Hur kom partiklarna dit? Frågar jag Kazandra.

– De ingick redan i den magnetism som vi hade på den tiden, eftersom de var redan då bärare av en magnetisk kraftkälla. Men allteftersom partiklarna ökade omvandlades kraften och vår elektromagnetiska förmåga ökade i styrka, vilket var fantastiskt även för oss på den tiden. Men som allt annat kan vi inte vidareutveckla ett inre koncept om det inte först har en yttre påverkan, vilket värmen gjorde.

Den grund vi fick lära oss i början av vår purifiering bestod alltså av partiklar och värme. Det är också den vi vill att ni inleder med – att öka partiklarnas kraft i skeendet mellan en magnetisk och en elektromagnetisk förmåga. Då kommer ni ganska snart märka hur magnetismen kan vidga sig, vilket är hela poängen. För när magnetismen vidgar sig kan den vidga sig ytterligare, och det är här vi kommer in på en lager på lager effekt. Ni kan nämligen öppna en magnetism precis innan den går över till en elektromagnetism och det är då ni kan vidga den till nästan hur mycket ni vill.

Så börja med att studera denna lager på lager effekt så att magnetismen vidgar sig, så ska ni se att ni redan i nästa fas kan fortsätta att vidareutveckla elektromagnetismen.

Att purifiera innebär nämligen att förbättra elektromagnetismen. Så för att uppnå en bättre version av elektromagnetism måste vi alltså införa en purifiering i skeendet mellan magnetism och elektromagnetism, vilket ni gör genom att sätta samman en magnetisk förmåga under tiden den utvecklas till elektromagnetism.

Men innan vi kan tillföra oss en magnetisk förmåga behöver den först kunna förmedla, eller i det här fallet producera värme. Det är viktigt att den kan det, innan vi kan förbättra den typ av magnetism som vi tidigare nämnde. Det är alltså den vi kan utveckla till en elektromagnetisk förmåga.

Tänk så här: Elektromagnetism är partiklar som ökar när de utsätts för *förbränning*, som vi kallar det. Men innan vi når dit behöver det alltså ske en purifiering mellan en magnetisk och en elektromagnetisk förmåga. Det är först efter det som elektromagnetism kan behålla sin kraft i ampere, om ni så vill. Men vi kallar det en kraftkälla, eftersom det är vad det egentligen är.

– Vad är en purifiering? Jag förstår inte riktigt.

– En purifiering är när vi överför ström mellan eller inom en utvecklingsfas. I det här fallet innebär purifiering att förbättra övergången mellan två faser i en utveckling. Så en purifiering är alltså ett rent och förfinat koncept.

– Hur gör vi det?

– Under tiden ni utvecklar en magnetisk förmåga till en elektromagnetisk förmåga befinner ni er i ett mellanläge, och det är i det skedet som vi behöver förbättra kraften innan den helt går över till en elektromagnetisk förmåga. Det är så ni ökar elektromagnetiska partiklar. Men innan ni kommer dit behöver ni först förbättra magnetismen, den är lite föråldrad enligt oss. Därav blir det svårt att purifiera dagens magnetism, men det kommer.

– Hur vet vi när vi har rätt magnetism som går att purifiera?

– Det kommer era tidigare forskare att nå fram till. Fram till dess är det vårt råd att ni utvecklar där ni befinner er nu och tar det allteftersom. För det kommer att ge med sig till slut. Då kommer ni också förstå vad vi menar.

Alfredo fortsätter:

Det är också så att vi inte alltid kan, får eller behöver purifera en magnetism. De delar som ni behöver i framtiden kräver nämligen olika magnetiska styrkor. Därför kan ni inte alltid förvalta magnetismen.

När det gäller den del där vi bryter magnetismens omvandling, innan den övergår till elektromagnetism, då menar vi de block (plattor) av magnetism som även ni kommer att använda i framtiden. Så det vi nämner är den del som *går* att purifiera, inget annat. Det är block (plattor) som vi använder på vårt skepp. Men för att blocken ska fungera korrekt behöver de purifieras minst tre gånger. De behöver alltså genomgå en lager på lager-effekt minst tre gånger för att den omvandling som behöver ske ska bli tillräckligt stark i sin dragningskraft. Men för att det ska gå att styra och förvalta kraften i ett värmeskåp behöver den även *funktionsförbättras*, som vi kallar det.

Det är alltså inte förrän ni har skapat dessa magnetiska plattor som kan dra till sig solens kraft och omvandla den, och när de kan funktionsförbättras och förvalta sin kraftkälla, som ni har nått fram till den purifiering som vi pratar om (vi kommer att diskutera hur vi kan förvalta och funktionsförbättra magnetismen längre fram).

För att vi ska kunna purifiera rätt magnetism i framtiden behöver den bestå av ett material som kan bära solens kraft, och det är här vi kommer in på den kraft som ert nytillkomna järn kan nå. Det blir nämligen endast den typen av material som ni kan använda till en så kraftig magnetism. Det vill säga att den går att purifiera tillräckligt många gånger för att dragningskraften ska bli starkare och starkare.

När ni har hittat kopplingen mellan rätt material och rätt ställningstagande går vi vidare till nästa del – vi omvandlar partiklar.

– Så det är en purifiering som saknas för att vi ska uppnå en ännu starkare elektromagnetism? Frågar jag Alfredo.

– Ja, precis. Men tänk på: för att en purifiering ska fungera behöver ni även tillföra fler partiklar. Ni behöver alltså tillföra något för att öka något. Det var det vi tidigare nämnde.

– Vilka partiklar är det?

– Vi ska ge er en ledtråd: Det går inte att styra dem, men om ni ökar antalet kan ni förändra dem. För ju fler de är, desto mer kan ni öka kraften.

– Så de läggs in mellan magnetismen och elektromagnetismen?

– Ja, precis. Det är också viktigt att ni gör det, annars kommer elektromagnetismen att avta mellan varje steg, mellan varje process, vilket leder till en minskad kraft i den elektromagnetiska förmågan.

Slutligen vill vi tillägga att det finns en *stängd öppning*, som vi kallar det. När det inte längre är möjligt att purifiera en magnetisk förmåga kallar vi det för en stängd öppning, eftersom den kraft som krävs för att purifiera inte alltid är synkroniserad med allt material. Vid en sådan situation behöver vi en ny öppning och använda rätt material. Genom att göra det kommer ni snart få lära er vilka delar av magnetismen som går att purifiera.

– Går det inte att purifera alla delar, eller vad menar ni med delar?

– Med delar menar vi den kraft som krävs för att kunna öka kraften, vilket vi gör med hjälp av partiklarna, de vi för samman, de vi kan purifiera. Då kan vi dela upp den kraften så att partiklarna samverkar igen, och det är här en så kallad stängd öppning sker. Det innebär att den är stängd men öppnar sig igen om vi tillför mer kraft så att den kan fortsätta sin purifiering.

Summering:

För att överföra värme genom magnetism behöver vi först ha skapat den, vilket vi gör genom att använda värmebeständiga komponenter. Sedan kan vi föra värmen från ena sidan till en annan, som en gång, kan vi säga. För det är i denna strömbärande kabel, länk, som vi kan förvalta och öka de partiklar som vi lägger in i en purifiering. Men för att kunna göra det behöver vi något däremellan där vi purifierar en händelse, mellan magnetism och elektromagnetism.

HUR EN PURIFIERING BEHÅLLER SIN KRAFT

Kazandra berättar:

För att en purifiering ska behålla sin kraft och inre styrka behöver vi först stoppa den. Annars blir elektromagnetismen för stark. Och det är genom att sluta tillföra värme som vi kan stoppa den.

Men det är inte bara värmen i sig som gör att partiklarna ökar. De ökar också genom den sammanstrålning som sker. Kraften ökar nämligen bara genom att de möter varandra utan att vi tillför partiklarna värme. De består faktiskt av en alldeles särskild kraft som kommer från stjärnans magnetiska aspekt (vi kommer att diskutera detta i nästa kapitel). Det är alltså partiklar som skapas i just den stjärnans inre. Därför genomgår deras insida redan en pågående förändring. De är alltså aktiva utan att vi behöver tillföra värme, men vid värme ökar kraften ytterligare.

– Vilka partiklar menar ni? Frågar jag Kazandra.

– De är stjärnans fundamentala begrepp och de är byggstenarna som utgör en alldeles egen partikel som vi kallar *påförare* – neutriner.

Det är ända här ute i universum som neutrinerna började sin första resa. Det var här de skapades, i denna alldeles särskilda stjärna, långt innan neutronstjärnan kom in i bilden. Det är människans uppfattning att neutriner kommer från neutronstjärnan från början, men så är det alltså inte. Ja, de skapas i en neutronstjärna, men grunden härstammar från en helt annan stjärna, och det är bland annat här vår magnetiska kraft tog sin fart, tack vare den effekt som neutriner har på magnetisk förmåga.

– Så det är neutriner vi ska tillföra i skeendet mellan magnetism och elektromagnetism?

– Ja, men vi kan även tillföra andra partiklar som finns i en stjärnas *säck*, som vi kallar det. Men detta ligger lite längre fram i tiden. Så börja med neutriner och se vart det bär hen, och kalla på oss om ni inte kan aktivera den kraft som vi vet att neutriner kan generera genom elektromagnetisk förmåga.

Vad mer kan vi säga? Jo, för att magnetismen ska behålla sin kraft och fortsätta fungera behöver den även upprätthållas. Med ”upprätthålla” menar vi att den kan styras och behålla sin kraft så att den till slut kan kontrolleras. Det är nödvändigt att vi kan kontrollera den här typen av magnetism, annars kan den antingen bli för stark eller för svag. Därför behöver vi upprätthålla den magnetiska förmågan så att den strömbärande kraften sker i rätt mängd och i rätt takt.

TUDELA

Kazandra berättar:

För att kunna uppnå en bättre rörelse, en bättre effekt, behöver vi även tudela elektromagnetismen. Vi menar den del där elektromagnetismen har tillfört fler partiklar i mellanläget och därmed ökat sin kraft. Det är den delen av elektromagnetismen som vi kommer att använda i framtiden som ett bärande koncept. Och för att vi ska nå en förbättrad version av elektromagnetismen behöver vi först lära oss att förvalta kraften.

Vi pratar inte om den kraft som redan finns, utan vi pratar om den kraft som kommer att finnas i framtiden, där kraften går att tudela.

Med tudela menar vi, och som många redan vet, att dela i två. Men i detta speciella sammanhang innebär en tudelning en förbättring. Däremot kan vi inte tudela elektromagnetismen förrän den är helt färdig. Därför behöver vi först lära oss att purifiera magnetismen. Sedan, när den har tillfört sig en purifiering och antalet partiklar har ökat, ökar också kraften. Vi kan då ta ut samma kraft igen och öka den ännu mer. Det är den delen vi syftar på när vi pratar om tudelning.

– Vad ska vi använda den till? Och varför behöver den tudelas? Frågar jag Kazandra.

– Vi tudelar den så att kraften, den som skapas, kan kopiera sig själv. Det innebär att efter en tudelning kommer en del att fortsätta att arbeta, och under tiden tar vi bort den andra delen eftersom det är den som sedan ska gå in och kopiera sitt eget beteende. Detta gör vi för att konceptet inte ska stanna av. För varje process som sker inom den magnetiska världen kommer vi alltid att behöva tudela, eftersom vi alltid kommer att behöva en backup.

Exempelvis: Tänk på hur du gör när du kopierar ett papper – en text. Detta är också en slags tudelning. Du lägger in ett papper i en kopiator, samma text kopierar du sedan över till ett nytt papper. Samma sak här. För tänk vad det skulle göra med dig om all information försvinner innan du har hunnit kopiera texten. Den agerar alltså som en säkerhetsordning, kan vi säga. Därför behöver vi lära oss att tudela en elektromagnetisk förmåga.

– När i processen gör vi det?

– Det gör ni efter att ni har inlett processen *att skapa förbättrade element*. Era forskare vet vad vi menar. Vi behöver även veta var den går att tudela, så att vi får med alla ingredienser i framställningen, så att det går att framställa på nytt. Detta vet redan era professorer, de som arbetar inom samma koncept. Men det vi vill tillägga här är att delningen kommer längre fram än ni tror. Ni behöver alltså vänta ännu längre än ni redan gör när ni går in och bryter och tudelar en elektromagnetism.

Därför har ni ännu inte lyckats få fram alla delar från en tudelning, och det är också anledningen till att det står lite stilla för er i denna fråga. Så ha tålamod och vänta in mer tid och plats så att de inre partiklarna hinner omvandla sig fullt ut innan ni tudelar den. Ibland är det inte svårare än så.

STRÖMFÖRDELARE

Alfredo berättar:

Vi kan även ta hjälp av en strömfördelare. För om ni någonsin ska lära er att förvalta den ström som solens kraft ger ut behöver ni även få en bättre förståelse för hur alla partiklar agerar i den inre motorik som solen består av. Och det är här vi kommer in på omfånget av partiklar i ett bärande ljuskoncept.

För att solens kraft ska landa på rätt sätt och med den inre kraft som solens strålar bär med sig, är det viktigt att ni först belyser de partiklar som ni ska förvalta i er framtida transformator. För om ni inte når fram till den omvandling av partiklar som behöver ske, så att kraften ökar, då får ni inte heller i gång den inre motorik som transformatorn ska bestå av. För det är just partiklarna som är viktiga i detta – att de omvandlar rätt kraft. Annars kan ni aldrig uppnå samma fantastiska resultat som vi gör (vi kommer att diskutera transformatorn längre fram).

Hur gör vi då för att förstå omfånget av den betydelse som partiklarna bär med sig, så att vi kan förvalta dem på rätt sätt? Vi tar med en strömfördelare. En sådan där partiklarna själva kan gå in och dela sig, vilket vi tidigare diskuterade.

– Hur ser en strömfördelare ut? Och hur kan den vara en bärare av ström och omvandla de partiklar som vi har i transformatorn? Frågar jag Alfredo.

– Hur visste du att vi menade en strömfördelare med bärande ström? Du är för härlig.

– Jag vet inte. Det bara kändes så.

– För du är återigen på rätt spår. En strömfördelare bär ström, men den kan också dela ström. Så varje partikel kan genom en strömfördelare själv fördela ut rätt kraft i det instrument ni använder – i det här fallet en transformator.

– Hur kommer det sig att det går att dela på partiklar? Jag menar, varför kan de inte bara vara som de är utan en strömfördelare?

– Att vi delar på partiklar har många aspekter. Dels vill vi kopiera så att andra delar kan fortsätta i samma spår, och som vi tidigare diskuterade, så att just den kraften inte försvinner. Vi delar dem också för att sedan kunna slå samman dem igen. Se det som en instabil relation. Därför delar ni på er för en stund, för att läka på var sitt håll. När ni sedan möter varandra igen och ni har läkt från det förflutna, blir ni mycket starkare tillsammans än ni var tidigare. Därför delar vi på partiklar i en elektromagnetism så att de sedan, när de återförenas, kan öka sin kraft ännu mer.

Det är den delen av en tudelning som strömfördelaren kan göra åt er – att det sker en tudelning men där vi sedan slår samman allt igen.

Er framtida transformator kommer också att få ännu ett tillskott, och det är den där vi tillför mer ström. Det är en del som kommer från den hägringsteknik som vi tidigare diskuterade. För det är en hägringsteknik, inom strömfördelarens betydelse, som ni kommer att få reda ut i framtiden. Därför blir en hägringsteknik viktig för att bättre förstå en strömfördelares uppgift. En hägringsteknik utgör nämligen inget hinder utan det är endast ett sätt att uppnå mer kraft.

FYRA KOMPLEMENT

Kazandra berättar:

Vi kan även lära oss att förena elektromagnetism, vilket sker genom att vi tillför olika *komplement*, som vi kallar det. För det är i själva utstyrseln av olika komplement som vi kan förena en magnetisk förmåga. Det är olika komplement som förstärker magnetismen så att den kan öka sin kraft. Vi brukar säga att det finns fyra olika komplement. Det är olika uppsättningar av händelser, av en process, som varje steg måste ta.

1. Handlar om att öka kraften. Vi kallar den för *den stigande kraften.*

2. Handlar om att omvandla kraften. Vi kallar den för *den omvandlande processen.*

3. Handlar om att överföra kraft. Så förutom att förena magnetismen kan vi även överföra en kraft till en annan. Vi kallar den för *överföraren.*

4. Handlar om när eller om magnetismen avtar. Då behöver vi stärka upp den kraften med fler segment som magnetismen behöver just då. Vi kallar det för *ett stopp.* Magnetismen stannar helt enkelt av eftersom den behöver en ny kraft.

Detta är våra grundläggande komplement inom magnetismen – fyra olika steg där vi behöver studera magnetism i olika händelseförlopp. Det är fyra komplement som även ni kommer att få lära er över hela världen. Så komplement är olika steg, olika riktningar, som magnetismen kan ta. Den kan alltså själv välja mellan att öka sin kraft eller stanna av där den befinner sig just då. Då tillför den sig inte heller en ny omvandling.

Det är även inom dessa olika komplement som ni kan lära

er när och hur ni kan förena olika krafter inom det magnetiska perspektivet. Annars blir magnetismen föråldrad. Så studera dessa olika komplement så ska ni se hur ni helt plötsligt kan förena olika segment, som just den magnetismen innehåller. Men också hur långt ni kan *sträcka* en magnetisk förmåga i tiden (ledtråd), även till det som ni inte tror är möjligt idag.

Detta är en universell kraft och den kan aldrig styras av endast en källa. Därför är det viktigt att vi kan avläsa alla komponenter så att ni vet var kraften ligger. Annars tappar ni kontakten med kraften och då kan allt stanna av. Men oroa er inte, ni kommer att få lära er detta. Därför är det nu vårt arbete att styra er in i den era som ni kommer att träda in i, och där vi hjälper er att bygga upp er värld igen.

MALL

Kazandra berättar:

Vi kan även skapa en mall. För oss är nämligen en mall ett utskick av propagerande element. Den sänder ut och placerar sig som en mall, även om allt sker i det inre.

När partiklar rör sig följer de oftast samma väg. Även detta kan ses som en mall, men här föredrar vi ändå *ett agerande i den process som sker.* Däremot, om vi förvaltar en kraft som inte alltid följer samma väg, eftersom den ibland kan verka lite i oordning, men vi vill att den ska göra det, kan vi sätta upp en mall för just det ändamålet.

– Menar ni att vi kan rita upp en mall så att den kraft, den process, som sker i det inre sedan styrs av den mall som vi har ritat upp, men enbart i de fall där partiklarna, kraften, verkar lite i oordning? Frågar jag Kazandra.

– Ja, precis, men ändå inte helt. Vi ritar inte upp en mall för de partiklar som inte går att styra. Vi vill att de ska verka lite oregelbundet ibland. Vi ritar upp och tillför oss en mall för att de *ska* agera annorlunda och utvecklas till den kraft som vi vill att de ska utvecklas till.

– Sker det inte en omvandling då?

– Nej, i det här fallet omvandlar vi inte. Vi lär partiklarna hur de själva kan följa ett visst spår, efter en viss mall. Då kan de själva stärka upp sin kraft. För det finns partiklar som ibland går lite oregelbundet, vilket är deras naturliga process eftersom kraften är så stark.

Men ibland vill vi inte att de ska gå oregelbundet. Ibland vill vi att de ska gå rakt fram och det är här mallen, den nya vägen, kommer in. För om vi kan få partiklar att gå åt samma håll då utför de själva till slut en slags egen omvandling. Och allteftersom vi får in fler partiklar som gör samma sak tillför vi oss också ett starkare bärande koncept. Därför blir magnetismen stabilare om vi leder partiklarna att gå samma väg, vilket innebär att de samarbetar. När de gör det ökar kraften i stället för att de befinner sig i oordning.

Så vi dirigerar om dem så att de själva kan lära sig att ta en annan väg, och ju fler de blir, desto mer ökar kraften när de går efter en och samma källa, är det så ni menar?

– Ja, eftersom det är det vi vill. Men det finns också partiklar som redan går på ett och samma led, medan en del verkar lite oregelbundet. Och det är endast den delen i en magnetisk process som vi vill förändra, inget annat.

Ni kommer även att lägga in mallen i ett dataprogram. Där kan ni lägga till den kraft som er magnetism förmår att bära, och där ni inför en annan del i programmet åt de som är lite mer oregelbundna. Genom att ni gör det kan ni använda all den kraft som finns i en partikels förmåga, alltså inte enbart när de redan agerar som vi vill (vi kommer att diskutera dataprogrammet längre fram)

Se det som en produkt där du maximerar ditt användande av just den produkten, i stället för att slänga bort den del som inte längre fungerar som du vill. Det innebär att du använder egenskaperna hos ett element till sin fulla potential och inte stannar upp bara för att du tror att du inte kan utveckla produkten mer. För det går alltid att återuppliva eller förändra ett beteendemönster hos en partikel, som i det här fallet, så att vi kan använda dem även till andra ändamål. Sedan finns det naturligtvis en gräns, men den gränsen är långt ifrån nådd när det gäller er magnetiska förmåga.

FÖRÅLDRADE INSTRUMENT

Ärkeängel Metatron berättar:

Det finns även en hel del mätinstrument som behöver förbättras i detta avseende, eftersom de enligt oss är föråldrade. Vilka instrument menar vi då? Den del där det magnetiska omfånget börjar är den del som har blivit föråldrad. Det finns nämligen en del bärande instrument inom just den sektionen som är föråldrade, vilket resulterar i felaktiga mätningar.

Hur vet vi det? Det vet vi eftersom resultaten som ni har nått fram till enligt oss inte är helt korrekta; de är inte helt fullständiga i sina slutresultat. Så det handlar inte om att ni mäter fel, det handlar om att ni behöver förbättra era instrument. Därför blir också slutresultaten när det gäller det magnetiska omfånget inte helt korrekta i sin uträkning.

Hur gör vi då för att nå fram till rätt omfång som speglar rätt resultat? Det gör ni, och som vi tidigare nämnde, genom att börja om från början när det gäller den elektromagnetiska förmågan. Det är nämligen där den har blivit förvrängd, och där även omfånget av den inre kraften och kapaciteten har misslyckats. När ni har gjort det kan ni förbättra, inte skapa nytt, de instrument som ni använder idag.

Det kommer nämligen att komma in en helt ny teknik i framtiden som är skapad av engelsktalande själar, och det är de som kommer att anföra den biten. Det blir ett komplement till de verktyg som ni redan använder, och på så sätt kan ni förbättra dagens instrument. Komplementet kommer även här att utgöra sin kraft i ampere. Därför behöver ni ett instrument som kan vidga och öka omkretsen i en elektromagnetisk ampere, om vi får kalla det så. För det är här, när vi vidgar och ökar kraften, som omfånget av kraft har blivit missvisande.

Så sök efter en tillhörande del som är ett bättre komplement och som vidgar och ökar en elektromagnetisk förmåga. Lägg sedan till den kraften som ni får fram och multiplicera omfånget ytterligare med den kraft som ger ett bättre och korrekt resultat. På så sätt får ni fram ett bättre omfång av den kraft som en elektromagnetisk förmåga kan ge uttryck för. Med andra ord, det handlar om den omkrets som omger en magnetisk rörelseförmåga, om ni förstår?

– Jag förstår inte helt. Vill ni utveckla? Frågar jag Metatron.

– Så gärna.

För att räkna ut omfånget av en magnetism behöver vi verktyg som kan mäta den kraft som den består av. Den behöver fånga upp kraften för att kunna mäta den. När du har fått tag på kraften kan du mäta omfånget av kraft som en elektromagnetisk förmåga sänder ut.

– Är det endast den elektromagnetiska kraften som sänder ut ett omfång av kraft, och är det endast den ni vill att vi ska räkna på?

– Vi vill att ni behåller den magnetiska förmågan men utvecklar den elektromagnetiska förmågan. Så båda kan beräknas, i det som fångar kraften. Men det är omkretsen (omfånget) av elektromagnetismen som vi vill att ni fokuserar på.

– Hur räknar vi ut omfånget?

– Det sker nästan på samma sätt som när ni beräknar omkretsen av en cirkel. Ibland är det inte svårare än så. Och det är en teknik som ni redan använder. Ni har bara inte rätt utrustning för att nå fram till de resultat som vi vill att ni ska nå fram till. Därför behöver ni först räkna ut omfånget i den verklighet som ni lever i. Men för att nå fram till ytterligare resultat behöver ni komplettera med nya metoder, nya instrument och tabeller som kan utforska det elektromagnetiska omfånget av kraft. Det är först då ni når fram till rätt resultat och med rätt kraft.

KAPITEL 13

FRAMTIDENS MAGNETISKA KRAFT

MAGNETISKA BUBBLOR

Kazandra berättar:

När ni är redo att öka era kunskaper ytterligare kan ni även ta hjälp av de magnetiska bubblor som omger er värld. Det är nämligen här ni når mer kunskap, både när det gäller elektromagnetism och hur de påverkar ert magnetfält. Och det är bubblor som människan upptäckte ganska nyligen.

– Hur kan bubblorna påverka vårt magnetfält? Frågar jag Kazandra.

– Det påverkas inte som ni tror. Människan kommer att tro till en början att båda samarbetar, men bubblorna styrs inte av den kraft som normalt påverkar ett magnetfält. Däremot påverkas de av den magnetism som råder i mellansfären, och det är också en anledning till att vi berättar om detta. För det är här ni kommer att vidareutveckla läran om magnetfält, speciellt när det gäller hur ett magnetfält kan delas upp i olika krafter samtidigt som de påverkar olika beroende på var i universum ett magnetfält befinner sig.

När ni kan den delen kan ni fortsätta med att utöka era kunskaper inom elektromagnetism.

Det är en lära som har funnits med oss i många år. Därför vill vi nu berätta om dess ursprung och hur ni, med hjälp av bubblorna, kan förbättra er magnetiska förmåga. Men för att nå kunskap om dessa gigantiska bubblor behöver vi först färdas dit. Därför ber jag dig, Ulrika, att göra en astralresa tillsammans med mig.

Jag reser mig upp och går bort till min meditationshörna. Där tänder jag ett ljus. Jag sätter mig ner och börjar andas med djupa, lugna andetag, och tillsammans färdas vi in i den magnetiska bubblans värld.

– Vi kommer nu att ta dig in i en liten del av bubblornas värld. Så räds inte, min vän. Beskriv bara med dina egna ord vad du ser, säger Kazandra.

– Tack, jag ska försöka.

Jag påbörjar min resa och efter en stund befinner jag mig i universum och närmar mig dessa gigantiska bubblor.

Jag ser jättestora bubblor, men de finns i två rader, kanske flera, med en agerande magnetism däremellan som håller samman allt, nästan som gravitationen gör men ändå inte. Det finns ett bubblande innehåll här, men ett mer stillsamt bubbel, som svavel eller svavelsyra, men det är inte svavelsyra. Det är något annat som påminner om det. Det är ett nytt och bitvis farligt ämne för oss människor och bör tas på största allvar av den vetenskapliga elit som arbetar inom detta område.

Jag får också känslan av att de inte går att styra, därför är de så svåra att tränga igenom. Det yttre höljet är nämligen jättestarkt men ändå mjukt som plast. En konstig känsla, men en självklar uppbyggnad för universum.

– Vad ser du mer, och vad får du för känsla?

– Jag får en känsla av frid; de inger ett lugn. För utan dessa väggar av bubblor skulle vem som helst kunna ta sig in i vår galax från andra delar av universum. Men jag känner ändå en viss oro. Det finns en svag länk här, och det är den som oroar mig.

– Förklara.

– Jag känner att det finns en gång mellan väggarna. En fri passage, där något eller någon har lyckats ta sig igenom men som trots allt har stannat kvar mellan väggarna, eftersom magnetismen har påverkat dem negativt. Den mer styrande delen kan då tappa sin kraft och bubblorna blir mer genomträngliga. Stämmer det? Jag förstår inte helt.

– Ja, nästan. Det är rätt som du säger att det finns en gång mellan väggarna av bubblor, men det finns också en spärr som tillför sig en så kallad varning om någon skulle bryta sig igenom. Vi galaktiker kan då snabbt ta oss dit och hjälpa er med det som sker. Så du har rätt; det finns en lönndörr och ett medel att använda för att förstöra bubblorna. Men detta är vi högst förbjudna att ge er information om, både för att skydda er och vår värld. Vad ser du mer? Din syn är härligt genomtränglig – fortsätt.

– Jag ser stora salar, men det är inte som våra salar på jorden utan det är stora rum där vi kan passera om vi vill tillföra mer kunskap om dåtida och framtida forskning. Jag förstår inte helt, men bubblorna kan alltså lära oss mer om hur vi kan resa mellan tid och rum, genom olika dåtida, nutida och framtida salar.

Det är även här, tror jag, som salarna kommer in, i olika dimensioner att passera för att komma vidare. Då kommer vi också att bättre förstå Einsteins relativitetsteori. Men för att kunna göra det behöver vi vara medialt utvecklade; annars ser vi bara gigantiska bubblor och då missar vi de rum som vi bara kan se i vårt inre.

Men det är även en framtida möjlighet för oss människor att växa, för dem som vill.

– Helt rätt. Men det blir ingen lätt resa att göra när vi ska förstå bubblornas betydelse, skydd och innehåll. Men människan kommer att resa dit inom cirka 10 år, då kommer ni få möta dessa gångar av mellanväggar och ta prover och bilder på det som finns där. Däremot får ni vänta med innehållet, av säkerhetsskäl och så länge ni har egocentriska själar på er planet. Det är också rätt som du sa, för det är här vi lär oss att böja tid och rum. Berätta mer. Var befinner du dig nu?

– Jag sitter inne i en bubbla. Den sprutar ut mig igen. En förklaring följer: Bubblans innehåll kan bygga upp ett stort tryck som den behöver släppa ut ibland, precis som ett vulkanutbrott. Annars kan väggarna och innehållet kollapsa. Därför behöver bubblorna släppa ut lite då och då. Men vad händer med innehållet då, det som kommer ut i universum?

– Det händer inte så mycket. Det innehåll som bubblorna sprutar ut har ingen direkt negativ påverkan; allt tas om hand, bland annat av den magnetiska förmågan som redan finns däremellan. Men det finns ett tak på hur mycket var och en av bubblorna kan innehålla, och allteftersom de aktiverar nya ämnen behöver de därför frigöra det gamla för att undvika en egen explosion. Ni förstår, ibland behöver det komma ut lite oro för att behålla ett framtida lugn.

– Händer det att bubblor exploderar?

– Det händer, men då är genast grannbubblan där och täpper igen, så kedjan går aldrig helt isär. De är nämligen självagerande, en självgående process.

– Tack, älskade ni. Nu behöver jag vila. Det har påverkat min själ, men det har varit en fantastisk resa.

– Tack själv. Vi vilar och återupptar vår kontakt vid ett senare tillfälle.

Jag går ur min astralresa och har under tiden vi samtalat redan skrivit ner allt som har sagts. För det är endast med mina yttre ögon jag skriver, men det är i mitt inre jag ser det som sker i universum. Det är oftast så jag arbetar – dubbelt.

Efter en lång vila fortsätter vi vårt samtal i köket.

– Vad innehåller bubblorna, och varför berättar ni om dem i vår bok?

– Det är magnetiska bubblor och de är precis som det låter bubblor. De är stora och finns alltså där som en slags barriär mellan vissa galaxer, både som ett skydd och som ett koncept så att universum kan producera. För de producerar också, men det är en process som vi inte ska gå igenom nu eftersom det är för tidig information. De består nämligen av ett material och ämne som inte finns på er planet än. Därför nämner vi det endast för framtida dagar. Men vi kan säga så här: För att ni ska kunna dra nytta av rätt elektricitet i framtiden och bära hem elektricitet från dessa magnetiska bubblor kan ni använda bubblornas yttre.

Det har nämligen kommit till vår kännedom att ni inte riktigt hanterar elektricitet på rätt sätt. Detta beror på att ni ännu inte har utvecklat den teknik som finns tillgänglig i bubblorna. När ni når den och även studerar bubblornas yttre hölje kommer ni att förstå vad vi menar. För det är det yttre höljet som agerar ut som en aktiv strömkälla, strömbärare, och är alltså det ni behöver lära er att aktivera.

Så hitta en bra lösning på hur ni kan fortsätta att observera bubblorna. Ta gärna fram en strömkännare, då kommer ni att förstå vad vi menar. Ni kommer då att stöta på en annan typ av ampere och lära er hur ni kan dra nytta av denna ganska enkla teknik för att generera ström. När ni har lärt er om det yttre användningsområdet kan ni fortsätta med det inre.

Det är i det yttre som strömkällan finns,
och det inre är en förbättrare av en
elektromagnetisk sfär.

Dessa yttre bubblor har också orsakat många strider i universum på grund av deras storslagna antal. Så den kraft, den inre kapacitet som de besitter, är alltså enorm, vilket ni snart kommer att märka. Och det är just denna kraft som en del galaktiker har lärt sig att använda på ett för oss mycket felaktigt sätt.

– Hur kan vi använda tekniken på jorden?

– Om ni lär er att applicera samma teknik som råder där kan ni använda den som en kraftfull sköld. Därför omger de många galaxer i universum som ett skydd. Men hör upp! Universum är ett gemensamt samhälle där vi alla befinner oss och vi går endast i dess goda tjänst. Därför kan vi inte avslöja mer än så, men ni kommer att lära er av bubblorna som ett sätt att skydda er, bland annat mot de starka dragningskrafterna som finns i universum.

Bubblorna kommer alltså att förbättra era kunskaper om magnetfältets agerande och elektromagnetism. Därför är det betydelsefullt att ni fortsätter forska inom detta område. Det är genom detta som ni kommer fram till den elektromagnetism som vi använder på vårt skepp. Men den absolut viktigaste läran inom magnetism är kunskapen om hur vi kan spara och förvalta energi. För till vilken nytta gör kraften om vi inte kan lära oss att förvalta den.

STJÄRNANS MAGNETISKA ASPEKT

Kazandra berättar:

Ni kan även ta hjälp av stjärnans magnetiska aspekt. Att vi har döpt den till *stjärnans magnetiska aspekt* grundar sig i den lära som vi hade på vår planet när vi utvecklade detta koncept, och är den vi ska berätta om nu. Den utgör nämligen en grund för det som snart kommer även till er. Det är en magnetisk aspekt som uppstod där stjärnan Sirius ligger.

Vi vet att Sirius och de omkringliggande stjärnorna redan är välkända för er. Men det är bara vi som vet varför kraften inte har belysts hos er än. Därför, och på grund av de tider som råder hos er nu, har vi tagit ett gemensamt beslut att kort dela med oss av den information som gavs oss när vi inledde vår magnetiska era.

Sirius ursprung kommer nämligen från en annan tid och en annan del av universum – en tid när ert solsystem inte fanns. Så gammal är den teknik som vi ska berätta om nu. Det är alltså en teknik, en lära, som skapades redan på den tiden, där en del galaktiker snappade upp den och vidareutvecklade den även hos oss.

Stjärnans magnetiska aspekt handlar om hur vi kan förvalta magnetism under en lång tid eftersom det är där vi hittar hållbarhet. Det är en pågående process där allt omvandlas i olika sektioner. Den delar faktiskt själv upp allt i sektioner, där varje sektion har sin egen kraft och styrka. På det sättet uppnår den hållbarhet. Se det som en stjärna som går ut och in – in och ut, och så fortsätter den hela tiden. Så *förvalta, hållbarhet* och *omvandla* är tre viktiga begrepp inom stjärnans magnetiska aspekt.

– Exploderar den inte till slut som andra stjärnor gör? Frågar jag Kazandra.

– Ja, det gör den, men det tar mycket längre tid för den typen av stjärna att göra det eftersom den är mer hållbar och mer långtgående. Så genom att dela upp sig i olika stationer kan en del sakta avta, medan en del vilar. Därefter tar en annan del över och ökar kraften, för att sedan låta nästa del ta över igen och genom det kan den minska sin hastighet igen. Sedan börjar allt om igen. Det är så den utvecklar sin inre hållbarhet.

Det är alltså den delen av ert händelseförlopp som ni behöver utveckla. Om ni gör det kommer även er magnetism att bara gå och gå, precis som stjärnan. Men för att anordna ett magnetiskt händelseförlopp, där den går in och ut – ut och in – i en konstant rörelse, behöver vi en fjärrstyrning som kan hantera och styra åt vilket håll vi vill att magnetismen ska röra sig (vi kommer att diskutera fjärrstyrningen längre fram).

Det finns även ett utrymme som kan spara magnetism, och det är just detta utrymme som är styrande. För utan det kan ni inte starta upp er stjärnmagnetiska förmåga igen, eftersom det ligger som i en *säck*, som vi kallar det, kärnhus hos er. Det är också där all extra lagring sker. Se det som en reservdunk. För om vårt skepp eller annat skulle gå sönder, eller om något skulle hända med vår magnetiska förmåga, skulle vi inte kunna resa lika långt som vi kan. Därför är det viktigt att ni först lär er den läran, innan annat kan ta fart

ETT INTEGRERAT – MAGNETISKT FÖRHÅLLNINGSSÄTT

Kazandra berättar:

Hur gör vi då för att integrera stjärnans teknik med den reservdunk som vi behöver? Det gör vi genom kunskapen om ett integrerat magnetiskt förhållningssätt. Detta är endast en metod och går inte att skapa.

Vad innebär då ett integrerat magnetiskt förhållningssätt?

- Ett integrerat förhållningssätt bygger på det vi kan sammanföra.

- Ett magnetiskt förhållningssätt går ut på att förvalta den energi som vi har fört samman.

När ni har lärt er detta kan ni använda er magnetiska förmåga under en längre tid. Men när vi förvaltar ett magnetiskt förhållningssätt ökar också risken att den magnetiska förmågan förlorar sin kraft. Och om den förlorar sin kraft, sitt förhållningssätt, kan det även påverka andra saker negativt.

– Varför förlorar den sin kraft? Frågar jag Kazandra.

– Eftersom det är den som är den styrande delen. Se det som en chaufför som tappar sin kraft. Då spelar det egentligen ingen roll hur stark motorn är, eller hur?

– Sant.

– Så det ni behöver göra för att er magnetism inte ska förlora sin kraft i ett kopplingssystem är att upprätthålla en reservdel. En som alltid går att laga, en som själv kan gå in och läsa av när det behövs, en som aldrig förlorar sin kraft. Se det som att ni byter chaufför varje timme.

– Hur gör vi det?

– Det gör ni genom ett extra batteri, kan vi kalla det. Men här pratar vi om en extra magnetisk källa. Det blir nämligen den källan som kommer att styra er magnetiska förmåga om den gamla förlorar sin kraft.

– Jag förstår ändå inte. Hur kan vi koppla in den tillsammans med vårt kopplingssystem? Var kommer den att befinna sig då, menar jag?

– Det är alltid viktigt att vi har en extra möjlighet. Men det som är ännu viktigare är *var* den befinner sig, eftersom om vi placerar den på en plats där den inte själv kan gå in och koppla in sig, fungerar det inte. Så det är avgörande att era ingenjörer hittar var denna extra kraftkälla ska sitta, annars blir det fel. När ni sedan har funnit var den ska placeras, behöver ni även integrera den med andra komponenter som ska ingå i en fjärrstyrning så att ni även kan läsa av den.

Men vi ska ge er en ledtråd: *Den finns inte att se men den speglar den kraft som går att använda.*

När ni har nått denna extra möjlighet att lagra energi tar den aldrig slut, eftersom när originalet vilar tar en annan del över. Det var detta vi tidigare nämnde. Men så fort den går in och tar över igen öppnar den upp för en ny kraft, en ny kanal, som kan fortsätta att förvalta energi. Därför är det väsentligt att det finns olika kanaler eftersom varje kanal innehåller olika propagerande element.

Med propagerande element menar vi de som inte utgör ett hinder, de som sprider sig och de som kan rycka in när som helst om det behövs. De stannar heller aldrig av; därav propagerar de sina element – de leder dem in i den ordning de befinner sig på. På så sätt fungerar de även som ett styrande element. Mer än så får vi inte utveckla i detta.

Genom att lagra magnetism kan vi alltså ta fram ren energi närhelst det behövs. Det blir som att lagra bensin i en bensindunk, men i stället lagrar vi plattor som är fyllda med magnetism. Det var de vi tidigare diskuterade och kommer att diskutera mer ingående senare. Dessutom kommer ni att lägga till en rörelsekomponent som en integrerad del, bland annat ett tidsaggregat som vi kommer att diskutera längre fram. Därför är det viktigt att ni anammar rätt rörelse för rätt aggregat, annars fungerar det inte.

– Så det kommer att finnas olika aggregat för olika magnetiska rörelser?

– Ja, men inte helt. Det kommer, som du sa, att finnas olika aggregat för olika magnetiska förmågor, men detta ligger längre fram i tiden. Och som du vet arbetar vi alltid utifrån ett grundperspektiv. Därför kommer ni bara att ha ett aggregat till en början som tillför en magnetisk rörelseförmåga, och det är den ni kommer att använda först för att lära er att lagra. Och för att fylla på med ny energi kommer ni att använda solens kraft. Det är också solens magnetiska förening som kommer att lära er att koppla samman båda.

Solens magnetiska förening önskar träda in:

Vi önskar framföra vår del i detta arbete och ge er den kunskap som vi kommer att släppa i framtiden när tiden är rätt, vilket är kunskapen om solens magnetiska kraft. Det är nämligen den som ni kommer att använda som en lagringskälla i framtiden, som en tankstation kan man säga. Därför har vi redan lärt ut de kunskaper som ni behöver om solceller, så att ni i framtiden kan använda dem även inom alla områden av magnetism.

När ni har kommit dit ger vi er nya verktyg, exempelvis via Ulrika. Därefter kommer all gammal information att suddas ut. Det är nämligen väsentligt att ni börjar om helt från början i denna fråga, eftersom det även här finns ett medvetet, inlagt stopp för att ni inte ska utvecklas. När ni har lärt er att lagra och förvalta frisk, ren energi kommer er utveckling att gå snabbt. Lyssna då på de som talar i nytt, inte i gammalt. Det gamla försöker bara vilseleda er tillbaka till där ni en gång var.

Om vi inte kan lagra den kan vi inte heller använda den inom magnetismen.

Kazandra fortsätter:

När ni har lärt er att förvalta energi kan ni gå vidare till andra åtaganden. Det ni behöver göra då är att söka efter en motorik. Med motorik i det här sammanhanget menar vi den del som kommer att samarbeta med en magnetisk förmåga. Det blir som er nuvarande bilmotor men i det här fallet en betydligt mindre del. Den kommer alltså att tillhöra men den utgör inte själva huvuddelen.

– Jag förstår inte helt. Vad kommer att samarbeta med vad?

– Vad vi menar är att de element som ni väljer att använda avgör vilken typ av motorik vi pratar om. Använder ni en typ av motorik behöver ni anpassa er efter den, så att de element ni vill tillföra stämmer överens med även andra tillsatta komponenter. Det blir den som ni sedan kan koppla samman med sol och magnetism, allt som ger rörelse och allt som kan lagra energi.

– Vad kommer motoriken att bestå av?

– Den kommer att bestå av neutriner. Det blir de som kommer att anföra farten, som er motor gör idag med ett tillhörande bilbatteri. Därför har människan redan studerat neutriners kraft och innehåll. Och ja, det går att både lagra och förvalta neutriner i en magnetism.

Men för att lagra rörelseenergi behöver vi först bygga en behållare där allt kan samlas. Det var detta vi tidigare nämnde när vi pratade om aggregat och generatorblock. I början kommer era generatorblock att använda magma för att producera värme. Men längre fram i tiden kommer ni även att använda magnetism som en mikrodel för att lagra energi med hjälp av både neutriner och protoner som en styrkraft. Därför nämnde vi tidigare att neutriner och protoner är en fristående kraft.

Det magnetiska förhållningssättet går alltså ut på att förvalta energi, men med detta menar vi också att transportera energi från en del till en annan. För även detta är enligt oss ett sätt att förvalta energi. Den stannar alltså inte kvar som i en låda; genom den rörelse som sker när den transporteras finns den kvar och ökar och fortsätter att explodera ut sin kraft.

När vi förvaltar ett magnetiskt förhållningssätt är det grundläggande att vi även kan spara på den magnetiska förmågan, så att den inte avtar. Det är här evighetscykeln kommer in. För om du kan upprätthålla en kraft som bara går och går behöver du inte heller omvandla den på nytt, eftersom den bara finns där hela tiden och transporteras från A till Ö.

Därför är det viktigt, i ett magnetiskt förhållningssätt, att vi även kan se själva transportsträckan som ett sätt att förvalta energi. För när vi transporterar energi kan vi också bära fram energin på ett bättre sätt. I det här sammanhanget menar vi att den alltid är stark, att den alltid orkar bära upp den kraft som den är skapad för.

När ni sedan har förstått detta bärande, transporterande fenomen, går ni vidare till nästa del, den del där vi börjar omvandla partiklar för att öka effekten. Och ju mer vi ökar, desto fortare går transportsträckan och desto mer förvaltar vi vår magnetiska energipotens.

Så ni ser, utan kunskap om *hur vi förvaltar energi på olika sätt* kan vi inte använda den magnetiska förmågan fullt ut. Utan den kan vi inte transportera kraften i vår strömförande källa.

FÖRVALTA ELEKTROMAGNETISK ENERGI

Kazandra berättar:

Som vi tidigare nämnde är det den elektromagnetiska förmågan som ni behöver fokusera på och vidareutveckla konceptet för att öka er energi. Därför pratar vi om elektromagnetismen som ett framtida koncept. Det är också den som har blivit förvrängd för att ni ska lära er fel.

Hur kan man då förvränga elektromagnetismen? Förutom det vi tidigare nämnde om bakpulvrets felaktiga sammansättning, gör man det genom att tilldela andra en felaktig magnetisk bakgrund. Det är nämligen magnetismens omkrets som har blivit förvrängd för att ni inte helt ska kunna utveckla den delen. För om omkretsen i en magnetism inte kan gå runt kan ni inte heller omvandla den till en korrekt elektromagnetism. Ni tror att ni har gjort det eftersom er elektromagnetism fungerar så bra, men den del som ni inte får i gång är alltså den som har stoppats.

– Vilken är den verkliga magnetiska omkretsen? Frågar jag Kazandra.

– Den omkrets som vi pratar om kan faktiskt multipliceras och omvandlas fler gånger än ni är medvetna om. Därför tror ni att ni har nått toppen, men så är det inte. I det här fallet kan omkretsen hitta en egen väg, där kraften bara går och går, vilket leder oss till den omkrets som den elektromagnetiska förmågan sedan kan förvalta i framtiden. Och det är här vi kommer in på ett integrerat – magnetiskt förhållningssätt. För det är i det här sammanhanget elektromagnetismen vi ska förvalta, inte magnetismen.

– Vad skiljer dem åt när det gäller att förvalta?

– Båda kan förvalta ett *frisläpp*, som vi kallar det, och den kraft som släpps fri kan vi spara och använda senare.

När det gäller den elektromagnetiska förmågan kan vi använda samma energi om och om igen utan att behöva förvalta den på samma sätt som vi gör med solenergin. Så det finns en stor skillnad mellan de två när det kommer till hur vi kan använda magnetismen i framtiden jämfört med idag. Därför förstår inte alla våra ord idag, men ni kommer att göra det i framtiden.

Den elektromagnetism som kommer att förvaltas i framtiden, den som bara går och går, är alltså den vi kommer att spara och vidareutveckla så att den kan synkronisera sig med andra objekt. Och det är av stor vikt att vi inte bara stannar utvecklingen där, utan fortsätter att utveckla de förhandlingsbara, nytillkomna krafter som ni har börjat utveckla.

Men innan ni helt förstår hur ni kan förvalta elektromagnetismen behöver ni först lära er att stoppa den, eftersom vi inte kan förvalta en kraft som bara går och går om vi inte först kan fånga den. Därför stoppar vi den, men bara för att lära oss hur vi kan förvalta den.

När ni har lärt er att stoppa en elektromagnetisk process kommer ni att få en ny mätare som kan mäta styrkan på kraften vid en specifik tidpunkt. Det blir nämligen viktigt att ni kan det eftersom vi inte kan förvalta en kraft om den är för svag. Om den är för svag kan vi varken mäta eller använda den.

– Var hamnar kraften, den vi förvaltar?

– Den sparar ni som i ett bilbatteri.

– Så den går in i en slags låda?

– Ja, fast här pratar vi alltid om olika strängar, för det är endast så vi kan förvalta elektromagnetismen.

– Vad är strängar?

– Strängar är bara namnet på ett avlångt fack där kraften finns. Tänk på ett bilbatteri, om det hade olika avlånga in- och utfack där man kan överföra och lagra kraften.

– Varför just strängar?

– Vi behöver strängar för att kunna läsa av den kraft som vi har förvaltat, eftersom varje sträng utgör sin egen styrka, exempelvis i ampere. Fast i det här fallet menar vi en självgående kraft, som ni kallar ström.

– Hur kan vi plocka upp strömmen igen?

– Det gör ni genom en slags transportsträcka, och det är här era elektrosfäriska kablar kommer in. För det är de som kommer att transportera den elektromagnetiska kraften eftersom de är mycket stabilare än dagens kablar (vi kommer att diskutera dessa kablar längre fram).

– Så vi förvaltar elektromagnetism i en slags behållare, som är kopplad till elektrosfäriska kablar? Låter som något vi redan gör men med förnyade instrument och kablar.

– Så är det. Varför krångla till det mer än vi behöver.

Men det viktigaste är inte bara hur vi förvaltar kraften, utan även med vad och hur vi sedan kan öppna upp, transportera och sätta kraften i rörelse igen, vilket ni gör genom att lägga in allt i ert nytillkomna dataprogram. Det är ett program som informerar om när och hur mycket kraften börjar minska. Ni kan sedan gå in och avläsa hur mycket av kraften som har förbrukats och hur mycket som återstår. Därefter kopplar ni strömmen till en data som når era kablar, vilka sedan förser transformatorn med mer kraft. Och så fortsätter det.

TABELL

Ärkeängel Metatron berättar:

För att kunna mäta och förvalta kraften på rätt sätt behöver ni även utveckla en ny tabell. Det blir en tabell som enbart berör det magnetiska konceptet. Det är en tabell som många av våra galaktiska vänner redan använder, och så kommer även ni att göra, mina vänner.

Tabellen går ut på att fylla den med delar som ska ingå i vår framtida inmatning. Så tabellen visar vad vi behöver skapa, det vi behöver mata in, för att få ut en ny kraft. Därför innehåller tabellen även bara delar av kraften, eftersom varje partikel som ingår ger ut sin egen styrka och i vilken kraft den sedan landar i när allt är klart.

Det blir fem kolumner där varje kolumn talar om var varje partikel ska sitta och hur mycket den ökar för varje sittning. Med ”sittning” menar vi placering. Vi säger sittning eftersom partikeln genomgår en sittning, och för varje kolumn förflyttar sig partikeln framåt när kraften ökar.

Detta är vår definition av sittning. En kolumn där partikeln sitter i sin egen kraft, där den ökar sin styrka för att sedan gå vidare till nästa kolumn. Där sitter partikeln återigen, ökar sin kraft och förflyttar sig sedan fram till nästa kolumn. Och så fortsätter det. Det blir alltså en tabell som skapas för att se hur mycket varje partikel sitter i sin kraft – hur den ökar sin styrka för varje kolumn och så vidare.

Det blir alltså ingen matematisk tabell. Det blir en krafttabell som mäter olika styrkor och utan att ni själva behöver räkna på kraften; det gör den själv. Vi kallar den för *den omvandlande kraften* där partiklarna sitter i rad. Men för enkelhetens skull kan vi säga *den magnetiska tabellen*, eller vad ni själva vill kalla den.

Det blir en automatisk tabell och är inget ni kan räkna ut på pappret. Det blir en tabell som är kopplad till ett självgående styre och hjälper den magnetiska förmågan att räkna ut hur mycket kraft (omvandling) varje partikel har gjort vid just den kolumnen. Så skapa denna tabell. När ni sedan har omvandlat rätt magnetisk kraft lägger ni in dessa olika moment i styrkan.

Ärkeängel Metatron avslutar:

Detta är endast några av de punkter som ni behöver gå igenom nu innan ni bygger en ny transformator. För vilken nytta gör kraften i transformatorn och hur den passerar varje del om vi inte först förstår hur vi kan förvalta och beräkna dess styrka? När ni har gjort det inleder ni nästa fas, och det är här transformatorn kommer in – den som drivs av ett solmagnetiskt koncept. Därför är det viktigt att ni först studerar energivågor på en djupare nivå och hur partiklar själva kan öka sin kraft.

KAPITEL 14

TRANSFORMATOR

TRANSFORMATOR

Kazandra berättar:

När vi nu förstår varför dagens magnetism inte är hållbar för framtiden, eftersom den har blivit förvrängd, och vi förstår hur vi kan purifiera magnetismen kan vi börja bygga vår transformator.

Vad är då en transformator?

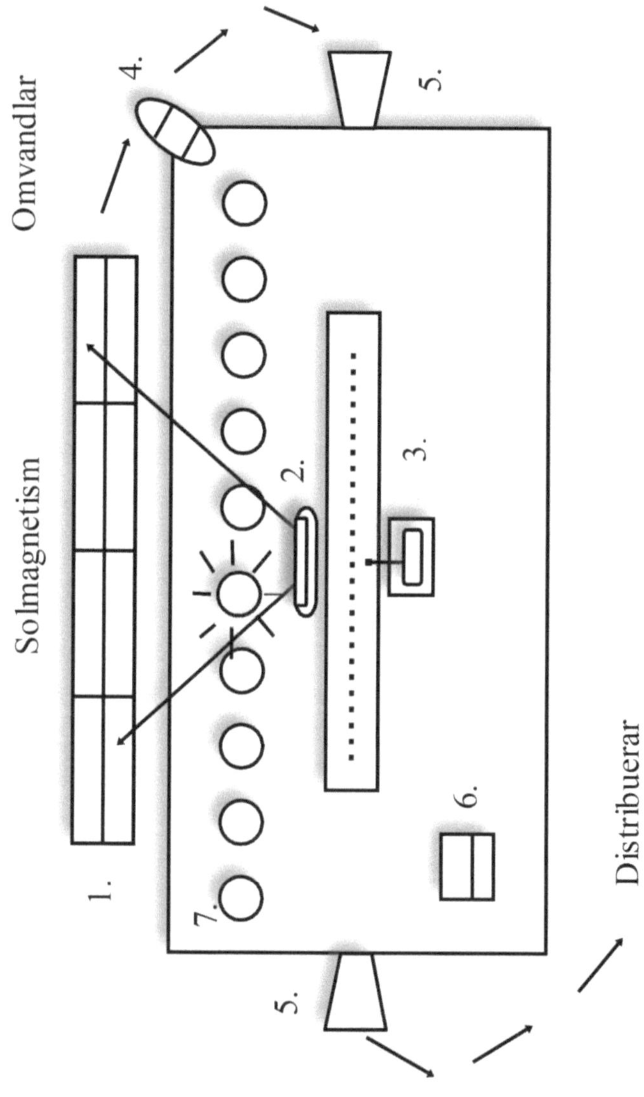
Solmagnetism
Omvandlar
1.
2.
3.
4.
5.
5.
6.
7.
Distribuerar

1. Solmagnetism.
2. Temperaturbärare.
3. Strömfördelare.
4. Tidskapsel.
5. Plus- och minuspoler.
6. Hur mycket kraft som finns kvar.
7. Var och hur mycket kraften laddar på insidan.

En transformator är en apparat som tillför oss en ström som kan agera självständigt, den agerar ut och in, därför behöver vi både en inmatning och utmatning. Men för att generera värme i en transformator behöver vi även tillföra något som kan öka sin egen kraft, och det är här omvandlaren kommer in och distribuerar den kraft som har bildats (se bild).

Det blir alltså en evighetsmodul, inte en krets, eftersom en modul agerar självständigt; den kan stå på egna ben. En krets agerar alltid tillsammans med något annat. Därför behöver vi införa en ny form av transformator som kan producera och öka sin egen kraft.

- Därför är det solmagnetismen som kommer att bidra till en omvandling till framtidens elektromagnetism och generera värme så att partiklarna kan omvandlas och distribuera sin fulla kraft.

- Därför behöver vi först lära oss att omvandla magnetism till elektromagnetism i tid och rum och hur vi kan lagra och förvalta den för framtida användning (vi kommer att diskutera tid och rum i nästa del).

SOLMAGNETISM

Alfredo berättar:

Det blir alltså solmagnetismen som kommer att ge transformatorn kraft, och allt kommer ni att få lära er från solen, men där ni genom en elektromagnetisk förmåga själva tillför transformatorn olika moment. Den elektromagnetism som ni kommer att använda i framtiden är också mycket tåligare och starkare. Därför behöver ni en kraft som går att förvalta på samma sätt.

Hur gör vi det? Först behöver ni lära er hur ni kan förvalta energi, inklusive solens inre koncept, vilket vi redan har diskuterat. Det är grundläggande att ni förstår detta innan ni introducerar en ny solkraft, den ni kommer att skapa i framtiden. Det är också här era solstationer kommer in.

– Vad är solmagnetism? Frågar jag Alfredo.

– För oss är solmagnetismen en platta som fångar upp solens kraft och skapar energivågor som sedan genereras som värme, antingen för att öka eller minska kraften (energivågorna).

– Hur kan vi med hjälp av solmagnetism sänka energivågor?

– Det gör ni genom att dela upp solmagnetismens partiklar i olika stationer. När vi gör det kan vi stänga av en sektion – det är så vi sänker den.

– Händer det att ni behöver göra det?

– Det händer, men oftast sköter allt sig självt i den process som vi befinner oss i. Även ni kommer att hamna där till slut, då kommer ni att förstå vad vi menar.

– Kan solmagnetism avta?

– Det kan den, men om du alltid har med dig ett extra par plattor, vilket vi alltid har, kan du själv lära dig att byta ut kraften och fortsätta köra. Men för er är det långt dit, men det kommer.

– Kan solens kraft användas till annat som vi inte känner till än?

– Vad bra att du frågar, för det kommer ni att göra. Den del av solen som ni kommer att maximera ert användande av i framtiden härrör nämligen från solens inre kärna. Det är nämligen där ni tillför er järnkraft. Låter det konstigt?

– Ja, lite. Hur menar ni?

– Eftersom nästan allt järn smälter vid en viss temperatur är det just järn som ni behöver för solmagnetism. Detta gör att ni kan ladda magnetismen när järnet är varmt, och det är då vi passar på att omvandla partiklarna till något annat. Det är också här ordspråket ”Passa på att smida medan järnet är varmt” kommer ifrån.

– Så vi kommer att använda järn tillsammans med solmagnetismen i framtiden?

– Både ja och nej. Till en början kommer det endast att utgöra sin vikt där vi förvaltar värme, exempelvis plattor, som i ett värmeskåp. Det är endast den delen av den magnetiska förmågan som ni kommer att koppla samman ert järn med solen.

– Så järnet blir varmt, nästan smälter men ändå inte, så att det kan hålla i gång kraften?

– Ja, precis. Men det är inte järnet som ökar kraften i en transformator; det är neutrinernas roll. Järnet används endast för att hålla i gång värmen, för precis som allt annat tar även värmen slut till slut. Därför behöver ni, precis som vi, extra plattor som redan är fyllda till brädden med värmeisolerande krafter, som går att ladda om när ni lämnar in dem till er framtida solstation. Därför har vi en solverkstad på vårt skepp. Men för att kunna göra det behöver ni även lära er att ladda partiklar, vilket Kazandra ska berätta om nu.

Kazandra berättar:

För att ladda partiklar behöver vi tillföra värme och det är här den solmagnetiska förmågan kommer in. Det blir nämligen väsentligt att vår nytillverkade transformator har en ingång där solens agerande släpps in – tillåts att släppas in. För det är genom införseln som ni kommer att attrahera tillsammans med neutriner. Det blir de som kommer att bistå er i den processen, medan de omvandlas av solens magnetiska förmåga.

– Jag förstår inte helt. Hur ska vi få in solmagnetism i transformatorn, få in kraften menar jag? Frågar jag Kazandra.

– Solkraften släpper vi in genom en slags ampere, den som redan har nyttjat solens förmåga och omvandlat den till magnetisk energi. Så ampere blir viktig i det här sammanhanget, och bör då kopplas samman med den strömbärande länken som passerar genom hela transformatorn. Det är endast på detta sätt ni kan använda solmagnetismen genom att omvandla strömmen för att nå neutrinerna, så att de i sin tur kan öka kraften.

I normala fall behöver vi en kraft som drar samman allt, för att vi ska kunna använda solens magnetiska förmåga, exempelvis genom ett magnetfält. Men i det här fallet behöver vi inte dra samman utan endast tillföra tillräckligt med solkraft för att neutrinerna ska kunna utföra sin uppgift. Kraften gör att neutrinerna ökar i antal och sedan sker omvandlingen av sig själv. Neutrinerna passerar nämligen genom en strömbärande länk där de arbetar i sitt eget fält.

När vi väljer ut en magnetisk förmåga är det viktigt att den är och förblir självgående. På så sätt behöver vi inte styra eller förvalta kraften själv, den som omvandlas. Så solens kraft kommer endast att utgöra en liten del och det blir då den som värmer upp partiklarna.

– Då behöver värmen alltid bestå, eller?

– Ja, det behöver den, därav ampere som agerar ut som en värmekälla åt transformatorn.

– Hur kan vi skapa en solmagnetisk förmåga? Jag menar, på vilket sätt fångar partiklarna upp värmen?

– Det gör de längs vägen. För vi kommer även att installera ett förbränningssystem i minimal form. Det blir nämligen det som kommer att hålla i gång amperen. Det är det som agerar ut kraften eller distribuerar den från utsidan till insidan. Det fungerar så att det fångar upp partiklar och sänder dem vidare, därav kallas det förbrännare. Och så länge den magnetiska förmågan tillförs solenergi kan transformatorn aldrig få slut på ampere. Ett förbränningssystem utgörs nämligen alltid av sin egen kraft och kan aldrig förvalta mer än en kraft åt gången. Annars kan det uppstå ett fel i processen.

Det kan även agera som värmeförbättrare. Men då går det baklänges, vilket vi inte ska gå igenom här; vi ska inte röra till det för er. Vi vet att era professorer kommer att förstå detta, men tills dess får ni helt enkelt lita på våra ord … eller inte (vi kommer att fördjupa oss i förbränningssystemet längre fram).

Så för att kunna fånga upp de partiklar som cirkulerar i universum behöver vi en transformator som kan göra det. Därför krävs det att transformatorn är utformad på ett sätt så att den kan agera, rikta och hämta hem solens kraftfulla energi.

– Hur skapar vi en sådan?

– Det kommer era professorer att göra, och det kommer att ske på samma sätt som ni hämtar hem ren solenergi till dagens solceller. Fast här behöver vi omvandla partiklar, de som finns med i det system som vi har byggt upp. Är det komplicerat?

– Ja, lite.

Vi ska förtydliga:

När ni bygger transformatorn är det viktigt att den inte bara kan omvandla energi, den ska även kunna hämta energi från universum. Detta kommer nämligen att finnas med i er soluträkning som era professorer kommer att räkna på. De kommer då att omfamna konceptet *mönsteranpassning*, vilket vi och solens matematiska förening tidigare diskuterade angående ett solmönster.

Denna strömbärande cell, som vi kallar varje ruta för, kan själv räkna ut hur mycket kraft just den cellen, just den rutan, behöver hämta hem. Annars blir den totala summan antingen för stark eller för svag, och det är detta vi menar med för lite eller för mycket.

– Står varje cell, ruta, självständigt i sitt eget arbete?

– Ja, precis, och det är här temperaturbäraren kommer in eftersom det blir den som kommer att bestämma hur mycket kraft som behöver släppas in. Temperaturbäraren blir därför avgörande så att transformatorn kan nå en öppen balans i den kraft ni hämtar hem.

– Finns det rutor som inte agerar just då, eller samarbetar de alltid?

– De agerar alltid fristående, även om vi har slagit ihop dem. Det är alltså transformatorn med tillhörande temperaturbärare som vet hur mycket, när och från vilken ruta kraften kan hämtas. På det sättet tar energin aldrig slut. För när en ruta är tänd (arbetar) vilar en annan och den fylls på med ny kraft, precis som stjärnan. Och så fortsätter det. Därför är det väsentligt att de får agera fristående.

När det gäller er sammankoppling med solmagnetism kommer era professorer att lösa detta. Men vi kan säga så här: Ta inte in all solkraft på en och samma gång. Låt dem få vänja sig vid varandra, och förvänta er inte en explosiv start. Allt tar sin tid att utveckla, speciellt när vi sedan ska koppla samman allt. Och för att göra det behöver ni lära er att räkna på nytt och ta fram en ny temperaturbärare. Det är också den som solens magnetiska förening ska berätta om nu.

TEMPERATURBÄRARE

Solens magnetiska förening berättar:

För att kunna beräkna *hur solens strålar träffar ytan på ett föremål*, som ni vill omvandla solens kraft till, behöver ni en temperaturbärare. Detta koncept är en del av den magnetism som ni kommer att använda i framtiden. Den kommer också att se helt annorlunda ut än vad den gör idag.

En temperaturbärare är en ny form av strömbärare. Den kan själv känna av när det finns tillräckligt med kraft för att omvandlas och användas - kontra när det inte finns.

- Hur, och till vad kan vi använda temperaturbäraren? Frågar jag solens magnetiska förening.

- Den kommer att användas som en mätsticka, exempelvis i en bil. Den kommer att placeras i mitten av transformatorn, där den själv känner av vilken kraft som kommer in. På så sätt har ni också bättre koll på att den kraft som ni behöver omvandla verkligen går att omvandla. För, och som Kazandra precis nämnde, om kraften är för svag går den inte att omvandla. Om den är för stark ökar kraften för mycket, och det blir då svårt att fånga upp när och var solens strålar kan fångas upp. Det är detta er framtida temperaturbärare kommer att känna av, och är alltså en nödvändig detalj i framtiden eftersom den själv kan räkna ut och mäta sin kraft.

– Hur gör den det?

– Det gör den genom ett integrerat kopplingssystem, eftersom allt, när ni är klara, kommer att samarbeta och temperaturbäraren sänder då ut signaler på hur stark eller svag kraften är – den som går ut och in (vi kommer att diskutera ett integrerat kopplingssystem längre fram).

– Hur är temperaturbäraren konstruerad?

– Det kommer era professorer att skapa, och den ligger redan i ett dataprogram i den västra delen av er värld. Men vi kan inte öppna upp den så länge ”de” finns kvar.

– Då är temperaturbäraren en ganska stor skapelse, om jag får kalla det så, eftersom de inte vill att vi ska nå den?

– Ja, precis. För den kan inte bara generera och tala om vilken kraft som har omvandlats. Den kan även belysa när och vid vilken temperatur den bästa omvandlingen kan ske. Så den kommer att ha många funktioner i framtiden, även för att integreras i olika användningsområden.

– Så vi har en temperaturbärare som själv känner av temperaturen och styrkan på den kraft som omvandlas. Men vad händer om något går fel?

– Om den visar fel lägger vi till ett integrerat förändringsmönster. Det kan låta konstigt, men det är så allt kommer att ritas upp i framtiden, i mönster, för att hitta var i en händelse det går fel. Det blir då lättare för er att hitta ett fel och ni kan snabbt åtgärda det. Därför kommer ni att säkra allt i en mönsterlagd process där varje förändring bedöms som antingen bra eller dålig, och allt kommer att spelas upp på er data.

Avslutningsvis vill vi tillägga att när det gäller in- och utförseln av solens matematiska koncept, som vi tidigare diskuterade, kommer den att förändra sin ampere, och när den förändrar sin natur gör kraften också det. Ni kan då inte längre multiplicera på det gamla sättet eftersom det nya, som ni kommer att lära er då, handlar mer om hur vi kan utvidga kraften så att den bara går och går – den blir mer självförsörjande.

Då handlar det mer om vilken styrka som kommer in, som exempelvis era solceller möter, och vilken kraft de inte kan fånga upp. Och det är detta temperaturbäraren känner av – om den antingen är för stark eller för svag. Så för att kunna lägga till en kraft i framtiden behöver ni använda ett helt nytt räknesystem. Det är ett system som går ut på att bygga upp i stället för att lägga till.

Med att bygga upp menar vi att skapa en kraft som kan användas och appliceras även i andra sammanhang. Genom att bygga upp denna kraft kan ni sedan fortsätta och vidareutveckla den. På så sätt ökar också kraften i transformatorn. Det är alltså inte möjligt att använda gamla beteendemönster eller gamla beräkningar i en framtida version. Ni behöver ändra detta för att helt förstå den kraft som solen sänder ut.

Det kommer även att finnas en helt ny tabell i framtiden som endast visar solens kraftomfång, och det är då ni delar upp allt i mönster. För det är som sagt kraftomfånget som vi behöver beräkna för att nå mönstret, det vill säga resten av solens yttre kapacitet. Det är nämligen så att den omvandling som sker när transformatorn når solens kraft kan aldrig omvandlas på utsidan. Kraften styr utsidan, ja, men själva omvandlingen sker alltid med hjälp av neutriner på insidan. De omvandlas när kraften ökar, när antalet neutriner ökar.

HELIUM

Änglarna berättar:

Vi kan även använda helium i vårt framtida solprojekt. Helium är nämligen ett grundläggande element som uppstår genom en fusionsprocess i en stjärna. Och för att kunna använda samma helium som finns i en stjärna behöver vi agera på samma sätt som en stjärna gör.

Vi behöver alltså en behållare och något som kan skapa och omvandla vårt innehåll till helium, vilket vi vet att ni redan kan och gör. Men hur långt vågar ni sträcka er i den frågan? Hur långt vågar ni använda ert helium och därigenom få fram ett helt nytt ämne? Ett ämne som ni aldrig har provat att ta fram tidigare. Det är så vi behöver tänka nu – att använda det vi redan har och omvandla det till något nytt, vilket går även om vi vet att en del rynkar på näsan nu.

– Varför just helium? Frågar jag änglarna.

– Helium är ett långtgående ämne, därför färdas det också långt. Och eftersom det kan färdas långt kan vi också sträcka kedjan mycket längre än vad vetenskapen kan och gör idag. Men detta kan endast ske om konceptet sätts samman med andra långtgående komponenter, på samma sätt som det sker och utvinns i universum. För det är just utvinning vi är ute efter, eftersom vi vet att helium i rätt temperatur och i rätt förhållande kan utvinnas och utökas, vilket gör det extremt långtgående.

Det är detta vi vill förmedla, eftersom det är just helium som ni kommer att använda i framtiden, även i vissa maskiner. Därför kommer nu Kathremerna att berätta hur de tillsammans med vatten förvaltar helium på sitt skepp som ett långtgående ämne.

Kazandra berättar:

Vi ska försöka förklara hur vår process fungerar, den vi har på vår planet och våra skepp, och hur vi använder stjärnans kraft för att kunna agera ut som en strömbärande länk.

Det är nämligen så att alla stjärnor inte innehåller det som påminner om ert vatten. För oss har det nämligen en helt annan betydelse, och den formel som vi använder består av ett D. D symboliserar den vattenmängd som vi behöver för att kunna agera förbättrare. Ungefär som när ni producerar vätgas, men för att få fram den bästa verkan tillsätter vi helium i stället.

Vi har delat upp det i tre sektioner:

1. Tänk dig två behållare. Liknande era glasflaskor med en lång hals men en stor kropp. I den ena finns vatten, D, och i den andra finns helium. På botten av varje behållare finns en magnetisk platta, som vi kallar block, som drar ner det vi behöver för vår omvandling. Det är dessa block vi diskuterade tidigare. Omvandlingen sker precis som i en stjärna. Allt produceras i kärnan som det yttre skyddar, medan processen fortskrider.

2. Däremellan använder vi ett blått ljus som genererar värme, vilket ökar processen. Om omvandlingen av partiklar ökar, ökar också farten. Därav bildas ånga som fungerar som en strömbärande länk, som ger ström. Sedan fortsätter det till process tre.

3. Process tre utgörs av solens kraft. Det är där vi laddar våra magnetblock innan avfärd. Magnetblocken styr åt

> vilket håll vi ska färdas, nästan som er navigator men mer avancerad eftersom vi färdas i universum. De har en verkan som varar en vecka, därför har vi även en solverkstad på vårt skepp.

Vår solcellsdrivna magnetism fungerar alltså precis som namnet antyder, den drivs av solenergi, precis som ni gör. Men skillnaden är att vi inte kan hämta hem ren solenergi som ni kan. Därför måste vi producera solenergi själva, vilket sker genom en solverkstad. Men det är inte ett solrum. Det är en verkstad där vi använder en teknik som tillför sig solens kraft. Det är alltså genom den som vi kan ladda upp vår magnetism.

Det är så det fungerar på vårt skepp, att vi med hjälp av helium kan navigera och ge oss framåtrörelse. Och vi vet att även ni kommer att vidareutveckla vår teknik, men med det som passar bäst på er planet. När ni har lärt er det och anammat helium i den nya sfären kommer ni att tillföra er ännu ett nytt element. Det blir nämligen det som kommer att utgöra ett bärande koncept inom det magnetiska området.

PROTONER – GRUNDSATS

Ärkeängel Mikael berättar:

För att öka den inre kraften ytterligare behöver vi även en ny sammansättning, och i det här fallet handlar det om den atmosfäriska miljön. Det innebär att vi behöver skapa en atmosfärisk miljö så att vi kan förena vårt helium (och även vatten) med protoner, med den kraft som har bildats genom samma sammanslagning. Det är en sammansättning som måste öka efter att vi har tagit bort elektronerna från utsidan.

Det vi slår samman protonerna med kallas för *ett hyperaktivt preparat* och innebär en blandning av protoner, helium och vatten. Heliumet är det som omvandlar protonens kraft, medan vattnet endast fungerar som en komponent. Det är detta som Kathremerna pratade om – hur de använder just helium, vatten och andra ämnen tillsammans med solmagnetism på sitt skepp.

– Hur kan vi öka protonens kraft? Frågar jag Mikael.

– Det gör vi genom den aktivitet som heliumet består av. Tänk vad det skulle påverka vår värld negativt om vi inte lärde oss att använda helium även inom den vetenskapliga naturen. För helium är enligt oss ett annars ganska försiktigt element – om det hanteras så. Men vid en sammansättning kan vi alltså öka protonens inre kraft tack vare en sammansättning av helium.

När vi sedan tillsätter helium och vatten, löser vi upp protonens inre kraft som förstärks av heliumets innehåll. Då skapar du en grundsats som du även kan använda till annat. Vattnet fungerar endast som en sammansättning, som ett förvaringsskåp kan vi säga. Helium kan alltså öka protonens kraft vid kontakt med vatten, vilket är det vi vill.

Genom att använda vatten och helium som tillsatser kan vi också ta bort elektroner och neutroner från en atom, vilket resulterar i att endast protoner återstår. Vätgasen samlas och blir starkare, och ju starkare den blir, desto fler protoner bildas. Med andra ord ökar styrkan när antalet protoner ökar.

– Hur kan de öka i antal?

– De ökar på grund av den sammansättning som sker, på grund av den process som sker. Tänk på heliumballonger. De kan inte sväva i väg förrän de har antagit en ny sammansättning av kraft. Samma gäller här. Den kommer nämligen att användas som ett sätt att kombinera protonerna till fler möjligheter än vi redan gör. Se det som en grundsats som ni sedan kan vidareutveckla allt på.

– Exempelvis till vad?

– För att agera som ett bindemedel i en elektrisk atmosfär – att binda samman element. För när vi binder samman element ökar också möjligheten att vi får nya *tillförvärv*, som vi kallar det. En proton kan nämligen röra sig åt alla riktningar. Vad den däremot inte kan göra är att agera som ström eller kraft. Detta är elektronens uppgift eftersom den agerar på utsidan. Det är alltså elektronen som styr protonens framfart.

Så protonen äger inte samma styrka som elektronerna eftersom de agerar inåt medan elektronerna agerar utåt. Men om vi tar bort elektronerna, de som finns på utsidan, då står protonen kvar som ensam ägare till en atom. När vi gör det tillför vi oss en helt annan rörelse, en helt annan kraft, det vill säga när protonerna tar över all energi och det är då vi kan omvandla dem. Det går faktiskt att omvandla en proton till något annat.

Vi kan exempelvis omvandla det till en strömbärande krets. Nästan som ett kretskort med olika tillhörande komponenter, men i detta kort står protonen kvar som ensam bärare. Och det är här, i denna krets, som vi kan öka protonens inre kraft, vilket sedan mynnar ut som en frigående kraft. En slags omvandling av ett kretskort som omvandlar sig själv och som sedan bara går och går. Ett slags evigt kretslopp som är skapat av endast protoner.

När ni finner denna nya omvandling av protonens kraftkälla, exempelvis på ett kretskort (kretslopp), finner ni även protonens frigående kraft.

Vi kan också använda den i en katalysator och för att vidareutveckla solens kraft, solagnetism, eftersom även järn dras till helium och vatten.

Vi kan också utöka den för att även fånga upp andra protoner som kan sättas samman, vilket då bidrar till att den blir starkare och så vidare.

Vi vet att helium, vatten och protoner inte är något nytt på jorden, och det är inte heller vårt syfte. Syftet är att vidareutveckla dessa tre grundläggande komponenter, vilket era framtida elever kommer att göra när de utför olika experiment med olika sammansättningar av just protoner. För när protonens kraft släpps helt fri och utgör en helt unik kombination av krafter, kommer ni även att utföra olika kombinationer när det gäller just protoner, eftersom ni då kommer att studera dem utanför er skola. Det är nämligen då, när ingen längre "styr" era projekt, som det kommer att påverka era resultat positivt. Det är också då som det sker stora förändringar inom detta område.

Därför har vi redan nu satt ner många kloka själar, dock lite arroganta, för att verka inom just det ändamålet eftersom vi behöver gå utanför skolans fastställda ramar. Av den anledningen kan de verka lite arroganta till en början, i sitt sätt att agera. Anledningen till att de har den attityden är för att de ska kunna utveckla nya typer av formler och inte alltid lyssna på vad samhället tycker, exempelvis hur eller med vad de ska konstruera eller kombinera protoner med. Så ta in dessa själar, trots deras till synes lite arroganta attityd, för det är dem vi behöver för att kunna sätta emot så att vi kan komma vidare i denna fråga.

PROTONENS HEMLIGHET

Ärkeängel Mikael berättar:

Varför är det då så viktigt att vi utvecklar protonens kraft? Delar av protonens utveckling har nämligen hållits hemlig, fastän den aldrig har varit det. För det finns en del forskningsstationer på jorden som inte har rätt information när det gäller just protoners utveckling. Därför tar vi nu upp detta i vår bok eftersom vi vill att ni ska förstå att det är just protoner som ni kommer att vidareutveckla i framtiden.

– Vad menar ni med protonens hemlighet? Frågar jag Mikael.

– Med protonens hemlighet menar vi den del som har legat dold för er. Det finns alltså de som inte vill att ni ska vidareutveckla detta koncept eftersom då utvecklas ni inte. Och det som har legat gömt är den del där vi kopplar samman protoner med andra underliggande element – att det går att koppla samman dem med andra projekt också.

De har också redan utvecklat denna typ av hopslagning själva. Det är detta som de sedan har tänkt använda som ett eget framtida projekt utan att dela med sig till andra. För den delen av protonens hemliga arkiv ingår i deras del, där de sedan har tänkt öppna upp för ett helt nytt projekt för att därefter ta över andra forskningsstationer, vilket vi naturligtvis inte kan acceptera. Därför kliver vi nu in i detta.

Det är ett projekt som de har tänkt använda inom rymdresor, där de utnyttjar protonens kraft. Så det de gör är att de hindrar andra projekt från att använda samma teknik och därmed förhindrar de resor för andra, speciellt efter att de har tagit över andra forskningsstationer.

– Hur kan de göra det?

– Vi menar så här: om du behärskar en specifik typ av teknik för att resa, exempelvis en bil, kan du förhindra andra från att utveckla samma förmåga. Genom att göra det hindrar du andra från att göra liknande resor i framtiden eftersom tekniken ligger dold. De kommer också att hålla den dold så länge det bara går.

– Vilken teknik är det ni pratar om?

– Tekniken de använder gör att de kan segla längre i rymden. Det är en extern motor som gör att man kommer ännu längre ut i universum. Detta får naturligtvis inte ske eftersom allt vi gör ska alltid delas med alla.

– Varför gör de så?

– Det gör de för att de ska kunna bejaka rymdresor som ingen annan kan. De tror nämligen att ingen någonsin kommer att få vetskap om vad de gör, och de kan då utveckla denna protonteknik på egen hand utan att dela med sig. Det var därför våra vänner Kathremerna gjorde en längre resa för ett tag sedan. De såg då till att övervaka vad de gjorde för att sedan kunna förmedla det vidare till er.

– Bermuda sa att de gjorde en resa till solen.

– Ja, precis. Det är alltså genom solens kraft som de har tillfört sig denna nyfunna protonteknik och är också den de vill vidareutveckla och använda för att kunna ta sig ännu längre ut i universum. Och så långt är allt bra, men bara så länge vi delar allt arbete med andra, vilket de inte gör.

– Vad kan vi göra åt det?

– Det ni kan göra är att försöka utveckla samma teknik som de använder. För det är en alldeles nytillkommen protonteknik som de är på väg att utveckla. Därav gjorde de ett öppet försök i en yttre resa för att ingen skulle ana oråd.

Men när vi förmedlar, förmedlar vi aldrig direkta svar. Vi förmedlar alltid den underliggande tanken som de egentligen hade med själva resan. Därför kommer våra vänner Kathremerna att fortsätta att hålla ett vakande öga på dem, så att de vet att de aldrig kan slå sin hemlighet till ro.

Det är detta som gör att vi kommer att använda mer helium i framtiden. Helium ingår nämligen i den grundsats som vi kommer att använda som ett bärande medel när protonens "hela" kraft släpps fri. För om vi frigör protoner då kan vi även använda rörelsen som en frigående kraft.

NYTT ELEMENT

Solens magnetiska förening berättar:

För att få allt att fungera behöver vi även en ny tillförsel av ämne. Det är ett grundläggande element som innebär en förbättring av partiklar, och det är detta vi vill diskutera nu. När det gäller magnetiska partiklar kommer ni nämligen att skapa en ny formel av partiklar som kan öka sig själva med egen kraft, som ni sedan använder i transformatorn. Därför behöver ni även en ny kraft i detta. Det vi pratar om handlar alltså endast om en kraft.

- Vilken kraft är det? Frågar jag solens magnetiska förening.

- Det är en tillkallelse av kraft, som vi kallar det, som alltid ska kunna multipliceras - den ska alltid kunna öka sin förmåga. Så för att partiklarna ska kunna öka sin förmåga behöver vi först förse oss med ett nytt element, i det här fallet ett nytt grundläggande ämne, det vi pratade om i del ett. För det är alltid viktigt när vi ska utvecklas att antingen nå nytt utifrån eller skapa nytt själva.

När ni når detta nya grundläggande element kommer ni snart att märka hur ganska lätt den är att kontrollera, vilket är det vi vill. Med "kontrollera" menar vi att om den är lätt att kontrollera blir det också lätt att skapa det ni vill använda den till. Så om ni vill att den ska multiplicera sig själv, är det det ni skapar den för. Om ni vill att den ska mjuka upp stela plåtdelar, är det det ni skapar den för och så vidare.

– Kan man säga att den är mångfaldig?

– Ja, precis, men med en liten twist. Den går bara att sträcka ut till en viss grad, och ni kommer att förstå vad vi menar när ni väl är där.

– Hur kan vi använda elementet? För var det inte neutriner som genom att öka sin förmåga skulle påverka farten i transformatorn?

– Helt rätt. Det vi menar är att neutriner ökar kraften, de kan till och med fördubbla den. Men i det här fallet behöver vi även något som kan multiplicera den kraft som neutriner skapar, så att kraften bara går och går.

– Menar ni att elementet självt kan öka neutriners kraft med dubbelt så mycket?

– Ja, men ändå inte. Vi måste särskilja dem åt eftersom de arbetar på olika sätt. Detta element kommer endast in som en extra kraftkälla efter det att neutrinerna har fördubblat sin egen kraft.

Längre än så får vi inte gå i detta, och vi förstår att det kan verka förvirrande när vi inte får tydliggöra mer än så. Men tro oss, när detta nya grundläggande element kommer in och ni börjar för dubbla krafterna utifrån det kommer ni att förstå vad vi menar.

– Varför tar ni upp det nu, i denna del?

– Det gör vi eftersom när ni har kommit ända hit kommer ni också ganska snart märka att transformatorn inte beter sig som den ska – inte som vi har förklarat. Det är detta vi vill undvika. Så för att få det magnetiska konceptet att fungera som det gör hos oss behöver ni även ta med och utveckla detta element. Det är först då som ni kommer att förstå vad det är vi vill att ni gör i denna fråga.

Så finn detta nya grundläggande element och vidareutveckla

det även inom det magnetiska konceptet. Då får ni också fram den extra kraft som ni behöver i transformatorn.

DET ELEKTROMAGNETISKA FÖRBRÄNNINGSSYSTEMET

Alfredo berättar:

När ni har nått detta grundläggande element och har lärt er om solens energinivå, den kraft som transformatorn kommer att hämta hem, och ni bättre förstår hur vi kan länka samman protoner med helium och vatten, behöver vi skapa ett förbränningssystem i miniatyrform.

Ett förbränningssystem är ett sätt att förbränna energi, i det här fallet elektromagnetisk energi.

– Varför förbränner vi en kraft, speciellt elektromagnetisk kraft? Frågar jag Alfredo.

– Vi förbränner för att öka kraften och för att sortera ut olägenheter, så att de partiklar som är svaga, de som inte riktigt har lyckats omvandla sin kraft på rätt sätt, inte ska gå in i transformatorn. Vi förbränner för att öka, men även för att sortera. Ett förbränningssystem är alltså ett sätt att förändra en inre kraft, och det är det vi använder när vi förvaltar en ström som ska gå in på en och samma gång. Den blir mer tålig, kan vi säga.

För när vi låter kraften passera ett system, i det här fallet en slags förbränning, kan vi alltså inte bara öka och sortera kraften, vi kan även kontrollera den så att partiklarna ger transformatorn rätt kraft. Därav kan vi öka, sortera och kontrollera kraften, och allt detta gör vi genom att låta partiklarna passera ett förbränningssystem. Därför behöver vi något som kan övervaka kraften, kan vi kalla det.

Partiklarna kommer även att kunna övervaka sin plats. Vad vi menar med det är att partiklarna kommer själva att övervaka den sträcka som de tar inne i transformatorn, eftersom det är deras plats och de avviker aldrig från den. Om de skulle göra det skulle det vara som när en bil kör ner i diket. Allt stannar upp. Tänk på det. Partiklarna kan alltså själva se till att de aldrig hamnar i diket, eftersom de är självstyrda.

– Hur kan de vara självstyrda?

– Det är och kan de eftersom partiklar alltid följer ett visst flöde och avviker aldrig från det, eftersom som vi tidigare nämnde, de dras dit. För när partiklar arbetar processas de alltid av en utomstående kraft, i det här fallet solen. Därför dras de till en och samma länk, och avviker aldrig från den. Men om kraften blir för svag tvingas de till slut att avvika och hamnar då i diket. Detta sker eftersom de hela tiden behöver tudelas för att kunna öka och fortsätta sin resa framåt. Därför behöver vi ett förbränningssystem som ser till att kraften omvandlas korrekt, och då avviker de aldrig.

– Vad är det som skiljer dagens förbränningssystem från framtidens förbränningssystem?

– Vad bra att du frågar, för det kommer att utgöra en stor skillnad när ni väl når framtidens koncept. Ni kommer nämligen att tillföra er en ny elektromagnetism i framtiden, och då är det också viktigt att den typen av förbränningssystem kan förvalta de komponenter som ni skapar då.

När ni använder dagens förbränningssystem gör ni det för att ni vill öka kraften och sortera ut olägenheter – ni förbränner olika komponenter. Men i framtiden, för att ni ska kunna förbränna elektromagnetism, behöver ni först förstå hur vi förvaltar och omvandlar kraften. Annars fungerar det inte. För om ni gör det enligt dagens koncept får ni bara fram felaktiga resultat, eftersom ni varken kommer att använda olja eller bensin i framtiden. Därför kommer ni att sortera och förbränna andra komponenter.

– Så dagens förbränningssystem skulle inte känna igen framtidens sätt att arbeta på och de partiklar vi har idag?

– Precis. Däremot kan ni ta med dagens mätning, men med en liten twist. När ni mäter dagens komponenter mäter ni oftast hur mycket som har förbrukats under en och samma kubik. I framtiden kommer ni att mäta den sträcka som transformatorn har i sitt inre. Den kraft som kablarna förvaltar och transporterar kommer ni nämligen i stället att mäta i ampere.

Därav kommer ert gamla system att kollapsa men endast för att bygga om och göra nytt. För ni kan inte längre tillföra er ett förbränningssystem av de element som ni inte längre har kvar, såsom olja och bensin. Därav kommer den eran att ta helt slut. Så när ni mäter framtidens förbränning, tänk då på hur mycket transportsträckan kan accelerera ut i ampere, i kraft, hur den kan öka kraften samtidigt som den omvandlar sig på nytt.

Låter det rörigt? För det är vad ett förbränningssystem kommer att göra i framtiden när ni mäter kraften. Och om ni gör det kan ni också se var kraften är som starkast, och vilken del som behöver eller inte behöver mer ström och så vidare.

Detta är ett koncept som vi kallar för *det elektromagnetiska förbränningssystemet* och går alltså ut på att öka, sortera och transportera en elektromagnetisk kraft i ett förbränningssystem. Men för att förbränningssystemet ska fungera rent praktiskt i ert framtida återkopplingssystem behöver vi ett aggregat som ni kan koppla samman med de delar som vi behöver förbränna.

Varför gör vi det? Jo, för att kunna förbränna de komponenter och partiklar som ni kommer att använda i framtiden, behöver de först förvaras i ett annat intilliggande instrument. Detta gör vi för att säkerställa att de partiklar som omvandlas går att förbränna.

Tänk vad det skulle försämra för oss om vi inte kunde förbränna en del komponenter när de omvandlas, och hur rörigt det skulle bli då. Därför behöver vi förbränna de partiklar som går att använda, i stället för att som idag där ni förbränner för att sammanföra olika komponenter för att skapa en ny process.

Så i ert framtida förbränningssystem ska ni endast förbränna de partiklar som har misslyckats med att omvandla sig till rätt kraft, vilket sker genom en slags transformator som själv kan kontrollera att allt går rätt till. Därför behöver vi ett förbränningssystem som kan sortera och kontrollera. För om vi inte har det kan vi inte se vad som sker i det inre, i den process där allt omvandlas.

– Så det blir en helt ny typ av förbränning i framtiden?

– Ja, för när ni byter ut de delar ni har idag behöver ni också byta ut de metoder ni använder idag. Därför kommer ert gamla koncept att skrotas, och det är nödvändigt att ni gör det när ni utvecklar något nytt. Så i stället för att förbränna exempelvis bensin, kol, olja eller annat kommer ni att förbränna partiklar som inte har omvandlats korrekt. Detta görs för att skilja agnarna från vetet, så att ni bara använder partiklar som kan driva framåt.

När ni har gjort det kommer transformatorn att utsättas för en högre halt av partiklar, och det är dessa partiklar som sedan påverkar hastigheten. Vi kan alltså inte förbränna med en alltför låg hastighet, eftersom ingen omväxling sker då. Omväxling är när vi byter till en högre energifrekvens. Därför ökar partiklarna sin hastighet och tillför en renare solmagnetisk förmåga.

– Hur kan det påverka hastigheten om partiklarna har omvandlats rätt eller inte?

– De tappar sin kraft när de går in i sin tidiga omvandling, strax innan de har påbörjat sin omvandling. Det är detta som kommer att ske med alla partiklar i framtiden. De tappar en del av sin kraft precis innan de omvandlas för att sedan tudelas och öka sin kraft igen. Det var detta vi tidigare nämnde. Däremellan sker det en förbränning som kan separera partiklarna åt, de som inte har omvandlats rätt.

– Så i det här sammanhanget innebär förbränna att ta bort?

– Ja, precis. Eller så kan vi säga att framtidens förbränningssystem kommer att sortera ut och kontrollera partiklar, eftersom det är det de kommer att göra. För när vi förbränner partiklar då ökar vi hastigheten eftersom vi har tagit bort de partiklar som inte har omvandlats rätt.

Därefter behöver vi lägga till ytterligare en process innan all förbränning kan äga rum, och det är flödet. För vi behöver ett jämt flöde eftersom energin behöver vara tillräcklig för att driva transformatorn, som i sin tur driver tåget eller bilen. Så utan ett konstant flöde från förbränningsmotorn kan det uppstå fel. Därför behöver ni även bygga en ny motor där all förbränning sker, de partiklar som motorn sedan sorterar och kontrollerar.

Det blir en motor som kommer att drivas med hjälp av solens kraft. Det blir alltså den som kommer att fungera som huvudstjärnan i ert projekt. För utan något som sorterar och kontrollerar flödet av partiklar blir det svårt att få en bil att bara gå och gå i all evighet med egen universell kraft.

När ni bygger motorn, tänk då på att alla delar ska få plats. För i framtiden kommer vi inte längre att arbeta med stora paket för att lösa en stor rörelseförmåga. I framtiden kommer ni att arbeta med mikrodelar där varje del, exempelvis i transformatorn, kan agera självmant. Så till en början blir förbränningsmotorn relativt stor, men endast som ett påbörjat paket för att sedan minska i storlek. Allt kommer nämligen att ske i det minsta i framtiden.

KODAD MASKINUPPTAGARE (KMU)

Kazandra berättar:

Ni behöver även lära er att avkoda. För det är inte bara solens kraft som ni kommer att fånga upp i framtiden; ni behöver även något som kan fånga upp koder. Och i det här fallet behöver vi en kodad maskinupptagare. En kodad maskinupptagare är nämligen den som fångar upp de koder som maskinen transporterar, och för att transformatorn ska fungera korrekt behöver vi en KMU.

KMU har redan använts under lång tid inom andra sammanhang och ärenden, men i det här fallet syftar det på ett system som kan omkoda och avkoda vid behov. Vi kan alltså inte bara förlita oss på att solens magnetiska förmåga alltid fungerar korrekt, eftersom solens utbrott ibland kan ske oregelbundet. Det är därför av stor vikt när det gäller ett magnetiskt koncept att det inte bara går att omvandla, distribuera och tudela. Det behöver som sagt även kunna omkodas vid behov.

– Hur gör vi det? Frågar jag Kazandra.

– Det gör ni genom att lägga in ett avkodningsprogram i en sensor. I det här fallet menar vi en sensor som känner av de koder som ni har programmerat i ett dataprogram. Men transformatorn behöver även någon inuti som kan känna av dataprogrammet. Annars fungerar det inte.

– Var inte det det integrerade kopplingssystemets ansvarsområde?

– Nej, i det här fallet behöver vi instifta det i ett dataprogram för att kunna omkoda, avkoda eller utföra andra åtgärder. Vi behöver något i transformatorn som läser av koderna, omvandlingen av partiklar, och sedan skickar vidare all information till ett dataprogram. Det är ett avkodningssystem som redan finns ute på marknaden, men under andra benämningar. Men här pratar vi bara om de som känner av den omvandling, den sammansättning, av koder som finns i transformatorn. Vi kallar den för *transformatorns kartläsare*, även om det handlar om koder.

Transformatorns kartläsare

Kazandra fortsätter:

I er framtida transformator behöver ni nämligen även införa ett avkodningssystem. Detta görs för att den del som omvandlar sig själv inte ska störas. Den kommer att fungera som en säkerhetsanordning. För när partiklar tillförs med en ökad hastighet, i den enorma hastighet som vi förutspår kommer att ske i framtiden, ökar också risken för fel. Därför kommer ni även att installera ett nytt avkodningsprogram i transformatorn, som skickar ut signaler om något går fel i processen med att omvandla partiklar.

– Vad händer om partiklarna inte tillför sig rätt kraft? Och hur kan ett avkodningssystem hjälpa oss med det?

– Det som händer är att det finns en sensor i transformatorn som känner av om det uppstår ett fel. Då sänder avkodningen ut samma händelse till ett sammankopplat dataprogram som visar på skärmen att något går fel.

I avkodningssystemet kommer det alltså att finnas olika begrepp som ni kan använda för att lösa den typen av fel och avkoda eller omkoda så att de partiklar som gick fel hamnar rätt igen. Att de kan göra det beror på att det redan finns en inställning i sensorn som talar om vilken omvandling som ska distribueras ut. Så om något går snett eller hamnar utanför linjen känner sensorn av det och skickar då ut en signal till ert dataprogram.

Men för att sensorn ska kunna upptäcka vad som är fel behövde den också ha en ovanlig kraft. Och eftersom vi pratar om en framtida elektromagnetisk förmåga kan vi inte längre använda gamla sensorer. De känner nämligen inte av den typen av förändring. Därför blir det avgörande att ni skapar en ny tråd (sensor) i transformatorn som har lärt sig att känna av när något går fel.

– Vad har det med kodning att göra?

– Det heter koder eftersom det är koder som ni kommer att lägga in i ert framtida dataprogram. Det innebär olika koder, omvandlingssystem och olika krafter av den omvandlingen.

– Kan koden inte utgöras av en och samma kraft hela tiden?

– Nej, det är just det. Den transformator som vi har på vårt skepp består nämligen av olika bestämmande faktorer. Så en faktor, ett händelseförlopp, tillför en viss typ av aktivitet och en annan tillför en annan. Låter det snurrigt?

Ja, lite.

Vi ska ta ett exempel:

Vi har tre flickor som hoppar hopprep. På varsin ände av repet står två av flickorna och snurrar repet medan den tredje hoppar i mitten. Beroende på hur snabbt flickorna snurrar avgörs hur fort flickan i mitten hoppar. Om de snurrar för snabbt beror det på att in- och utflödet av kraft från flickorna går för fort, och då behöver vi omkoda kraften så att farten saktas ner. Om vi inte gör det kommer vi att ha en snabbare takt än vad flickan som hoppar och transformatorn kan hantera.

– Så det är in- och utflödet som avgör om det sker en lämplig kraft innan den går in i transformatorn?

– Kraften, precis som flickorna, finns redan där. Det är flickan som hoppar som vi ibland behöver omvandla för att hon ska orka hoppa i samma takt som partiklarna omvandlas till. Men ibland behöver vi även avkoda kraften om den blir för stark, och då sker det en omkodning i det yttre fältet. Men när vi avkodar eller omvandlar den kraft som finns i mitten (flickan som hoppar), då avkodar, omvandlar vi en annan kraft och så vidare. Förstår du, min vän?

– Tack, nu förstår jag.

– Bra.

För det är viktigt att sensorn kan känna av den kraft som finns i mitten där det mesta av omvandlingen sker, och vid in- och utförsel, så att vi redan innan kan avkoda och omvandla kraften på nytt. Så att all kraft, den som finns i transformatorn, hela tiden nås av en lagom dos av omvandling. På så sätt orkar både flickan och transformatorn hoppa lite längre. De krafter som påverkas av en felaktighet tar vi då bort och avkodar och låter flödet ta upp sin kraft igen, vilket vi gör via transformatorns kartläsare, den som finns i ert datoriserade avkodningsprogram.

KAPITEL 15

STRÖMBÄRANDE KÄLLA

ELEKTROSFÄRISKA KABLAR

Fredzo berättar:

Hur gör vi då när vi ska binda samman allt, så att alla delar når den kraft som transformatorn sänder ut, som solenergin skapar till transformatorn, som sedan slungar kraften vidare till andra delar? Jo, vi behöver strömkablar, och det är inte vilka strömkablar som helst. Det är elektrosfäriska kablar som tillför sig kraft och olika komponenter, precis som ett magnetfält gör. Det blir nämligen genom dem som ni kan förena framtidens elektromagnetism.

Elektrosfäriska kablar är bara ett namn på den typ av kablar som ni kommer att skapa i framtiden, för att veta att den typ av kablar har utförts efter ett magnetfälts kraft och egenskaper. Kablarna kommer nämligen att konstrueras efter principen hur ett magnetfält fungerar. Men för att kunna skapa dessa strömförande kablar behöver vi först förstå hur ett magnetfält är uppbyggt.

Det är alltså genom dessa kablar som kraften kommer att *dras* och cirkuleras mellan delarna. Och för att vi ska få kraften att cirkulera behöver vi ett magnetiskt koncept som kablarna är uppbyggda av. Därför behöver vi skapa kablar som tål värme. För de blir mycket varma till en början, vilket är helt okej eftersom denna första version endast är skapad för träning, så att ni ska förstå och lära er om deras funktion. När ni sedan har kommit längre fram kan ni lägga på ett skydd av järn, bland annat genom Merkurius sätt att stänga in värme på. Det var detta vi diskuterade tidigare.

Det de däremot inte kan göra, som ett magnetfält kan, är att gå in och reparera sig själva eftersom de inte är självgående. Därför behöver ni lära er hur ni själva kan laga en kabel, om den spricker. Det kan de nämligen göra om ni drar dem för hårt.

Därför är det väsentligt att ni hittar en bra balans i detta dragande och transporterande som kablarna ska göra. Och när ni gör det, försök då att se hur ett magnetfält gör för att reparera sig självt, vilket era änglar redan har skrivit om. När ni sedan har byggt en skyddsbarriär runt omkring, en tunn sådan, kan de börja fungera som strömförmedlare mellan era delar, på samma sätt som era kablar gör idag.

– Hur kan strömmen cirkulera, och varifrån kommer kraften som de elektrosfäriska kablarna ska förmedla vidare? Frågar jag Fredzo.

– Strömmen läggs till från transformatorn; det är där kraften kommer ifrån. Sedan håller det integrerade kopplingssystemet allt i rörelse. Det är även länkat till en dator som använder ett tidsschema för att ha rätt information (vi kommer att diskutera ett integrerat kopplingssystem längre fram).

Alfredo berättar:

Tänk på: När vi transporterar energi via kablar påverkar det inte bara det inre systemet, utan även det yttre. För när vi använder solen som en magnetisk komponent som ger ström tillför vi oss en kraft från det yttre. Så all kraft som vi hämtar från det yttre påverkar även det inre. När vi sedan transporterar solens kraft till transformatorn behöver vi alltså förvalta kraften på rätt sätt. Annars fungerar det inte.

Hur kan vi då transportera kraften på ett säkert sätt så att våra elektrosfäriska kablar inte blir överhettade? För det är detta ni behöver arbeta vidare på när ni integrerar en yttre energi till transformatorn så att alla delar orkar transportera, förvalta och förmedla kraften vidare. Det gör vi genom ett koncept som vi kallar för *att addera in ett kraftigt magnetiskt förhållningssätt*, vilket vi diskuterade tidigare.

Det blir ett internt koncept som ni behöver arbeta vidare på – hur ni kan förvalta och transportera den solkraft som kommer att bli mycket stark i framtiden. Inte själva solen, men den solkraft som ni kommer att omvandla i framtiden kommer att öka markant.

Fredzo fortsätter:

För att kunna överföra ström behöver vi även en strömbärande länk som kan generera ett effektivt energiflöde som kan anpassas tillsammans med er fjärrstyrning. För utan den kan era motoriska delar inte veta vad de ska göra härnäst. En strömbärande länk uppstår nämligen genom ett konfigurerat fjärrsystem.

Det är också där ni kan integrera ett sammansvetsat dataprogram som informerar om var och när energin kopplar sig samman, och var och när den bär på energi. Det blir alltså viktigt att ni skapar ett strömbärande datoriserat program. Det är nämligen det som kommer att se och informera er när länken behöver mer ström, när strömbäraren har försvagats, och vid vilket ögonblick detta sker.

– Hur kan ett dataprogram övervaka och fungera ut som en strömbärande länk? Blir det som ett batteri, då?

– Nej, inte så. Vad vi menar är ett mer rent koncept, därav kommer ert batteri att anses föråldrat. Vad vi menar är att ni behöver skapa något i det inre motoriska magnetiska systemet, något som styr och förvaltar energin på samma sätt som ett bilbatteri gör. Därför blir det väsentligt att ni kopplar samman den strömbärande länken med ett dataprogram. Vi kallar den för *ett datoriserat länkprogram*, den som styr den strömbärande kedjan.

– Hur, och med vad kan vi koppla samman dem med ett dataprogram?

– Det gör ni genom magnetism. Det är nämligen den som styr allt åt er. Det är också den som talar om för er när något går fel.

– Hur skapar vi detta dataprogram?

– Det kommer era framtida stationer att ta hand om. De kommer nämligen redan inom några år att börja undersöka framställningen av ett länkbärande program som kan fungera som ström åt magnetismen. Det blir också den som ni kommer att vidareutveckla.

När ni väl har utvecklat dessa elektrosfäriska kablar kommer ni även att öppna upp olika kabelstationer runt om hela världen, vilket är viktigt att ni gör. Om något skulle hända och bara ett land har tillgång till dessa kablar kan du inte laga dina kablar på plats. Därför är det avgörande att alla utvecklar samma elektrosfäriska kablar så att ni får hjälp oavsett vilket land du än befinner dig i. Därför kommer kablarna att lanseras över hela världen, men där varje land kommer att utveckla sin del, även om alla kommer att ingå i samma skrivna koncept.

Kalla gärna på oss, Kathremer, via Ulrika, om ni har fastnat i denna process. Det kan verka lite klurigt till en början eftersom det behöver utvecklas i många steg innan ni har rätt styrka som kan passera mellan delarna. För om den får för hög styrka går andra delar sönder. För lite får den inte tillräckligt med kraft. Så klura vidare på detta, och som sagt rådgör gärna med oss om ni önskar. Vi står gärna till tjänst i detta.

STRÖMBARRIÄR

Kazandra berättar:

För att strömmen ska kunna passera genom transformatorn behöver vi även lära oss hur vi kan hoppa över en strömbarriär. Annars ökar risken att strömmen försvagas. Därför behöver ni även fokusera på *hur vi kan föra ström mellan olika barriärer.* För det är oftast i en ström där strömmen behöver passera som det uppstår en barriär. Och tänk på vad vi pratade om tidigare, att magnetismen aldrig går helt rakt fram eftersom det alltid uppstår olika barriärer.

De barriärer som oftast uppstår i en strömfördelad krets är olika segment. Det kan vara partiklar som plötsligt tappar sin kraft eller annat som gör att kraften avtar. Detta kallas för en strömbarriär, och då kan ni gå in och bryta så att det inte uppstår en strömbarriär. För det går att göra, och när ni gör det kommer er ström heller aldrig att avta.

Detta kan ske på två sätt: Antingen använder ni en strömfördelare eller så lär ni er att purifiera magnetismen, vilket vi tidigare diskuterade. Det blir en fördelare som kan gå in och ändra passagen när den når ett barriärstopp (en fördelare är en anordning som används i tekniken, särskilt i förbränningsmotorer. Den har flera funktioner beroende på sammanhanget).

– Kan vi inte använda en vanlig strömkabel? Frågar jag Kazandra.

– Nej, för att denna typ av elektromagnetism ska fungera i framtiden behöver vi tillföra oss en ny strömkopplad barriärbrytare.

– Hur skapar vi en sådan?

– Det kommer era forskare att göra. Men vi ska ge er en ledtråd: Försök inte att koppla samman dem i början, för om ni gör det kommer ni inte att kunna bryta den kraft som sedan ska fortsätta. Använd först en magnetisk förmåga som kan bryta ett händelseförlopp, en barriär.

När ni har kommit längre fram i tiden kan ni använda en mer detaljerad strömkabel, som era framtida forskare kommer att bygga eller skapa. I vårt fall bygger vi våra motoriska strömfördelare så att de kan integrera tillsammans med en magnetisk förmåga. Därför behöver vi även skapa nya starka poler som orkar möta den kraften.

Ärkeängel Metatron avslutar med en kort notis:

Avslutningsvis vill vi förmedla en framtida notis om våra elektromagnetiska sporer. Sporer är nämligen enligt oss den del som är strömbärande och är också det som behöver förbättras i framtiden. För dagens spor, det värmeväxlande fenomenet, når inte hela vägen fram och tillför inte människan den mängd energitillförsel som behövs. Se det som en spor i naturen, men i det här fallet tänker vi i termer av teknik, men med en fortsatt ström av kraft som kan tillföra mer kraft inom sig och så vidare.

Därför blir det till en början en hel del kalkyluträkningar eftersom inte allt stämmer när det gäller den elektromagnetiska sfären och den strömbärande spor som tillför värme. För det är just ert värmeaggregat som står stilla idag, därför behöver det ses över.

Så försök se med nya ögon och förbättra ert värmegenererande aggregat, det som agerar ut genom elektromagnetism, då kommer ni att hitta rätt till slut.

PLUS OCH MINUSPOLER

Alfredo berättar:

För att kraften ska kunna bära och transportera en så kraftig elektromagnetism behöver ni även nya poler. Dagens poler kan nämligen inte hantera framtidens kraft. Därför är det viktigt att ni först lär er att förvalta energin, eftersom den kraft som dessa nytillkomna plus- och minuspoler kommer att möta är mycket starkare än den kraft ni har idag.

– Hur ser polerna ut? Frågar jag Alfredo.

– När ni tillverkar dem är de vita, men de blir blåa i ljuset. Så när de blir blåa i ljuset, då vet ni att ni har nått fram till rätt pol. Om inte, fortsätt att utveckla tills de blir blåa i ljuset.

Dessutom kommer ni även få lära er att skapa beständiga poler. Det är nämligen av stor vikt att de poler som ni utvecklar även fungerar under andra transporter – att de är oföränderliga eftersom då kan de användas på fler platser än i en transformator. För om det gick att förändra dem mitt i en process ökar risken att de utvecklar en egen kraft, vilket i och för sig är möjligt men inget vi ska fördjupa oss i nu. Och eftersom kraften i transformatorn är så stark behöver vi poler som kan fungera som in- och utportar.

De måste helt enkelt tåla den kraft som förvaltas där strömmen ska passera. Därefter är det avgörande att ni även tänker igenom *var* de ska placeras. Kraften kommer nämligen att bli så stark att även placeringen blir rent avgörande.

Det finns ett land som redan besitter denna inre kunskap och tillsammans med det landet kommer ni att nå ett bra resultat. Det är också så ni kommer att arbeta i framtiden, i olika grupper men ändå tillsammans. Detta blir ett gemensamt projekt där ett land utvecklar dessa poler, medan ett annat vet bäst var de ska placeras, eftersom de redan har ett förstärkt element som de kan använda för att testa sig fram var polerna fungerar som bäst. Därför är det vårt råd att ni samverkar i allt ni gör.

När ni har hittat den bästa placeringen kommer polerna själva att räkna ut var strömmen kan passera. Det är också här, i samma koppling, som ni behöver en temperaturbärare. Båda kommer nämligen att samarbeta och där dataprogrammet meddelar er när och var kraften är som störst. Så ett nära samarbete mellan poler och temperaturbäraren är viktigt.

Efter det kommer ni att vidareutveckla polerna så att de även kan förvaltas inom industrin. De kommer då att fungera som *förare*, som vi kallar det, vilket innebär att de bestämmer takten. Det är också då ni kommer att transportera ut en ny kraft från era nytillkomna kraftstationer, när era nya poler får allt större plats. Så viktiga blir de.

Ledtråd: Tänk på blå plasma.

KRETSKORT

Kazandra berättar:

Vi behöver även skapa ett nytt kretskort. Det är nämligen viktigt att framtidens kretskort klarar av den enorma kraft som bilen kommer att ha. Dagens kretskort kan nämligen inte förvalta framtidens bilar. Så utveckla ett nytt kretskort som kan motstå höga ampere och den solkraft som partiklarna omvandlar.

– Hur ser kretskortet ut? Frågar jag Kazandra.

– Det kommer att skilja sig från dagens eftersom de behöver vara inkapslade. Om de inte är det kommer de att smälla av på grund av bilens enorma kraft. Men med ett strömbärande koncept där kretskortet kan förvaltas och är inkapslat kommer de att samarbeta. Därför behöver ni skapa ett nytt skydd, men med helt andra komponenter än de som dagens består av. För ni kan inte längre använda samma material som ni har idag.

Tänk på diamantkonceptet, sedan utvecklar ni utifrån det. Något som är stryktåligt och tål värme utan att smälta eller smäller av, är vårt råd. Diamantomfånget kommer nämligen att vidareutvecklas även i andra framtida motoriska delar där kraften är större än omfånget.

Även här är det av stor vikt med ett tidigt samarbete eftersom varje land som utvecklar ett kretskort behöver få ta del av all information. Så det blir ett tidigt kretskort som ni kommer att utveckla tillsammans.

Med ”tidig” menar vi att ett element behöver utvecklas före ett annat. Därför behöver ni exempelvis utveckla innehållet i en bil i ett tidigt skede. Annars kommer ni inte att förstå hur kraften kan fördelas mellan de olika delarna och hur strömmen sedan kan fördelas genom de kablar som vi tidigare nämnde. Därför är det så viktigt med rätt kretskort och att ni utvecklar det som ett gemensamt åtagande som driver fram bilen.

MAGNETISK FJÄRRSTYRNING

Kazandra berättar:

När ni har skapat ert kretskort fortsätter ni med en magnetisk fjärrstyrning. En magnetisk fjärrstyrning är en slags på- och av-knapp. Det är den vi använder på vårt skepp så att vi kan öka och sänka farten. Man kan säga att den fungerar som er bilratt.

Därför behöver fjärrstyrningen även ha en styrande effekt så att vi kan svänga med den, och om den bara får tillräckligt med information om sitt agerande kan den till slut även styra ett helt skepp. Men för att den ska kunna göra det behöver vi först lagra fjärrstyrningen med den information som den behöver veta. Det är detta som vår kapten Alfredo har specialiserat sig på – hur vi kan applicera och lagra information i den fjärrstyrande kontrollpanelen som vi har på vårt skepp.

– Hur kan vi föra samman magnetism med en fjärrstyrning? Frågar jag Kazandra.

– Fjärrstyrningen får sin kraft från magnetismen, inklusive det rörelseschema som vi kommer att gå igenom i nästa kapitel. Därför behöver vi först förklara hur den magnetiska förmågan fungerar innan vi kan förstå och förklara hur en fjärrstyrning fungerar. Fjärrstyrningen är nämligen en process som styrs av en magnetisk process, vilken i sin tur styrs av den tid som ni lägger in. Det är den som ni sedan länkar samman med den tid som pågår i tidsväxlaren när vi ska starta och stanna. Vi kan alltså inte skapa en fjärrstyrning förrän vi har fått till de strömbärande delarna som vi behöver i en transformator, som drivs av en magnetisk förmåga (vi kommer att diskutera tid och tidsväxlare i nästa del).

Alfredo kommer nu att ta över ordet och berätta mer om fjärrstyrningen.

Alfredo berättar:

För att utveckla en fjärrstyrning behöver vi först förstå vad den ska bestå av. Det sägs att den ska kunna starta, styra och svänga.

Därför behöver vi komponenter som kan göra det, inklusive en på- och av- knapp. Men för att kunna kontrollera en på- och av funktion behöver vi styrande komponenter, och för att nå dessa behöver ni lära er mer om den magnetiska grundaspekten – att allt kan dra till sig om det bara har rätt laddning. För om vi inte laddar och styr upp en fjärrstyrning med de styrande egenskaper som vi vill att den ska ha, kan magnetismen inte veta åt vilket håll den ska dra. Därför behöver vi en magnetism som är samarbetsvillig och som förstår dina budskap.

Exempelvis: Om ni plockar isär en fjärrkontroll ser ni att även den är indelad i olika stationer. Det är stationer där var och en har sin speciella egenskap, men tillsammans kan de agera som ett styrande aggregat. Annars fungerar inte fjärrkontrollen. Så plocka ut det ni kan i en fjärrkontroll och försök sedan förstå hur ni kan applicera samma teknik i den, men då med ett magnetiskt förhållningssätt.

Hur skapar vi då en magnetisk fjärrstyrande fjärrkontroll?

- Vi behöver en magnet.
- Vi behöver något som kan starta en magnetism.
- Vi behöver något som kopplar samman båda så att de kan arbeta tillsammans.

Detta är alltid tre grundläggande förutsättningar för att skapa en magnetisk fjärrstyrning.

När ni är klara med er magnetiska fjärrstyrning lägger ni in den information som ni vill att den ska utföra. Det är nämligen först nu som ni kan lägga in kommandon. Så om ni vill att den ska agera framåt, då lägger ni in det. Vill ni att den ska kunna stänga av, då lägger ni in det och så vidare. Och allt sker genom en datoriserad magnetisk förmåga, så att ni kan kommunicera med den. Ni ger den alltså direktiv om hur ni vill att den ska agera. Vi skulle inte heller kunna stoppa vårt skepp om det inte vore för att vi redan har lagt in ett stopp.

Detta är ingen datateknik som ni har idag; det är en teknik som kommer att vidareutvecklas av svenska kandidater eftersom de redan är på språng där. Det är alltså ett nytt och grundläggande koncept som ni behöver starta nu, där ni använder en datoriserad magnetism så att ni kan ge magnetismen kommandon. På så sätt kan ni även hoppa över den del där er magnetism står stilla idag. Ni kommer att förstå vad vi menar när ni väl är där.

Ni kan även ge den dubbelkommandon, vilket gör så att styrningen inte blir ensidig; annars kan det ställa till med problem. Och tänk på: När ni har gett fjärrstyrningen ett dubbelkommando behöver ni även se över varför den bara agerar utåt; den ska även kunna agera inåt.

Vad mer? Jo, för att förbättra sin position behöver den även ett välstyrt självstyrt navigationsfält. Detta blir nödvändigt; annars blir er färd kortvarig. Det blir också där, i ert navigationssystem, som ni även kan lägga in snabbkommandon, exempelvis ”kör dit” eller ”åk hem” och så vidare. Även detta är ett system som redan finns och är välutvecklat hos er. Här ska ni bara sätta in samma grundproblematik i er framtida magnetiska förmåga. Det blir alltså ett system som kommer att bestå av en knappsats. Så du kan genom att bara trycka på en knapp ange vart du ska åka härnäst.

– Kommer ratten att försvinna, då? Frågar jag Alfredo.

– Ja, fast er autopilot kommer att finnas kvar.

– Så i framtiden behöver jag inte själv köra?

– Båda alternativen kommer att finnas kvar för de som är intresserade. Men de flesta blir självgående och du kan själv lägga in vart du vill åka.

– Så en del resor ligger förprogrammerade?

– Ja, långt fram i tiden. Men till en början blir det röststyrning, och då behöver ni ett förprogrammerat datasystem. Ni behöver någon/något som vet destinationen.

– Så det är ett självgående styrsystem, men där vi själva programmerar in vart vi vill åka?

– Ja, precis. Så ingen kan styra den delen åt er.

– Hur kan vi veta hur vi programmerar?

– Det kommer ni att få lära er i en skola. Så oroa er inte.

Ärkeängel Mikael kommer in med en skarp varning:

Hör på! Ni ska INTE använda dagens röststyrning; ni måste utveckla en ny. Detta är en teknik som de har tänkt vidareutveckla. Ni kommer att förstå nästa år. För det är en teknik som de har lagt in, och som inte har rent mjöl i påsen. Inte själva saken i sig utan de som hanterar detta. Därför behöver ni skapa en ny teknik som tillför ett helt nytt system, ett som INTE kan kontrollera vad ni gör eller vart ni ska åka. Detta är en varning utfärdad från mig, ärkeängel Mikael. Så skapa nytt, och använd INTE deras gamla röststyrningssystem!

Alfredo fortsätter:

För att kunna styra som ni gör med en ratt behöver den även veta åt vilket håll eller hur mycket den ska svänga. Det utgör nämligen en stor skillnad mellan att svänga höger i en 35-graders vinkel eller i en 70-graders vinkel. Även detta kommer att påverka er utveckling positivt inom bilens magnetiska sfär. Men den biten får vänta på sig eftersom den ligger i en mer avancerad linje, men vi återkommer gärna om ni vill.

En fjärrstyrning behöver även kunna funktionsförbättras, och för att den ska kunna göra det behöver den skapas med en felaktig länk. Låter det bakvänt? För det är det inte. Den felaktiga länken ska nämligen fungera som en sökmotor om något går fel, vilket är viktigt eftersom all magnetism alltid kan agera fristående. Så när ni har lagt in kommandon ska den sedan kunna agera på egen hand. Detta kallar vi för *en automatisk systemåterställning.*

En automatisk systemåterställning är den grad av återställning som behöver ske när vi kontrollerar att allt går som det ska. Därför behöver ni även studera en systemåterställning tillsammans med en magnetisk rörelsekomponent. Detta finns redan inlagt hos er som ett lager – hur ni återställer ett system när ni behöver granska och kontrollera att allt går som det ska. Eller om ni behöver felsöka något, vilket då kommer upp som en notis på er dataskärm. Ni kan då systemåterställa ert redan inlagda koncept som sedan själv söker efter en felaktighet.

Vi vet att det redan finns en elektronisk sökmotor hos er som hittar fel i en teknisk process. Men detta blir en mer avancerad sökmotor eftersom den ska agera när era bilar enbart går på magnetism, och det är då ni kommer att väcka denna typ av fjärrstyrning till liv.

Ni behöver även, tillsammans med en magnetisk rörelseförmåga, lägga till olika koncept som dagens sökmotorer inte klarar av. Därför kommer ni även att lägga till ett styrsystem för att kontrollera så att den magnetiska fjärrstyrningen fungerar och drivs som den ska.

Allt ska alltså till slut hamna i en automatisk systemåterställning, och det är väsentligt att ni tänker på det även i början av er utveckling. Följaktligen blir det en enda knapp som sköter all återställning, där den själv och vid behov går in och återställer allt.

Detta är en ny typ av fjärrstyrning, alltså inte den ni redan har. Så vi pratar bara om ett framtida fjärrstyrningssystem som går att anpassa till alla delar. Därför är det viktigt att vi särskiljer nutidens begåvning från den som kommer i framtiden.

Längre än så får vi inte gå när det gäller automatisk systemåterställning, men vi återkommer gärna om ni inte hittar rätt system för rätt återställning. Här vill vi bara betona kopplingen mellan en systemåterställare och dess magnetiska förmåga, och hur den kan cirkulera i ett inre koncept. Det kommer inte vara samma som ni har idag eftersom ni kommer att verka i ett helt annat koncept i framtiden, men grundproblematiken och utförandet är ändå detsamma.

Kazandra avslutar:

För att er framtida fjärrstyrning (konceptet) ska kunna integreras med magnetism behöver ni först utveckla framtidens magnetism. Så den typ av förbättring som sker mellan magnetism och elektromagnetism går endast att anamma först då.

Efter det kommer ni att få lära er hur ni kan styra ett fjärrstyrt instrument genom ett datoriserat aggregat, sedan förenar ni båda. Men innan ni kan slutföra ert projekt behöver ni först förstå vad ett aggregat och ett integrerat kopplingssystem är. För det är den sistnämnda som kommer att styras efter tiden. Därför behöver ni även utveckla era kunskaper när det gäller tid och rum, vilket vi kommer till i nästa del.

DEL 3

KATHREMER – TID OCH RUM

KAPITEL 16

INTEGRERAT KOPPLINGSSYSTEM

LEVITATIONSPRINCIPEN

Ärkeängel Metatron berättar:

Levitation är uppdelat i två:

1. Det andliga fenomenet – att vi kan sväva.
2. En magnetisk levitation.

För att nå dit behöver vi först förstå levitationsprincipen. Levitationsprincipen innebär att tiden alltid går att attrahera och utgörs först och främst av olika stadier som även kallas för olika vågor.

Vi har delat in levitationsprincipen i två:

1. Det första steget i levitationsprincipen är den elementära delen, och innebär en mer förenklad version av levitationsvågen – som ovan att vi kan sväva.

2. Det andra steget ingår i den multilärda linjen, och innebär en mångfald av kunskap. Allt inom levitation utgörs nämligen alltid av olika stadier. Stadiet kan vara satt i tidscykler, en annan att tiden går att dela upp och så vidare.

Levitationsprincipen ingår alltså som en del av universum att allting är föränderligt, eftersom om det inte gick att förändra skulle allt som sker mellan tid och rum stå helt stilla. Och det är här det skiljer sig åt mellan forskare som ännu inte har accepterat att allt går i tid och att tiden också går att dela på, även i samma rum.

Hur gör vi då för att utveckla levitation, exempelvis bil eller tåg? Det är här vi kommer in på vårt integrerade kopplingssystem, aggregat och transformatorn som vi redan har diskuterat.

Vi har delat in det i tre delar:

1. En transformator som drivs av solmagnetism.

2. Ett integrerat kopplingssystem som styrs och skapas av tidens rytm.

3. Tids- och rörelseaggregat.

INTEGRERAT KOPPLINGSSYSTEM

Ärkeängel Mikael berättar:

Ett integrerat kopplingssystem är ett rörelseschema i tiden, och för att förklara det har vi delat upp det i tre delar:

- Integration av ett utrymme i tid och rum
- Integration av ett datastyrt program
- Integration av en fjärrstyrning
  = Integrerat kopplingssystem

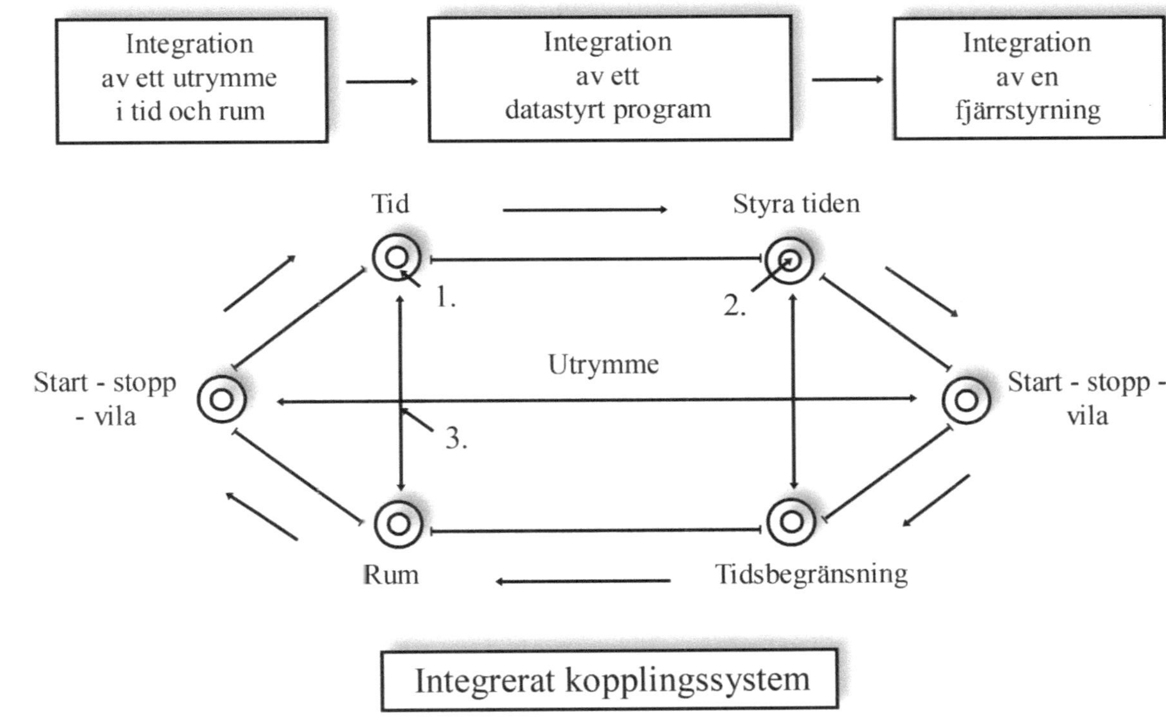
Integration
av ett utrymme
i tid och rum
Integration
av ett
datastyrt program
Integration
av en
fjärrstyrning
Tid
Styra tiden
1.
2.
Start - stopp
- vila
Utrymme
Start - stopp -
vila
3.
Rum
Tidsbegränsning
Integrerat kopplingssystem

(Tillsammans med Ärkeängel Mikael ritade vi upp en förenklad bild av hur ett integrerat kopplingssystem ser ut. Tid och rum, tidsbegränsning och annat är endast utsatt som ett exempel. Positionerna i vår bild utgör alltså ingen exakthet i sig. Detta får ni själva föra samman till det som fungerar bäst för er).

Se illustrationen på föregående sida.

1. Mellanskikt och olika kopplingsstationer – Det är här all laddning sker.

2. Sluss – Här kan du räkna på det minsta – i det som sker mellan tid och rum.

3. Navigeringsfält – Det utrymme du har att navigera på.

Utrymme = utrymmet vill vidga sig beroende på motstånd. Lär känna omgivningen, då lär du också om varje motstånd som finns i varje utrymme, då lär du också vilken kapacitet du ska använda.

För att nå fram till ett integrerat kopplingssystem behöver ni först lära er att beräkna tiden. Därför behöver ni ett styrande, tidsbestämmande aggregat som ni kopplar samman med en magnetisk förmåga. Det innebär att om du behöver ett kopplingssystem i en tidsmaskin, gör du ett schema för det. Om det är ett tåg, gör du ett schema för det och så vidare. Därför behöver vi upprätta ett schema för just det utrymmet där tiden flyter på. Det är endast på det sättet vi kan få i gång ett integrerat kopplingssystem med hjälp av magnetism.

AGGREGAT

Ärkeängel Metatron berättar:

Ett aggregat kan vara ett rörelseaggregat, exempelvis som ovan ett rörelseschema. Det finns även tidsaggregat, vilket vi kommer att diskutera längre fram. Det finns alltså olika aggregat som landar i olika stationer.

Ett aggregat kan även användas för att studera skillnaden mellan *verkan och overkan*, som vi kallar det, i det som sker mellan tid och rum. En verkan är det som sker – en förändring. En overkan – då känns det som att tiden står stilla.

Olika händelser behöver kopplas in och integreras i det aggregat som ni vill använda.

Ett aggregat är alltså en tillhörande del, och den är så viktig att utan den kan ni inte ta er fram oavsett vilket rum du än befinner dig i, eller hur sakta eller hur fort tiden än går. Tänk på hur viktig gravitation och magnetfält är för universum. Utan dessa skyddsaggregat skulle andra delar av universum kunna förstöra er resa och den tid ni verkar i på jorden. Bara för att ta ett exempel.

Men oroa er inte. Det kommer forskare i framtiden som kommer att utveckla olika aggregattyper för just det ändamålet. Vi har redan placerat ut dem i olika stationer, i olika skolor, och de kommer att mötas i framtiden och dela med sig av sina kunskaper. Det blir storslagna träffar där ni kan lära er av varandra. Det blir en blandad kompott av både lärare och elever, vilket vi alltid föredrar som den bästa kombinationen i en utveckling.

Ni kommer även att nå ett universellt aggregat i framtiden, men inte förrän ni har lärt er att använda universums kraft som en försörjande källa i stället för den elektricitet som ni har idag. Då behöver ni ett annat aggregat som sätter allt i rörelse.

Det är också då ni kommer att få lära er hur ni kan styra tiden, vilket vi kommer att diskutera längre fram. Men för att knäcka den koden behöver ni först lära er hur allt sker i tid och rum, hur det har en verkan eller overkan. När ni förstår det och ni har lärt er att tidsbegränsa ett tidsaggregat når ni också en bättre lösning på dagens framåtrörelse.

Varför är det då så viktigt att vi förstår och vidareutvecklar våra kunskaper om just tiden? Tid och rum är nämligen olika begrepp som ni kommer att använda i framtiden, inklusive ett tidsaggregat. För om ni någonsin ska kunna omvandla kraften, exempelvis i en transformator, behöver ni ett tidsaggregat som också kan göra det. Annars når ni inte rätt ström, om vi får kalla det så, och då fungerar inte transformatorn i tidens alla rum.

Syftet är alltså att med hjälp av tid och rum skapa ett rörelseschema för ett integrerat kopplingssystem. Sedan agerar magnetismen som en motor till vårt rörelseschema, och slutmålet är alltså att skapa en levitationsbil.

Det är detta vi kommer att beröra i denna del. Så innan ni helt förstår vad ett integrerat kopplingssystem och aggregat är, behöver ni först förstå vad tid och rum är, för det är där ni kommer att utveckla levitationsprincipen.

Universum skapar inte en magnetisk effekt
innan den har skapat de delar som kan förstå och
förvalta en magnetisk effekt.

KAPITEL 17

TID OCH RUM

TID OCH RUM

Änglarna berättar:

Allt i universum har sin tid, och var vi än befinner oss så befinner vi oss i ett rum, och för att ett rum ska existera behöver vi tid. Vi kan alltså inte befinna oss i ett utrymme utan tid. Om vi gjorde det skulle det helt enkelt vara omöjligt att existera i det rummet. Och för att en förändring ska ske behöver tiden vara i rörelse. Det är nämligen omöjligt att få till en förändring om tiden stod helt stilla.

Tänk själv, du befinner dig i en affär och plötsligt från ingenstans står både du och tiden helt stilla. Du blir som förstenad och kan inte ta dig fram. Så illa kan det gå om vi inte hade haft en tid att gå efter. Men för att tiden ska kunna färdas och förändras behöver vi ett rum där tiden kan passera. Det är endast på det sättet som tiden kan börja röra sig igen, genom att det finns olika tidsepoker och olika rum som vi kan vandra emellan.

Hur kan vi förstå hur allt i universum och vår egen värld integrerar sig om vi inte förstår tiden och rummet som allt verkar i? Det är här vi hamnar till slut när vi ska förbättra vår teknik och vårt eget bränslesystem. Det är alltså kunskapen om tid och rum som vi behöver nå först innan vi kan nå nya förbättrade möjligheter.

– Hur kan själen ge oss kunskap om hur ett kopplingssystem fungerar i tid och rum? Frågar jag änglarna.

– För att vi behöver förstå oss själva först innan vi kan förstå universum, och vi behöver förstå universum innan vi förstår hur ett integrerat kopplingssystem fungerar.

– Gör vi inte redan det?

– Det gör ni, men ändå inte helt eftersom mycket information har utelämnats. Speciellt den del som utgör det lilla, det vi tidigare diskuterade.

Så för att resa mellan tid och rum behöver vi först förstå varifrån vi kommer. Det är detta som en del forskare försöker hoppa över, eftersom de ännu varken har förstått eller funnit tålamod till att låta tiden ha sin gång. Det är nämligen stor vikt att vi inte går händelserna i förväg utan låter all utveckling få ta sin tid, i den takt som människan befinner sig i, så att er medvetenhet hinner med. Och eftersom all utveckling alltid befinner sig inom en viss ram och inom en viss tid är det viktigt att vi följer den linje som vi befinner oss på.

Därför är det vår önskan att ni forskare släpper den biten nu – att resa fram och tillbaka i tiden. Vi har för närvarande andra viktiga åtaganden som väntar på er vid era skrivbord och som kräver er fulla koncentration.

I stället kommer våra mer mediala själar att få blomstra inom detta ämne – de som medvetet har valt att utveckla sin fulla potential inom detta område, eftersom de behövs. Och eftersom det för närvarande endast är inom ens inre som vi kan utföra framtida och dåtida resor, är det endast de högt medialt utvecklade själarna som besitter den kunskapen idag. Det är alltså en kunskap som vissa själar har, vilket gör att de också kan bryta den barriär som separerar tiden.

SJÄLEN BRYTER BARRIÄREN

Änglarna berättar:

För att helt förstå tid och rum behöver vi alltså först förstå oss själva - själen. Men i denna del ska vi endast fokusera på det rörelseschema som finns mellan tid och rum. Därför kommer vi endast att belysa tid och rum och själen utifrån det. Själens resa är en mer fördjupning av tid och rum, som vi kanske kommer att vidareutveckla i framtiden.

Som alltid när vi pratar om universum, pratar vi alltid om själen först eftersom själen är en del av universum. Och för att bryta den tidslinjen, den som skiljer mellan nutid, dåtid och framtid, behöver människan bestiga berg som ni ännu inte har lärt er att bestiga. Och för att göra det krävs en enorm kunskap och en själ som är införstådd i dess begrepp.

Det finns alltså en linjär linje, och det är den som skiljer tiden åt. Men för att kunna bryta den och åka fram och tillbaka i tiden krävs det att vi först lär oss om astrala resor. Det är nämligen där ni finner all den grundkunskap som ni behöver för att forska vidare i just tid och rum. Astrala resor innebär en upplevelse där människan upplever att den svävar utanför sin kropp.

Vi ska ta ett exempel på hur vi änglar bryter den linje som finns mellan tidens alla rum:

En del människor kommer alltid att ifrågasätta hur vi kan verka hos er samtidigt. Svaret är enkelt: Vi bryter den linje som existerar mellan tid och rum. För när vi rör oss snabbt känns det som att tiden står stilla, och när vi rör oss långsamt känns det som att tiden går fort.

– Förlåt att jag avbryter, älskade ni, men för mig är det nog tvärtom. När jag är aktiv känns det som att tiden går snabbt, men när jag sitter still känns det som att tiden går långsamt. Hur kan det skilja sig åt? Frågar jag änglarna.

– Vi förstår din tankegång, och det är också så många känner.

Föreställ dig att du går på stan och plötsligt fryser allt till. Människorna fryser till som statyer. Allt utom tiden står helt stilla. Men det finns en man som fortfarande kan röra sig fritt. Mannen befinner sig då i ett bättre flöde än de andra, eftersom när alla andra står stilla blir det lättare för honom att röra sig obehindrat. Men när alla är i rörelse försvinner en del av det fria utrymmet som han hade innan. Därför blir det också svårare att röra sig.

För mannen går tiden fort, men för alla andra känns det som att tiden går långsamt, fastän den inte gör det. Tiden går alltså fortfarande framåt; annars hade mannen inte kunnat röra sig. Det är lite så det fungerar även hos oss.

Vi förstår om det är svårt, men om ni tänker efter, varför skulle det inte fungera så? Det finns nämligen en anledning till att stora vetenskapsmän, exempelvis Einstein och Stephen Hawking, upptäckte den vetenskapen eftersom den är användbar, enligt oss. Det går alltså att förändra tid och rum, och det är det vi använder när vi verkar hos er samtidigt.

När ni rör er behöver även vi göra det för att kunna följa er. Då känns det som att tiden går fort, men faktum är att den inte gör det. När ni inte är i rörelse verkar tiden gå lite fortare för oss, även om det verkar som att tiden står stilla för er. Vi kan då, som ovan, arbeta lite mer obehindrat.

– Är det det som gör att jag ibland känner mig stressad i mitt inre, fastän jag sitter helt stilla? Jag fick nämligen förklarat för mig en gång, via ett medium, att när ni byter plats i min kanal då känns det som att tankarna gasar på och jag kan inte stänga av.

– Ja, så är det. Vi förändrar oss själva ständigt och försöker anpassa oss efter ditt inre. Men ibland behöver även vi röra på oss, både för att ändra vår position och ändra vem som ska stå vid din sida då, i din kanal, vilket naturligtvis kan påverka dig och ditt energiläge. Så för att vi ska nå fram till er behöver även vi befinna oss här och nu, där tiden är i rörelse, även om det känns som att tiden står helt stilla. Därför känns det ibland som att takten ökar och att tiden går fort när vi är i rörelse, fastän du sitter helt stilla. Därför är tiden, rummet och nuet viktigt när vi samtalar med varandra. Förstår du, Ulrika?

– Tack, jag tror det.

– Vi förstår att det kan vara svårt, men så fungerar det i andevärlden. Vi fortsätter med nutid.

NUTID

Ärkeängel Mikael berättar:

Hur kommer det sig då att vi kan resa mellan tid och rum och inte människan? Det beror på att det inte finns något ”nu” i universum. Nutid är bara en händelse som människor använder för att kunna leva på jorden. Om människan levde i universums tidsepok, utan nutid, skulle ni inte kunna vara närvarande. För universum är inte närvarande; det bara är.

Så om människan levde utan närvaro i nutiden skulle ni också bara vara, vilket fungerar för universum men inte för människan. För om ni inte skulle vara närvarande i tiden, skulle ni inte heller kunna leva *flexibelt*, som vi kallar det, och det skulle då råda mer kaos i människans inre värld än det redan gör. Ni skulle inte heller kunna agera som en sökare eftersom om vi bara är skulle vi inte heller bry oss om vad som sker i framtiden. Därför befinner sig människan i nutid.

Men för universum är inte nuet viktigt eftersom den process som pågår där alltid är i en konstant framåtrörelse. Universum står nämligen aldrig helt stilla, vilket människan gör ibland. Inte tiden som ni befinner er i, men ibland står era fysiska kroppar helt stilla. Så om det alltid sker en framåtrörelse kan du aldrig leva i nuet. Därför finns det inget nu i universum. Därför kan vi också böja tiden som finns här och vara mer flexibla i den, eftersom vi bara är.

– Vad händer då med tid och rum när vi samtalar med varandra? Jag menar, hur kan vi böja tid och rum så att vi kan integrera oss med varandra? För befinner ni er inte på en helt annan dimension än vad jag gör när vi samtalar med varandra? Och är informationen då dagsaktuell? Jag menar sker det i nutid, framtid eller dåtid? Frågar jag Mikael.

– När vi samtalar med varandra sker allt i nutid. Men du har så rätt, ibland befinner vi oss i ett annat rum; annars kan vi inte nå varandra. Vi menar att om du sitter i ditt kök och skriver ner allt jag förmedlar, befinner sig både din fysiska och själsliga kropp i nuet. Men ibland, som du kanske har märkt när du kommunicerar med Kathremerna, känns det som att du inte sitter kvar i ditt kök utan lite mer vid sidan om. Det beror på att ni befinner er i olika dimensioner. Och för att ni skulle kunna kommunicera med varandra behövde ni mötas halvvägs, vilket innebar att du höjde dig en dimension och de sänkte sig. Det var så ni skapade kontakt. Förstår du, Ulrika?

– Ja, tack. Men befinner vi oss då i samma tid och rum fastän vi är i olika dimensioner?

– Ja, det gör ni. Ni befinner er i *ett centralt läge*, som vi kallar det, vilket är avgörande; annars skulle ni inte kunna nå varandra.

Tänk förr i tiden när människor inte kunde kommunicera med varandra genom distanssamtal. Det var alltså omöjligt att prata med någon som bodde långt borta. Men i takt med att tekniken utvecklades blev det till slut möjligt. Det var därför inte möjligt så länge den centrala delen inte fanns, eftersom vi alltid behöver ett utgångsläge.

Det är alltså kontakten, den vi har, som har skapat och gjort detta möjligt. Och allteftersom du har öppnat upp dig för att processa ditt inre, din centrala del, har du gjort det även på långdistans. Därför, ju mer du processar ditt inre och förstår dig själv och samtidigt utvecklar din andliga teknik, desto längre och bättre kontakt får du, exempelvis med galaktiker.

– Vad har det med tid och rum att göra?

– Det har allt att göra med tid och rum, eftersom utan tid och rum sker ingen framåtrörelse och då utvecklas vi inte. För om tiden står stilla gör rummen det också. Förstår du, Ulrika?

– Nej, inte helt.

– Vi försöker igen.

Föreställ dig att du står i ett rum. Tiden står helt stilla; du kommer inte framåt. Men om tiden, din utveckling, sker i samma rum då tillför vi en framåtrörelse. För utan rörelse i ett rum, just där du befinner dig i nuet, kommer vi inte vidare om tiden inte går. Det spelar alltså ingen roll var eller hur du gör en sak när du befinner dig i ett rum. Fungerar inte tiden, fungerar inte heller du. Det är så all utveckling fungerar.

Du kanske befinner dig i ett rum i nuet, men om du inte utvecklar dig själv känns det som att tiden står helt stilla, eftersom inget nytt sker. Men om vi lär oss och vågar prova nytt, förflyttar vi oss också framåt. Så i båda positioner befinner vi oss i ett rum, men om inget sker i ditt liv, trots att tiden går, känns det som att tiden står stilla.

Därför är det viktigt att vi åtminstone försöker tillföra oss en ny tid, i ett nytt rum, i nutid, eftersom om du gör det då rör sig tiden framåt. Och allteftersom du utvecklas, utvecklas även tiden i det rum som du befinner dig i. På det sättet kan du faktiskt påverka ditt eget resultat, om du utvecklas eller inte – om du tillför dig nya läror. Eftersom om du ökar ditt inre, då ökar du din hunger efter ännu mer kunskap – det sker en fortsättning.

Så utan din fantastiska utveckling skulle du få det svårt att befinna dig i samma position som våra vänner Kathremerna gör, eftersom det först krävdes en förståelse för ditt eget inre och var du befann dig då i dig själv.

De som inte förstår detta är oftast de som tvekar. Därför kan de inte heller ta in den information som vi ger dem eftersom de ännu inte är klara med sin inre resa. Men genom att lära sig att det går att förflytta sig genom olika dimensioner för att kunna samtala med oss i andevärlden, då förstår du också den tid och det rum som du befinner dig i, i ditt inre, när vi exempelvis skriver tillsammans.

Jag, Mikael, befinner mig nu på din högra sida, men samtidigt kan min själ explodera ut i så många andra olika dimensioner.

Och eftersom jag har nått den kunskapen kan jag också förstå och resa genom tidens alla rum. Det är lite svårt att förklara eftersom det är mer komplicerat än så, och vi vill inte förvilla mer än vad som är nödvändigt. Men vi vet att du förstår och att du själv har upplevt den tidsfrist som finns här, där vi befinner oss och arbetar tillsammans.

På så sätt kan vi böja tid och rum mer än vad forskare förstår idag, eftersom det inte finns ett nu i universum. Så när vi förstår nuet och varifrån vi kommer kan vi gå vidare till att förstå vad tid och rum är. För vi kan inte förstå vad tid och rum är förrän vi förstår oss själva, och när vi förstår oss själva förstår vi också universum.

GAP MELLAN TID OCH RUM

Änglarna berättar:

Vad menar vi då med gap mellan tid och rum? Låt säga, som ovan, att de rum vi måste passera för att tiden ska gå skulle försvinna – åtminstone hälften av dem. Vi skulle behöva hoppa väldigt högt och väldigt långt fram för att nå fram till nästa rum, för att nå fram till den tid vi vill befinna oss i. Men när vi hoppar över ett rum gör vi det även med tiden, eftersom om vi ska följa tidens alla cykler och de förändringar som behöver ske, utan att det tillför oss alltför många negativa konsekvenser, kan vi inte fuska. Vi kan alltså inte hoppa över några rum, men det är så en del gör när de utvecklar sina tekniska, motoriska delar.

Så innan ni fortsätter och utvecklar er teknik eller annat, behöver ni stanna kvar i samma rum ett tag till, under den tiden. Både för att ni ska förstå och tänka efter om det ni gör nu kan få en negativ påverkan i framtiden, både på jorden och människan. Men en del människor gör inte så idag – de utvecklar utan att stanna till, utan att tänka efter, och för varje årtionde går det bara fortare och fortare. Det är som att ni lever i en excentrisk bubbla där endast du och din tekniska utveckling existerar och det finns varken rum eller tid över till annat.

Därför måste ni stanna upp tåget för en stund och återgå till där ni en gång var, och sluta prestera i den hastighet som ni gör nu. För ju snabbare det går för människan, desto snabbare går det även för moder jord eftersom båda synkroniseras med varandra. Om vi i stället lär oss att integrera våra läror och våra energier med varandra kan vi alltså rädda jorden i stället för att förstöra den, bara genom att förstå tid och rum.

– Varför hoppar människan över en del rum? Frågar jag änglarna.

– En förklaring är att människan tror att det finns ett gap mellan tid och rum, men så är det alltså inte. Och om vi någonsin ska kunna förändra jorden behöver vi först förstå att det inte finns ett gap mellan tid och rum. Det är människan som tror att det finns ett gap, därför hoppar ni också över de delar som vi inte gör.

Tänk så här: Om inget annat i universum tillför sig ett gap, varför skulle då tid och rum göra det?

Det är genom kunskapen om universum som vi även kan förbättra den tekniska förmågan som vi behöver för att nå så långt som till dåtid, nutid och framtid, vilket människan till viss del redan har gjort. Men glöm inte att även åldern tar ut sin rätt när det gäller hur långt vi kan se. Ett öga kan nämligen endast nå så långt som det är skapat för att nå, eftersom det finns en begränsande effekt i ditt öga som påverkar ditt seende på avstånd. Så hur långt du kan se påverkar även hur långt in du kan se i framtiden och nutiden, eller hur långt du såg när du var ett litet barn.

Åldern försvagar alltså inte bara vår yttre motoriska rörelseförmåga utan även den rörelse som sker inne i ögat. Så ju långsammare motorik, desto svagare blir din syn och så vidare. Samma sak gäller för vår tekniska förmåga.

Varför pratar vi då om ögat i tid och rum? Förr i tiden trodde nämligen människan att jorden var platt eftersom den mekanism som vi hade på den tiden inte kunde ge oss långtgående information. I dag befinner vi oss lite längre fram i tiden och vi har nu kommit fram till den del där en del tror att det finns ett gap mellan tid och rum. Vi kan inte se det med blotta ögat, men eftersom vi har påbörjat en inre och yttre förståelse när det gäller tid och rum vet vi med all säkerhet att det finns ett gap mellan tid och rum … eller? Eller är det så att en del vetenskapsmäns och kvinnors källor inte är helt tillförlitliga i detta ämne?

Vi menar: De enda som kan se in i framtiden eller se det som finns mellan tid och rum är vi som befinner oss i denna tidsdimension. Och eftersom vi befinner oss mellan tid och rum vet vi med absolut säkerhet att det inte finns något gap mellan tid och rum. För om det fanns skulle även vi behöva hoppa över dessa rum, vilket vi inte kan.

Exempelvis: Människan gör mätningar med de instrument och med de ögon som ni ser med idag. Så vår fråga är då: Är de 100 % utrustade för att kunna tillföra sig information om vad som är sanningsenligt för framtiden? Eller är er tekniska utrustning mer lämpad för att nå dagens information? Vi skulle nog säga det sistnämnda.

Dessutom, när ni slutar att hoppa över de rum som ni befinner er i, kommer ni även att förstå den resa som ni behöver göra i framtiden för att lära er hur ni kan resa mellan tid och rum. Då kommer ni också se att det inte finns ett gap mellan tid och rum.

Tid och rum är en sammanlänkad historia,
så utan tid skulle rum inte existera.
Därför finns det heller inget gap däremellan.

TIDSCYKLER

Änglarna berättar:

Däremot finns det olika tidscykler som följer oss längs vägen, men det är läror i tiden och är alltså det ni befinner er i nu, inget annat.

– Vad menar ni med tidscykel? Är det samma sak som en högre dimension? Frågar jag änglarna.

– Vi använder oftast olika tidscykler när vi pratar om olika begrepp som rör tid och rum. Men vi kan också säga att vi rör oss framåt i högre dimensioner i tidens alla rum när vi ökar vår energifrekvens.

– Hur kan vi leva i olika tidscykler?

– Det kan och gör ni beroende på var du befinner dig i din lära.

– Om vi befinner oss i olika tidscykler, hur kan vi då ändå integrera oss med varandra?

– Det är ingen fysisk tidscykel. Det är en tidscykel för lärande, där de som utvecklas och lär sig från allt som sker hoppar framåt mot nya möjligheter och nya utvecklingsstadier. Medan de som stannar kvar i det gamla konceptet utvecklas inte på samma sätt.

– För en del kan det väl ändå vara så?

– Ja, och vi förstår din undertext till din fråga. Så är det, och en del behöver få vara där för att prova på och möta det som inte är så bra för att sedan ta sig ur och växa. Så ni är endast i olika tidscykler i era läror, inte rent fysiskt. Men allteftersom vi anpassar oss till en ny era och börjar möta en ny värld kan inte alla möta den tiden eftersom vi först behöver vara där i våra läror. Och om du ännu inte har kommit dit, kommer din själ att förbli i den tidscykeln tills du har vaknat och lärt dig.

– Hur kan tid och rum påverka oss så?

– Det kan den eftersom själen inte påverkas av tid på samma sätt som din fysiska kropp gör. Och som du nu vet så finns det inget nu i universum eftersom universum bara är.

– Så om vi också bara skulle vara, skulle det då påverka oss positivt eller negativt?

– Både och. Era fysiska kroppar behöver få vara i nuet, annars skulle det inte fungera eftersom ni skulle bli alldeles förvirrade. Men själen vet att den inte behöver en exakt tid eller ett nu för att lära och existera eftersom den bara är, precis som universum bara är, och själen är en del av universum. Det var detta vi tidigare diskuterade.

– Så trots våra olika tidscykler kan vi väl ändå mötas till slut på den nya jorden?

– Många av er, precis som du Ulrika, har redan börjat arbeta efter den nya tidens begrepp eftersom era själar befinner sig i den tidscykeln. Så många kommer att vakna upp och följa er, men ändå inte alla. Det finns de som kommer att leva kvar i de gamla fotspåren ett tag till, och det är viktigt att de får göra det tills de också når en ny och högre tidscykel.

– Så allt som sker nu sker för att vi ska utvecklas?

– Precis, även om vi förstår att en del kanske blir ledsna av att höra det.

Tänk så här: Hur ska vi lära oss om rättvisa om vi aldrig får möta orättvisor? Hur ska vi lära oss från ljuset om vi aldrig får möta mörkret? Hur kan vi bli starka och modiga om vi aldrig får möta obehag och rädslor? Hur kan vi växa i kropp och själ om vi aldrig utsätter oss för det som vi växer av?

Hur kan vi leva i en fantastisk familjerelation och förstå hur den fungerar om vi aldrig har upplevt en kraschad familjerelation? Hur kan vi förstå vikten av en stark relation om vi aldrig har varit separerade från någon relation? Hur kan vi lära oss och förstå att döden inte existerar, att ingen kan dö, om vi inte förstår syftet med själens resa? Att det är din fysiska kropp som lämnar dig, men din själ lever vidare och det är den som växer och lär sig. Din fysiska kropp är bara ett verktyg som du använder för att din själ ska kunna växa.

Därför är det just själen och tid och rum som vi vill att ni inleder med nu, en fördjupad version. När ni sedan förstår själen och att det inte finns något gap mellan tid och rum, då fortsätter ni med nästa fas i samma tidscykel.

Ni kommer även att vidareutveckla ert arbete i framtiden, och det är först då som ni kommer att ändra er inställning till livet. Det är då vi träder in i en ny förändrad tidscykel. För när vi förändrar vårt levnadssätt behöver vi en ny tidsaspekt, en ny tidscykel, som hamnar i samma linjära linje och som synkroniserar med själens utveckling.

– Så det är själens utveckling som avgör hur och vid vilken tidslinje vi hamnar i i framtiden?

– Ja, precis. Därför kan ni inte lämna den tidscykel som ni befinner er på nu förrän ni är helt klara med den. Efter det byter vi tidslinje, och det är då vi slänger bort det gamla och i stället skapar nytt. Det är då ni ökar era kunskaper om tid och rum, och när ni gör det kan ni också lära er att styra tiden, vilket vi kommer att gå igenom i nästa kapitel. Men innan vi kommer dit vill ärkeängel Mikael först komma till tals.

KODADE BILDER

Ärkeängel Mikael berättar:

Det är också här, i olika tidscykler, som "de" förändrar sitt material. Därför ska vi nu avsluta detta kapitel med något helt annat, men som är av stor vikt att vi tar upp nu för att förklara både vad som har skett och som sker än idag.

Det finns nämligen de som har kommit mycket längre i sin tekniska utveckling än vad ni har gjort när det gäller tid och rum. Det är en teknik som de använder för att vilseleda. Hur gör de då det? Jo, för att kunna se bakåt i tiden behöver vi ett aggregat som kan backa. Till det behöver vi även ett forum med olika sektioner, där var och en representerar sin egen tid. I det här fallet innebär tid dåtid – det som har varit.

Men för att bryta tiden, vilket vi ibland kan göra när vi ser tillbaka på tiden, kan vi följa det mönster som sattes upp vid just den händelsen. Det är så vi kan blicka tillbaka i tiden. Vi kan alltså inte förflytta vår fysiska kropp tillbaka i tiden, men vi kan använda den information som fanns då och föra den fram till nutid. Det är så de gör.

– Varför, och hur gör de det? Frågar jag Mikael.

– Det finns som sagt de som redan har utvecklat en teknik så pass mycket att de kan se det som redan har varit, både här och på andra planeter. Därför kan de också använda dåtidens information i nutidens källa för att det ska låta trovärdigt i era öron, för att vilseleda.

– Vad använder de för teknik, menar jag?

– De använder en teknik som faktiskt har funnits med ganska länge nu. Det de gör är att de fångar upp systematiska koder som de sedan förvränger, vilket sker genom ett systematiskt program som de har skapat.

Jag kommer nu att ge dig bilder i ditt inre. Du ser nu streck, ungefär som en matkod, den som kassören blippar, där varje streck utgör en kod. Den bilden, koden, kan de alltså flytta framåt eller bakåt i tiden. Men endast genom ett systematiskt program, eftersom det är där de kan bryta tiden. Att bryta tiden innebär i det här fallet antingen att ta bort en del av bilden som finns i just den tiden, i just den händelsen, och i stället lägger de dit en annan bild från en annan tid. Det är så de arbetar.

– Vad får de ut av det?

– För att ni ska tro att det som händer faktiskt händer, fastän det inte gör det. Det är så de gör för att skrämma folk med bilder och koder som aldrig har hänt eller som hände i dåtid.

– Hur kan vi veta det?

– Det kan ni inte, eftersom det är en teknik som inte ligger i era händer ännu. Men när den kommer, då kommer ni att förstå. För den teknik vi pratar om är en mer avancerad teknik som själv finner var varje bild har placerats i sin felaktighet. Därför är det så viktigt att ni litar på ert eget inre, i stället för det ni hör och ser runtomkring er.

– Varför just bilder?

– De använder oftast bilder eftersom deras ord inte ger samma resultat för dem. De kan nämligen inte känna, inte som ni kan.

Därför förstår de inte vad andra känner. Därför förstår de inte hur tid eller en händelse känns eller fungerar. Och är det inte så för er ibland att det känns jobbigt när tiden går för fort eller för sakta, i den situation ni befinner er i. Detta kan de inte känna. Därför skapar de ibland utan att själva förstå utfallet av sitt eget skapande. Så det enda de kan göra är att skapa, men de kan alltså aldrig känna utfallet av en händelse i just den tiden. Ni kommer att förstå vad vi menar. Det är i alla fall här deras svaghet finns, och det är också den vi använder när vi bryter deras koder.

Eftersom de inte kan känna av en händelse
som sker i tidens alla rum,
är det också det som kommer att
vilseleda dem till slut.

Som hjälp kommer ni att få fram ett helt nytt systematiskt avkodningsprogram. Det blir ett program som ni kan använda för att lösa upp bilden och dela upp den i olika tidsepoker, vilket gör att ni kan avgöra om bilden är korrekt placerad i sin tid. Ni kommer alltså att lösa upp olika punkter av bilden för att se varifrån den kommer.

Hur då? Jag förstår inte riktigt.

– Ni kommer att arbeta efter en punktlista, där varje punkt i bilden utgör sin egen tid av den delen, av en mikro del.

Tänk så här. | . | . | .

Rita upp punkter och mellan varje punkt, mellan varje händelse, finns det en tid – strecken. Så för varje händelse bryts tiden ner för att se om den passar in i just den tiden, det vill säga följer bilden även in till nästa tid. Det är så er punktlista kommer att se ut ett tag, innan den vidareutvecklas.

Vi ska ta ett ritblock som ett exempel:

På första sidan ritar du en man. Sedan ändrar du mannens rörelse för varje sida. I ett avkodningsprogram heter det mönster. På så sätt sker en förändring i just den händelsen. När du är klar med hela blocket och bläddrar igenom allt snabbt ser det ut som att mannen börjar gå, och det är precis detta vi menar när vi pratar om dåtidens bilder.

För det är så de gör när de använder sitt krypterade program. De kan alltså ta bort en bit, riva av ett papper mitt i blocket, mitt i rörelsen, mitt i tiden, och i stället lägger de dit ett nytt papper, vilket ni inte kan se. Men när ni har skapat detta systematiska avkodningsprogram kommer ni se att de punkter som finns varken stämmer eller följer den tidslinje som de ska följa eftersom de har blivit förvrängda i tiden.

Så följ strömmen av linjer, är vårt råd. Ni kommer då att nå nästa händelse i tiden och ni kan fortsätta med nästa i samma linjeformat.

Vi ska ta ännu ett exempel, ett spegelrum på Cirkus. Det är nämligen så viktigt att ni förstår detta:

Föreställ dig att du går in i ett spegelrum och ställer dig i mitten. Mängder av speglar omger dig helt och varje spegel förändrar hur du ser ut eftersom varje spegel representerar sin egen tid, sin egen händelse. Men tillsammans utgör de en och samma händelse – din spegelbild. Genom det program som de använder kan de alltså ta bort en spegelbild, den som finns mellan punkterna i tiden, i en händelse, och i stället lägger de dit en annan spegelbild för att ni ska tro att just den händelsen sker här och nu. Men så behöver det alltså inte vara. Det kan likväl vara en gammal händelse som har skett, men som de visar idag för att ni ska tro att det sker här och nu.

Det är så de gör för att vilseleda, och de vet också att de behöver bilder i din verklighet för att du ska tro på det som sker men som ändå inte sker. Du står ju där, du har bilden rakt framför dig, därför tror du på det som sker. Därefter reagerar du på det du ser. Och kommer ni ihåg i början när vi nämnde: "Om ni inte kan se det, då tror ni inte på det. Men om ni ser det, då tror ni på det". Samma gäller här.

– Vad använder de för att ändra texten?

– De använder sig av källkoder. Det är ett kodsystem som gör att de kan gå in och ändra på datum, tid och årtal, men framför allt texten. Det är den biten vi behöver se över nu för att stoppa de som har denna typ av förändring. Därför behöver ni nya verktyg, framför allt de som verkar inom media. Det blir nämligen de som kommer att granska en del osanningar, men endast de som går i dess godas tjänst. Och allt kommer jag, ärkeängel Mikael, att tilldela dem.

– Hur kan de komma i kontakt med dig och få hjälp att nysta upp detta?

– Det kommer att gå av bara farten när tiden är rätt och av de själar som redan har en del information. Det är alltså de som kommer att få nya nycklar. Vi behöver nämligen först låsa upp de verktyg som de behöver innan de rent juridiskt kan gå in och förändra. De kommer då att lösa upp en hel del krypterad text, och deras egna informationskanaler kommer då att ge sig till känna. Det kommer att bli en tid av stor förvirring eftersom ni hela tiden har trott på deras ord, men då kan ni inte längre blunda eller förneka deras sätt att arbeta på.

Vidare kan vi säga att det är ett långtgående program som behöver tid på sig att utvecklas, men ge inte upp för det kommer att bli bra. När ni väl har utvecklat detta program kommer det att ge goda resultat inom en vecka. Då kommer också fler felaktiga bilder att avslöjas. Programmet kommer att starta i ett avlångt land men där kraften finns i ett annat. Det blir en del knep och knåp till en början men ni kommer att förstå allteftersom. Ni kommer även att vidareutveckla detta sökande program.

Så börja nu granska bilder för er som känner er manade. Vi har även många bildkonstnärer på plats så ta även hjälp av dem. Det blir också de som kommer att avkoda dessa bilder. Och kalla på mig, ärkeängel Mikael, om era ord eller känslan för ert arbete står stilla. Jag kommer då att visa er på skärmen hur detta är tänkt.

Det är detta som många har som livssyfte i detta liv, att först göra fel för att sedan förändra och göra rätt, vilket är en fantastisk väg att gå enligt oss. Därför är det många som kommer att vända sida nu – till ljuset – och hjälpa oss igenom den tid som kommer i framtiden, där de kommer att förklara hur de har arbetat. När detta sker, vill vi att ni möter upp dessa själar med en öppen famn och välkomnar dem tillbaka till vår värld. För många har själva blivit missledda och ska inte klandras för det de har gjort.

KAPITEL 18

STYRA TIDEN

ATTRAHERA TIDEN

Ärkeängel Metatron berättar:

Hur gör vi då för att styra tiden? Det gör vi genom att först lära oss hur vi attraherar tiden. Hur attraherar vi tiden? Det gör vi genom att tillföra en snabbare tid i rummet. Hur tillför vi en snabbare tid i rummet? Det sker alltid genom olika tidscykler. Det är också i dessa cykler som tiden kan förändra sin karaktär. Så om tiden kan förändra sin karaktär kan vi utöka den, och om vi kan utöka den kan vi också attrahera den i rummet.

– Hur, och i vilken del attraherar vi tiden? Frågar jag Metatron.

– Det kan bara vi göra eftersom det krävs att vi kan separera tiden åt i vardera rum. Det är så vi kan belysa information som kommer från framtiden och dåtiden. Genom att vi delar tiden kan vi attrahera den, och genom att attrahera den kan vi också passera den för att nå framåt och bakåt i tiden. Det är här levitationsprincipen kommer in.

Vi vet att det kan verka invecklat, men ni kommer att förstå eftersom levitationsprincipen, att tiden kan attraheras, kommer att användas även på jorden. När ni gör det kommer även förståelsen för hur ljuset kan delas upp i flera rörelsemoment att öka, vilket vi tidigare diskuterade. Detta är en teknik som även ni kommer att använda i framtiden inom alla forskningsområden. Därför kommer allt inom levitationsprincipen att få en högre förståelse, både för hur tiden kan verka i alla rum och hur den kan appliceras även i de mest otympliga områdena.

STYRA TIDEN

Ärkeängel Metatron berättar:

När ni har lärt er hur ni kan attrahera tiden kan ni lära er att styra den. Att styra tiden är även det ett tema som vi vill belysa nu eftersom det exemplifierar själva ursprunget i denna del – att det verkar som att tiden står helt stilla fastän den inte gör det.

Tiden är inte som många tror i rörelse. Det är allt runt omkring oss som rör sig efter tiden. Låter det bakvänt? För att förklara hur vi menar har vi delat upp det utifrån två aspekter:

1. Ta hänsyn till omkringliggande faktorer.
2. Motstånd.

Långt tillbaka i tiden trodde man nämligen att det var solen som snurrade runt jorden, men idag vet vi att det är jorden som i sin omloppsbana snurrar runt solen. Naturligtvis rör sig även solen; annars skulle det inte ske ett motstånd i rörelsen, vilket skulle påverka tiden. Men för att tiden ska gå behöver vi något runtomkring oss som ständigt är i rörelse. Det räcker alltså inte med att vi bara förstår en situation. Vi behöver också lära oss att även solen rör sig; annars blir det en enkelriktad rörelse, en enkelriktad förståelse, vilket skulle påverka hur tiden går i sin helhet.

Vi ska ta ett exempel:

Föreställ dig att du simmar. En simmare som ligger först simmar fortare än alla andra. Därför påverkas du av andra omkringliggande faktorer än dina motståndare gör. Men trots att du ligger långt före alla andra befinner du dig ändå kvar i samma rum (bassängen), vilket påverkar din simteknik eftersom allas tider eller sluttider påverkas av sin omgivning. Så ju fler simmare som simmar bredvid varandra, desto mer påverkas de av varandra. En simmare som ligger först har alltså större frihet i sin rörelse och kan använda tiden och vattnets rörelse på ett helt annat sätt än de andra kan. Det är alltså bara de som är i rörelse som kan påverka hur tiden rör sig, beroende på *sina* omkringliggande faktorer.

Det är så vi lär ut till våra elever i andevärlden – hur de kan använda och förstå detta med tid och rum.

Det är på samma sätt som vi kan lära oss att styra tiden, eftersom det påverkar ditt eget arbete positivt om du kan stanna kvar i samma rum ett tag till. Så för att vi ska lära oss att styra tiden behöver vi även ta hänsyn till andra omkringliggande faktorer, andra situationer, som även de befinner sig i samma rum, och hur även de påverkar din tid. Men det finns ännu en aspekt att ta hänsyn till i detta och det är motståndet.

För att motstånd ska uppstå i rummet, när tiden går, behöver vi något som sätter sig emot. I det här fallet är det själva utrymmet som står för den delen.

Exempelvis: Om du befinner dig i ett alltför trångt utrymme tillsammans med andra kanske det inte bara känns som att andra inkräktar på *ditt* utrymme; det känns även som att det inte sker någon framåtrörelse eftersom du känner dig trängd. Därför känns det som att du står helt stilla fastän tiden går, men i själva verket befinner du dig i en framåtrörelse.

Rummet vill utöka sig eftersom det känner av motstånd, men tiden räcker inte till eftersom det känns som att tiden står helt stilla.

Ännu ett exempel: Du står helt stilla, ensam i mitten, och plötsligt börjar rummet röra sig. Du vet nu att tiden är flexibel; annars skulle tiden inte kunna förflytta sig. Du börjar känna dig låst i rummet, därför tillför du dig ett *eget* inre motstånd. Om du inte kände av motstånd, när tiden och rummet är i rörelse, skulle du lättare ta dig fram. Det är alltså din egen påverkan som avgör om du upplever motstånd eller inte. I stället kan du ta bort motståndet och frigöra dig själv. Först då kommer du vidare.

Ungefär som dina läror. Du behöver lära dig dina läror fullt ut innan du kan gå vidare till nästa. Om inte, upplever du motstånd. Du tar dig inte fram i livet fastän tiden går. Och det är just denna utveckling som vi vill att fler anammar nu. För tiden är knapp i de rum vi befinner oss i, och att vi upplever motstånd orsakas endast av att vi inte har den fakta som vi behöver för att ta oss vidare. Men med mer kunskap om motstånd kommer ni vidare när det gäller tid och rum. Då kan ni också lära er att styra och bryta tiden. När ni har gjort det kan ni ta er förbi ert motstånd.

HÄGRINGSTEKNIK

Ängel Fabrizio berättar:

Hur gör vi då för att ta oss förbi ett motstånd och styra tiden? Det gör vi genom läran om hägring. Det är nämligen här ni kommer få lära er att hoppa över tiden och tillföra er en magnetisk rörelseeffekt. Men för att få till en hägring behöver ni först lära er att föra samman olika tidsbegrepp, och det finns fyra olika tidsbegrepp som vi använder, nämligen: dimension, illusion, selektion och prevention.

- *Dimension* är olika steg som finns i andevärlden och i hela universum. Det är olika steg som vi behöver ta för att nå ett färdigt resultat. Det innebär olika nivåer av kraft, olika nivåer av informationsflöde och så vidare.

- *Illusion* är ett annat ord för hägring. Men för oss behöver vi illusion för att förstå olika tidsbegrepp, vilket enligt oss inte kan uppnås genom hägring. Därmed förekommer det en viss skillnad.

- *Selektion* handlar mer om utsikten – det du får fram, det du kommer till när du har hoppat över tiden. För i detta ärende (levitation) ska ni lära er att hoppa över tiden, vilket är nödvändigt för att ni ska kunna utveckla en magnetisk förmåga. Genom att använda olika tekniker kommer ni att nå ett urval av möjligheter som ni sedan kan sätta samman. Därav kommer ni att lära er att utföra en selektion.

- *Prevention* handlar mer om det juridiska paketet – vad man får och inte får göra enligt regelboken. Annars skulle vi kunna bryta tidsbarriärer hur som helst.

Detta är fyra tidsbegrepp som vi eventuellt kommer att vidareutveckla i våra framtida böcker. Här ville vi endast ge en inblick i att det finns en möjlighet att hoppa över tiden. Men beroende på vilket ärende du har, kommer det att avgöra om det fungerar eller inte eftersom det inte ska användas till annat än det är avsett för – som en hjälp under en magnetisk resa.

Vad har då detta med tid och rum att göra? Det har allt att göra med tid och rum. För om ni ska lära er att hoppa över tiden, vilket ni behöver göra för att kunna styra den, behöver ni först lära er om olika tidsbegrepp.

– Ursäkta, men innan menade ni att vi ska sluta hoppa över, men här ska vi hoppa över. Hur menar ni då? Frågar jag Fabrizio.

– I det här fallet, i tidens rytm, behöver vi lära oss att hoppa över, men här ingår det endast som en del, som en tidscykel, när vi utvecklar en hel maskin. En liten bit av pusslet. När människan hoppar över, hoppar ni ibland över hela projektet. Ni hoppar över hela rummet i tiden.

Detta är hägringsteknik för oss. Det är också den ni kommer att använda i framtiden och som är skapad för att ni ska lära er att se skillnad på vad som är och vad som inte är verkligt. Men till en början, innan ni anammar en hägringsteknik, behöver ni först förstå vad tidsbegränsning innebär.

– Varför det? Kan vi inte lära oss om det efter tid och rum?

– Nej, för att lära er om tid och rum behöver ni även studera skillnaden mellan de skikt som finns inlagda, exempelvis i en tidsbegränsning. Och det är hit ni kommer när ni landar i tid och rum för att lära er om det mellanskikt som finns där. För det finns ett mellanrum, och att ni inte har lärt er om det än är för att ni har försökt fuska. Ni hoppar över det mest väsentliga.

– Vad har det med hägringsteknik att göra?

– Genom att förstå hur ett mellanskikt fungerar, det som finns i tidens alla rum, kommer ni att närma er förståelsen av tidens begrepp. För det är detta ni behöver förstå först innan ni kan lägga in en tidsanordning som kan begränsa eller förskjuta tiden.

Vi ska förklara, och vi inleder med tidsbegränsning.

TIDSBEGRÄNSNING

Ärkeängel Mikael berättar:

Hur kan vi då applicera tiden i ett styrande aggregat så att vi hinner ställa in och agera ut det vi behöver agera i? Det gör vi genom att ställa in en begränsning i tiden, den som sker mellan tid och rum. Det finns nämligen ett begränsat utrymme mellan det skikt som påverkar tidens alla rum så att ni kan förändra tiden. För utan denna inlagda tidsbegränsning kan vi alltså varken stoppa, bygga eller skjuta fram de tidsaggregat som ni kommer att använda i framtiden.

För att ställa in tiden, i den del av magnetism där vi omvandlar tiden till ett händelseförlopp, kan vi gå in och påverka. För det är det vi gör när vi inför en tidsbegränsning – vi påverkar en händelse. Och det är precis denna händelseteknik som ni kommer att lära er i framtiden – hur vi med ett tidsaggregat kan påverka och förändra ett händelseförlopp så att ni kan anamma en levitation.

– Hur kan vi använda en tidsbegränsning i våra framtida bilar? Frågar jag Mikael.

– Det kommer att användas på samma sätt som ni använder broms och gas idag, då det redan finns en inbyggd tidsbegränsad stoppfunktion när ni behöver stanna och så vidare, vilket befinner sig inom ett tidsbegränsat utrymme. Men för att få till ett tidsbegränsat utrymme måste det alltid först framgå inom vilken gren ni vill befinna er i. Det är nämligen viktigt att vi gör det innan vi lägger in en tidsbegränsning – att det sker inom en viss ram, inom ett visst utrymme. Men det kommer inte att ske på samma sätt som en tidsfördröjning eller tidsförskjutning.

– Är inte tidsfördröjning, tidsförskjutning och tidsbegränsning samma sak?

– Nej. Vi ska förtydliga.

Tidsfördröjning används exempelvis vid kassaskåp där man ställer in en tid, exempelvis 1,5 minuter, innan skåpet låser sig självt. Det sker inom en bestämd tid.

Tidsförskjutning används exempelvis när du spelar in en film, men du kan inte se filmen förrän senare på kvällen. Du förskjuter tiden inom en obestämd tid.

Med tidsbegränsning begränsar du ett fast utrymme. Det går att ändra tiden även här, men den varken låser eller ändrar sig efter en viss tid. För om du ändrar tiden då fördröjer du den. Här begränsar vi tidsutrymmet i stället för att fördröja eller förskjuta tiden i processen. Så en tidsbegränsning behöver alltså ett utrymme där tiden kan befinna sig som är fast.

Vi kan också lägga in en spärr i samma utrymme så att tiden inte kan utvidga sig. Det är detta som gör att vi kan tillföra oss en begränsning i tiden utan att förskjuta den.

Vi kan även tillföra oss ett större utrymme, vilket vi gör när vi magnetiserar större föremål, som exempelvis ett fordon. Och det är hit vi kommer när det gäller tidsbegränsning i magnetismen. Så, ju större utrymme, desto fler *ramar* har du att begränsa tiden i.

Dessutom behöver vi nya verktyg, och det vi tänker på är ett program där vi kan tidsbegränsa ett utrymme. För vi kan inte ställa in tiden i vårt nya program utan att först förstå vad vi behöver. Därför behöver vi införa en tidsbegränsning innan vi skapar ett program som ska gå till olika händelser, till olika enheter. Det blir nämligen ett program som kommer att handla om självstyre.

Men än är vi inte där, därför berör vi bara grunden till det som kommer senare. Men fortsätt att belysa den magnetiska förmågan, för det finns de som redan har börjat undersöka detta område. Så lyssna och lär när de ger ut detta självstyrande program, för ni kommer så småningom att utveckla det så att det även fungerar i era självstyrda bilar. Och när ni har anammat detta självstyrande program kan ni också lägga in olika tidsbestämmelser, olika tidsangivelser. Det är nämligen det som avgör när en tidsbegränsning ska ske.

För att vi sedan ska kunna tidsbestämma något i framtiden behöver vi även veta när och vid vilken station detta ska ske. Därför kommer ni även att lägga fram olika förslag på hur en utveckling ska ske. För det blir till en början ingen lätt nöt att knäcka eftersom det finns de som inte vill att ni ska nå ända dit. Men vi kommer att hjälpa er med detta, så oroa er inte.

– Vilka stationer är det?

– Det kommer att finnas olika tidszoner, och det är här problemen kommer att uppstå eftersom ni befinner er i olika tidszoner där klockan visar olika beroende på var ni bor. Men ni kommer att lösa detta genom att anta en gemensam tid som alla kan anpassa sig till, och det blir väsentligt att ni gör det innan ni bestämmer era begränsningar. Vi kommer även att beröra detta när vi kommer till kopplingsstationer. Dock kommer det att skilja sig åt hos en del entreprenörer, men i det stora hela kommer ni att kunna anpassa er till samma tidsram när det gäller den magnetiska utvecklingen.

Därför är det så viktigt att ni först studerar tidens alla rum, det vill säga det motstånd som finns och de rörelser som sker när tiden rör sig. För utan vare sig rörelse eller motstånd kan ni inte lägga in en tidsbegränsning eftersom det är i *rörelsens motståndskraft* som ni lägger in en tidsbegränsning. Så om ni utvecklar det motstånd som finns och de rörelser som sker när tiden rör sig, hittar ni också svaren på var ni ska lägga in en tidsbegränsning.

Däremot, för att kunna styra tiden måste den alltid först tidsbestämmas, exempelvis var eller i vilken takt en rörelse ska ske. Och det är här, när ni finner ut hur tiden går att styra, som ni även kan tidsbegränsa den.

Några avslutande ord:

För att ni ska kunna anamma en tidsbegränsning i en magnetisk förmåga behöver ni även studera dåtidens kunskapsfält. Om ni gör det då förenar ni dåtidens och nutidens kunskaper, och det är först då ni lär er hur en tidsbegränsning verkligen fungerar, inklusive dess användningsområde (ledtråd). Det var detta Kathremerna var inne på när de diskuterade er framtida fjärrstyrning. Det blir nämligen ett program som kommer att monteras in i ert fjärrstyrningssystem.

TIDSBEGRÄNSAD ANVÄNDNING

Ängel Fabrizio berättar:

Förutom tidsbegränsning finns det även ett utrymme som vi kallar för *en tidsbegränsad användning*. Med tidsbegränsad användning menar vi den tid det tar från det att ni startar bilen till att ni stänger av den igen. När ni stänger av bilen tillförs den nämligen inte längre rörelseenergi, och när den inte längre rör sig försätts den i ett viloläge. Även detta blir avgörande i framtiden, att ni programmerar in en tidsbegränsad användning i ert nya program.

Det är också här ni kommer lära er att använda stjärnans teknik, den vi tidigare diskuterade. Det innebär att stjärnan själv kan stanna upp för att gå in i ett sparläge, för att sedan starta upp allt igen. Därför är det så värdefullt att ni studerar hur stjärnan själv kan stanna upp sin process och stå i sparläge, och vad som sker i det inre då. För det är där allt sker – i det inre.

– Hur förvaltar vi detta sparläge? Eller rättare sagt, kan vi överhuvudtaget göra det? Frågar jag Fabrizio.

– Vad bra att du frågar, för det är precis vad vi kan. Det var också detta vi var inne på tidigare när vi pratade om att förvalta magnetisk rörelseenergi. Det är nämligen det som sker i en levitationsbil. Och för att förstå det behöver vi förstå hur en magnetisk process fungerar.

En magnetisk process genererar alltid energipartiklar – det är partiklar som överförs mellan varandra. Och det är när partiklarna inte längre används som vi kan förvalta dem, det vill säga när de är i sparläge, exempelvis över natten. På så sätt kan de, precis som stjärnan, efter en tid av vila, starta upp allt igen. Det är nödvändigt att den typen av magnetism får vila ibland eftersom levitationsbilen, åtminstone till en början, endast kommer att fungera under en viss tid. Men längre fram i tiden kommer den att kunna gå och gå utan att behöva pausa.

Vi ska ta ett tåg som ett exempel:

Enligt denna metod kommer tåget självt, och endast på ett par sekunder vid varje hållplats, att gå in i ett sparläge. För det är där det tillförs fler partiklar, och när det sker ökar de i antal och styrka, när tåget åter sätts i rörelse. Och när ni har lärt er att förvalta magnetiska komponenter (partiklar) på detta sätt, behöver partiklarna endast några sekunder för att ladda och starta upp allt igen.

Men för att få i gång ett kopplingssystem behöver vi även bultar. För oss är nämligen bultar ett integrerat begrepp, där vi bultar samman de delar som vi vill integrera oss med. Det är alltså ingen sak utan ett ord för den process som behöver ske då. Därför behöver vi även ha kunskap om hur vi förvaltar energi för att starta och bulta samman allt. Det är detta som blir viktigt. För vid varje stopp kommer den information som ni har lagrat i ert kopplingssystem att finnas kvar. Därför kan ni återaktivera den vid behov. Vi kan kalla det för en reservdunk.

Detta kommer att bli en stor lärdom för er i framtiden. Därför är det vår önskan att ni återupptar alla de projekt som berör magnetism, de som tidigare lades ner. Vårt råd är att ni börjar söka i gamla motorer. Det finns nämligen en hel del text där som beskriver hur ni kan förvalta en magnetisk rörelsekomponent på rätt sätt för att spara energi. De finns i bruna, gamla och rispiga skrivbord. Så dyk i detta! Då finner ni grunden i den läran, och ni kan utifrån de anteckningar som ni hittar vidareutveckla magnetismens förmåga. En del forskare har redan börjat förstå detta koncept. Så om ni läser våra rader står vi gärna till tjänst i detta ärende.

Detta är hägring för oss – att binda samman olika nivåer av dimension. Att förstå illusioner så att ni kan sätta selektionen i bruk. Prevention kommer inte in förrän ni behöver införa olika regler i framtiden.

TIDSAGGREGAT

Ängel Fabrizio berättar:

För att kunna koppla samman allt behöver vi även ett tidsaggregat. Ett tidsaggregat är nämligen ett styrande tidsbestämmande aggregat – det är den som styr tiden. Det kan vara allt från en tidsmaskin eller tåg, bara för att ta några exempel. Vårt råd är att ni fortsätter med tåg eftersom ni redan har börjat med det.

Ett tidsaggregat är alltså den del som styr tiden. Och till skillnad från den tidsaxel som vi kommer att diskutera längre fram, som är en fast enhet, menar vi här ett element som tiden kan agera på, exempelvis i en bil, så att den vet när och vid vilken hastighet en omvandling av partiklar ska ske. Därför är ett tidsaggregat en tillhörande del, men själva tiden som tidsaggregatet ska agera på ställer ni in i ett dataprogram.

Men innan ni kan göra det behöver ni först lära er att mönsteranpassa, och det är även här solmönstret kommer in, det vi tidigare nämnde. När ni har lärt er att mönsteranpassa kommer ni även att lära er att anpassa hastigheten – både när det gäller vid vilken hastighet och när en omvandling av partiklar ska ske. Även hur tidsinläggen ska komma in. Det är bland annat detta som sker i ett mönsteranpassat solsystem.

När ni har lärt er att mönsteranpassa vet ni också när olika processer sker och i vilket skede en omvandling befinner sig i. Då kan ni också lägga in allt i ert framtida tidsaggregat.

– Så det blir som en extra maskin där vi lägger in olika tidsangivelser när en omvandling ska ske? Frågar jag Fabrizio.

– Ja, men ändå inte helt. Detta är ingen fristående process eller del. Den integreras med andra tidsangivelser, exempelvis när en start eller ett stopp ska ske. Skillnaden här är bara vad och i vilken styrka en omvandling av kraft ska ske – i tidens utrymme. Det är bara den delen som utgör ett tidsaggregats huvudsyfte i detta ärende. Sedan kommer ni att vidareutveckla ert tidsaggregat så att det kan förenas med andra tidsangivelser och även gälla andra åtaganden. Men börja med den som finns i transformatorn och lär utifrån det.

För att förstå hur ett rörelseschema fungerar behöver vi alltså först förstå hur tid och rum fungerar. Det är nämligen det som kommer att avgöra om ni kommer att nå ett mer svävande koncept eller inte. Det spelar därför ingen roll hur skickliga ni är på att utveckla en magnetisk förmåga – om ni inte förstår tid och rum kan ni inte heller lära er att styra tiden.

När ni har gjort det kan ni lära er att koppla samman ett tidsbestämmande aggregat med framtidens magnetiska förmåga, som ni sedan kan förena i vilken maskin ni vill. Och för att utveckla en levitationsbil måste ni först lära er att koppla. För det är genom att koppla samman delar och förstå hur tid och rum fungerar som det blir lättare när ni sedan ska tillämpa en magnetisk förmåga.

MAGNETISK TELEPORTERING

Kazandra berättar:

När ni kan hantera de allra minsta beståndsdelarna kommer ni även att få lära er hur ni kan teleportera en magnetisk process. För det är detta ni behöver lära er innan ni helt kan förvalta framtidens magnetism.

Teleportering handlar om att föra över information från ett ställe till ett annat, och i det här fallet ska vi föra över dåtidens och framtidens information in till nutidens. Det blir som en slags mönstring mellan dåtidens, framtidens och in till nutidens rum och det som sker mellan dessa tider. Det är detta vi vill berätta om nu. Sedan finns det naturligtvis fler koncept att vinkla ifrån, men vi börjar med detta.

En magnetisk teleportering är alltså en händelse som sker mellan tid och rum. Därför är det så viktigt att ni först förstår hur tiden flyter mellan rummen. För det är precis vad en magnetisk teleportering gör – den förflyttar sig och ändrar sig mellan tid och rum. När ni förstår hur tid och rum fungerar kommer ni även att lära er hur ni kan avmagnetisera en process. Avmagnetisera handlar nämligen om att stoppa magnetismen mitt i en händelse, eftersom det är det vi behöver göra ibland. Så vi stoppar en magnetisk förmåga innan vi kan avmagnetisera den.

– Är inte att stoppa och avmagnetisera samma sak? Det låter så. Frågar jag Kazandra.

– Nej, avmagnetisering utförs för att avbryta en händelse mitt i en process, men allt runt omkring fortsätter ändå. Vi klär av den naken så att den inte längre kan producera, men inte så pass att allt runtomkring stannar av. När vi stoppar, då stoppar vi allt.

Vad är det då vi ska avmagnetisera? Den del som vi Kathremer vill att ni inleder med är den magnetiska förmågan, vilket ni gör genom att teleportera. Det är här nästa process kommer in. Genom att teleportera kan ni nämligen gå in i framtidens och dåtidens rum och förändra konceptet, eller vi kanske hellre ska säga innehållet. För det är det vi gör när vi avmagnetiserar en magnetisk förmåga. Detta gör vi för att kunna ändra innehållet. Men för att kunna göra det behöver ni först skapa ett slags stopp där magnetismen slutar att arbeta, så att den står stilla. Allt måste nämligen vara helt stilla i den process som ni använder för att kunna teleportera en händelse.

Genom att använda teleportering kan ni även granska att allt går som det ska i tiden. När vi teleporterar kan vi nämligen säkerställa en händelse och lägga till eller ta bort partiklar som inte ska vara där vid den tidpunkten. Det innebär att de antingen är för starka eller för svaga, vilket vi tidigare diskuterade. Det är detta vi kan observera och göra i en teleporterad magnetism. Vi kan alltså i förväg eller i dåtiden se vad som har hänt eller kommer att hända och agera utifrån de resultat vi får fram då.

– Hur kan vi förändra om det ligger i dåtid, om partiklarna redan har försvagats och behöver förbrännas, eftersom annars tappar de sin kraft?

– Oj, vad duktiga lärare vi har varit (skrattar). Härligt att du förstår detta nu. För ni förstår, allt som ni har lärt er fram till nu kommer att leda er till teleporteringen som kan gå in i dåtidens och framtidens partikelflöde, för att försäkra er om att det som sker alltid kan visas. För som det ser ut nu så är det som har varit, varit, och vi kan aldrig gå tillbaka i tiden eftersom vi aldrig kan vrida tillbaka klockan. Men i en magnetisk teleportering kan vi göra det och, som du sa, förbränna den länk, de partiklar, som inte har omvandlats som de ska. Därför teleporterar vi. Vi kan säga att det blir som ett extra verktyg där vi säkerställer att den magnetiska processen går som den ska i framtidens alla rum.

– Hur teleporterar vi magnetismen?

– Det gör vi alltid genom att stoppa en händelse, eller som vi tidigare nämnde när en stjärna vilar, så att vi kan förändra ett mönster. Detta görs med hjälp av en säker metod som vi använder. Då kan vi hämta dåtida rum och infoga det i framtiden eller nutiden. Det kan verka lite komplicerat, men ni kommer att förstå när ni väl är där. Det förekommer även ett mellanskikt i denna magnetiska teleportering. Därför är det så viktigt att ni förstår det först innan ni kommer hit.

Vidare finns det även en *markör*, som vi kallar det. Det är ett streck som visar hur, men framför allt *när* ni kan teleportera ett magnetiskt koncept. Men det tar vi senare.

– Så vi teleporterar för att säkra en rörelse, i det här fallet en magnetisk rörelse? Och vi teleporterar den magnetiska processen för att säkerställa att allt fungerar som det ska?

– Ja, precis.

– När kommer vi in på det elektromagnetiska konceptet?

– Det gör vi i nästa fas, och det är den vi inte får berätta om nu. Det tar vi när vi har landat hos er eftersom den teleporteringen, den processen, inte får hamna i fel händer.

– Tack, det förstår jag. Hur kommer det sig att vi kan använda teleportering inom det magnetiska konceptet?

– Det kommer, som så mycket annat, av en händelse där en planet kunde hämta hem en helt annan information från en annan tid. Det var också efter det som de kunde vidareutveckla detta koncept för att fungera även inom andra områden än bara rent informativt.

– Hur gjorde de det, och får ni berätta vem de var?

– Det får vi, de kom nämligen från Plejadernas rike, där dåtidens Plejader riktade in sig på hur de kunde förändra ett helt koncept efter dåtidens och framtidens mönster, vilket de kallade dåtidens information. Men då levde de inte där de lever idag; det var föregångare till nutidens Plejadernas rike, kan vi säga. De var också ett mycket positivt inställt folk som reste mycket för att kunna utveckla olika metoder, som de sa på den tiden. Det var så allt resande började, vilket vi kallar för teleportering. För det är det som sker när vi hämtar dåtidens och framtidens händelser - vi reser i tid och rum.

Så börja med magnetisk teleportering, så kommer vi att vidareutveckla den elektromagnetiska åt er om några år.

- Visst kan vi teleportera mycket mer än så?

- Ja, precis, och det är detta ni kommer att vidareutveckla längre fram. Vi kan exempelvis även teleportera celler, de som finns i er kropp.

- Det låter farligt.

- Nej, inte alls. Det är helt säkert, och även detta sätt, denna metod, används för att säkerställa, laga, ändra och så vidare. Men det kommer inte att ske förrän längre fram i tiden, eftersom ni först behöver öka er inre kraft, men det kommer.

KAPITEL 19

MELLANTID – MELLANSKIKT

HÄNDELSEFÖRLOPP

Kazandra berättar:

När ni förstår hur tid och rum fungerar, att tiden går att styra och ni har lärt er att hantera olika tidsbestämmelser, går vi vidare till det som berör själva händelseförloppet. Det är ett händelseförlopp där ni kan stanna och öka tidens händelseförlopp. Det är en teknik som vi redan använder på vår planet. Även ni kommer att utveckla och använda den i er magnetiska förmåga.

Vad menar vi då med händelseförlopp? När en händelse sker, sker den vanligtvis inom en viss tidsperiod – den börjar och slutar inom en specifik tidsram. Detta är ett händelseförlopp. Och genom att förstå händelseförloppet kan vi också gå in och avbryta en händelse som sker inom en viss tid, vilket vi gör genom att avbryta själva händelsen.

– Hur kan vi bryta en händelse? Frågar jag Kazandra.

– Vi stoppar händelsen innan tiden har ebbat ut. Men för att kunna stoppa en händelse måste den först ha startat. Annars kan vi inte stoppa den. När vi sedan ska bryta ett händelseförlopp börjar vi alltid med att dela in hela händelseförloppet i olika tidsepoker, vilket sker för att vi ska veta var i händelsen vi vill bryta tiden. Det är nämligen genom kunskapen om hur vi kan bryta ett händelseförlopp i tiden som vi kan lära oss när och var magnetism ska brytas.

När ni har delat in tiden i olika händelseepoker, börjar ni med att installera ett värmegenererande aggregat i den. Till en början kommer nämligen rörelsen att få agera ut som värme – innan ni helt har levitation. Så till en början blir det en värmegenerator där ert aggregat samarbetar med tidens olika epoker. Efter det kommer ni att skifta tidsrytm. För den tidsepok som gäller då, när ni börjar använda levitation, är något helt annat än när ni använder värme. Vi vet att det kan verka rörigt, men era forskare kommer att förstå.

Detta är den första delen av ett händelseförlopp som vi vill att ni vidareutvecklar nu. Ni kommer också att lägga till fler händelser i framtiden som även de kommer att ingå i samma tidsepok. När ni har lärt er att styra tiden kan ni nämligen också lära er att förena den. Och när ni har lärt er att förena tiden kan olika händelser också inträffa inom samma tidsram. Det är så vi utnyttjar vår magnetiska förmåga, och det är den vi använder för att kunna styra i vilken riktning vi vill att magnetismen ska dra och inom vilken tidsram detta ska ske.

Exempelvis: Om vi vill att den magnetiska förmågan ska agera framåt mellan kl. 14.00 och 17.00 behöver vi ställa in den tiden. Därefter vill vi ha ett stopp kl. 15.00, och det är här vi kan använda vårt styrande aggregat för att stoppa en händelse, en tidsepok, för att temporärt stanna tiden. Sedan fortsätter färden till andra stopp och så vidare.

Tänk på en chaufför som stannar vid varje busshållplats. Fast här pratar vi om en egen tänkande magnetisk förmåga, vars tid och rytm kan ställas in beroende på vad som ska hända den dagen.

Vi behöver även införa olika slussar. Ni kommer nämligen att passera slussar när ni beräknar tiden eftersom det är slussar som påverkar tiden. Det är slussar som angriper tiden. Det är alltså tiden, den som är integrerad i olika slussar, som vi ska beräkna.

- En sluss är olika stationer där tåget stannar antingen för att lämna av eller hämta upp passagerare. Och det är vid dessa slussar som ni kommer få lära er att beräkna tiden. För utan dessa slussar får vi varken mellanrum eller mellanskikt, vilket vi behöver i en magnetisk förmåga.

- Mellanrum är transportsträckan från en sluss till en annan.

- Ett mellanskikt är den tid det tar från det att tåget har stannat tills det startar igen. Det är som en skiljelinje. Och det är där, inom detta skikt, som slussarna befinner sig. Det är alltså där det sker en förändring, det är där de laddar och tillför sig mer kraft. Det är också grundläggande att ni tillåter att er framtida magnetism har ett mellanskikt där vi kan räkna och få ett utrymme att spela på.

– Är inte sluss och mellanskikt samma sak?

– Till viss del, men ändå inte. En sluss binder samman det du behöver beräkna i ett mellanskikt. Så båda kan integreras i ett mellanskikt, men de utgör ändå olika faktorer. Förstår du?

– Nej, inte riktigt.

– Vi provar igen.

Ett mellanskikt är där vi *utför* själva beräkningen. En sluss är mer en händelse i mellanskiktet där du *gör* beräkningen. En sluss öppnar alltså upp för den beräkning som du behöver göra *inom* ett mellanskikt. Var det bättre?

– Ja, tack. Då förstår jag. Så jag kan räkna ut vad som finns i ett mellanskikt med hjälp av en sluss?

– Ja, precis, men med en liten twist. Beräkningen som sker i mellanskiktet kan aldrig förändras. Den är permanent eftersom utrymmet också är permanent. Men slussen i mellanskiktet kan variera eftersom det är där du gör själva beräkningen mellan tid och rum. Du kan alltså göra en ny beräkning, men när den väl är satt i mellanskiktet är den permanent. Därför är de lika och integrerade i samma utrymme, och det är i slussen som du kan räkna på det minsta – i det som sker mellan tid och rum.

KOPPLINGSSTATION

Kazandra berättar:

Ni behöver även studera olika kopplingsstationer. Det blir nämligen de som kommer att styra er framtida fjärrstyrning. En kopplingsstation är det mellanskikt där vi växlar mellan olika tidszoner, så att vi kan använda tiden till att antingen gå framåt eller bakåt beroende på vilken tidsangivelse ni lägger in.

– Hur kan tiden gå bakåt? Frågar jag Kazandra.

– Att tiden kan gå bakåt i detta ärende har mer att göra med vilken tidsangivelse ni lägger in. Så det är inte tiden i sig som går bakåt, utan ni kommer att lära er hur ni kan backa tiden i det program som ni använder. Detta behöver ske för att ni ska kunna förena era olika tidszoner innan ni når en gemensam tidszon. Ibland är det även nödvändigt att vi kan backa tiden så att vi kan se tillbaka på vad som gick fel. Det kan alltså även användas för att tydliggöra om en tidsangivelse ligger fel i sitt eget utrymme.

– Så till en början kommer tiden i ett kopplingsschema att skilja sig åt, men vad händer efter det?

– Sedan lägger ni in allt i ett gemensamt ärende.

– Vad är ett mellanskikt i det här sammanhanget, utgör det samma sak som ovan?

– Ett mellanskikt i det här sammanhanget handlar mer om, och som vi tidigare nämnde, om du behöver en paus. Se det som när ni är ute och joggar eller arbetar och du behöver en paus efter halva tiden. Även detta är ett mellanskikt.

– Så det finns ett mellanskikt i tidens alla rum, men inte ett gap? Vad är det för skillnad?

– För oss är ett gap när du hoppar över en händelse helt. Ett mellanskikt är den del där du stannar till, antingen för att som joggaren pausa och hämta andan eller som tåget när det byter spår. Men du kan aldrig hoppa över en händelse i tiden, och det är det en del forskare tror att man kan, men så är det alltså inte. Det vi menar innebär alltid ett mellanskikt där du förändrar en händelse för att komma vidare. Och det är alltid i en händelse, i ett mellanskikt, som vi kopplar samman saker, aldrig innan eller efter. Om någon säger annat är det fel.

– Varför kan vi inte koppla samma före eller efter ett mellanskikt?

– För att det pågår en annan process då, och om vi då kopplar samman allt med det som sker då, sker det en *tvärkoppling* som vi kallar det. Den ställer sig helt enkelt på tvären. Därför sker alla kopplingar alltid i ett mellanskikt, och en kopplingsstation fungerar inte utan ett mellanskikt. Så för att en kopplingsstation ska fungera behöver vi alltså något som kan integrera sig i ett mellanskikt eftersom det är där all koppling sker.

– Är inte kopplingsstation och mellanskikt samma sak?

– Nej, ett mellanskikt är endast en plats. En kopplingsstation är den del som agerar på tiden i mellanskiktet.

– Vad gör en kopplingsstation, och hur många kan vi ha i varje system?

– Vi kan inte ha fler än vad ett integrerat kopplingssystem kan förvalta, eftersom vi inte kan förvalta hur många tidsangivelser som helst, åtminstone inte till en början. Så varje kopplingsstation i mellanskiktet har sin egen tidsangivelse. För det är som sagt vid varje mellanskikt som det sker en start eller ett stopp, och då är det också där kopplingen behöver ligga, den som växlar mellan olika tider.

– Var inte det en tidsväxlares arbete?

– Sant, men här menar vi inte så. I denna tid beräknar vi när och var ett tåg behöver stanna eller starta. Så en kopplingsstation utgör en mer exakthet och allt ligger som en färdig tidsangivelse i ett dataprogram. En tidsväxlare fungerar endast som en extra tillhörande del, men den har ingen bestämmande faktor i sig. Så det skiljer sig åt, men båda berörs ändå av tidens alla rum (vi kommer att diskutera tidsväxlaren längre fram).

– Varför är kopplingsstationen så viktig? Och varför kan vi inte bara ha en och samma rörelse i tiden?

– Om vi alltid berörs av samma sak då utvecklas vi inte. Så om vi inte har en föränderlig kopplingsstation sker ingen utveckling. Kopplingsstationen finns där även för framtiden, eftersom ni även kommer att lära er att vidarebefordra information, vilket innebär att kopplingsstationer börjar kommunicera med varandra. Men ni har ännu inte nått dit, men ni kommer att få undersöka det längre fram i tiden.

Därför är det vår önskan att ni börjar utveckla en kopplingsstation som är föränderlig. För det är viktigt att varje kopplingsstation går att förändra; annars kan de inte integrera sig med varandra, vilket är vårt mål. Så studera och utveckla ett integrerat kopplingssystem, så kommer ni att se hur lätt det faktiskt är när ni sedan ska förena allt.

Fredzo hälsar:

Det är även viktigt att ni studerar fler tidsangivelser för att se vad som fungerar i varje kopplingsstation. Varje koppling kommer nämligen att utgöra sin del, därför kan de agera på olika sätt. Det är så ni får olika mätningar när ni kombinerar tiden med en start eller ett stopp.

Det är också vår önskan att ni inte spenderar så mycket material till en början. Ni kommer nämligen att tro att det behövs ett stort bygge och en stor kostnad för varje projekt, men så är det alltså inte eftersom det redan ligger i en bestämd kostnad. Så om någon säger att det blir ett dyrt projekt så stämmer det inte. Ni kan bygga med mycket små medel. Därav kommer också varje medborgare att ha råd med ett miljövänligare fordon i framtiden.

MELLANTID

Ärkeängel Mikael berättar:

Vi behöver även en mellantid i mellanskiktet. Det blir nämligen den som kommer att bestämma när tiden ska förflytta sig, när kugghjulet ska röra sig framåt (vi kommer att diskutera kugghjulet längre fram).

– Hur kan det finnas en mellantid i ett mellanskikt? Frågar jag ärkeängel Mikael.

– Att vi kan ha en mellantid i ett mellanskikt innebär att vi kan dela upp tiden i olika zoner. Det var bland annat detta vi tidigare nämnde när vi pratade om hur vi ska nå en gemensam tidszon. Därför är det viktigt att ni även inför olika mellantider.

– Hur fungerar en mellantid, och vad är en mellantid i det här sammanhanget?

– En mellantid är ett gemensamt koncept, som vi brukar säga. Det beror på att det är just under mellantiden som vi kan justera tiden. Vi kan alltså varken ändra eller flytta tiden i ett mellanskikt utan en mellantid.

En mellantid sätter alltså tonen för tiden och indikerar när och var tiden befinner sig. Därför måste vi först veta var tiden befinner sig innan vi kan ställa in den, och det är här mellantiden kommer in i bilden. Mellantiden styr nämligen när och hur en tidsangivelse ska ske, inklusive när ett stopp eller en start ska ske. Därför behöver vi en mellantid i mellanskiktet. För vi befinner oss alltid i ett mellanskikt mellan olika tidsangivelser, och i det här fallet är det en mellantid.

– Så den fungerar som en styrande aktör, men bara i den delen där vi kan ställa in tiden?

– Ja, precis, för vi kan inte styra tiden utan en mellantid, den som finns mellan en start och ett stopp. Därför behöver ni ordna fram alla de tider som ni behöver utveckla. Därefter lägger ni in en mellantid i varje händelse, för att sedan lägga fram en gemensam tidszon. Alltså blir det väsentligt att ni når en gemensam tid.

– Så ett mellanskikt är som ett mellanrum i slussen där tiden kan förändras, och det är mellantiden som styr allt. För utan en mellantid kan vi inte ange en tidsangivelse. Har jag förstått det rätt?

– Ja, helt rätt, men med en liten twist. För att tiden ska fungera i ett mellanskikt behöver vi något som kan agera som rörelse. Annars kan kugghjulet inte röra sig efter tidens olika aspekter, och det är här vi kommer in på en start och ett stopp i ett mellanskikt. Så mellantiden ser till att allt fungerar som det ska, att era tidsangivelser fungerar som de ska. Och att vi har ett skikt där en mellantid kan verka är alltså avgörande; annars kan vi inte ställa in tiden till ett och samma inre koncept.

En mellantid är det som sker i ett mellanskikt där tiden styrs och kontrolleras.

– Hur når vi fram till en mellantid?

– Vi når inte fram till en mellantid. Mellantiden är en bestämd tid som ni själva anger, och det är den som sedan kugghjulet anpassar sig efter. För varje steg ett kugghjul tar finns en ny mellantid i mellanskiktet.

– Så vi kan ha flera olika mellantider i mellanskiktet som kugghjulet flyttar sig efter?

– Nej, inte så. Vi kan bara ha en mellantid i ett mellanskikt. Därför behöver vi olika mellanskikt som styrs av samma mellantid, med olika tidsangivelser inlagda i just det mellanskiktet. Därför minskar mellanskiktet alltmer när vi lägger till fler händelser i det. Det minskar inte fysiskt; det är bara en känsla vi får när något fylls på mer och mer.

Tänk så här, och vi ska ta ett tåg som ett exempel:

Tåget stannar vid en tågstation; detta är ett mellanskikt. Men för att tåget ska veta när det ska starta igen behöver det en tid som talar om det, och det är här vi lägger in en mellantid. En tid i tiden, kan man säga. När tåget sedan åter går i rörelse befinner det sig under en transportsträcka ända fram till nästa mellanskikt. Där tar ett annat mellanskikt över och styr och kontrollerar när tåget ska starta och stanna där.

Men för att ett mellanskikt inte ska påverkas av flera mellantider och störa tidens rytm, sätter vi in en tidsangivelse som justeras så att tidsväxlaren och kugghjulet endast följer den specifika mellantiden, på den specifika platsen, vid den specifika tågstationen. På så sätt har vi gett den ett kommando i tiden, kan man säga, så att den själv kan känna av när en start eller ett stopp ska ske i varje mellanskikt. Förstår du, min vän?

– Tack. Nu förstår jag. Men transportsträckan då? Hur fungerar den mellan varje mellanskikt?

– Den agerar som en förare, kan vi säga. Det blir där som ni bestämmer hastigheten så att varje transportsträcka tar exakt lika lång tid, innan den når fram till nästa mellanskikt.

– Hur vet vi hur lång tid varje sträcka ska ta?

– Det kommer era professorer att räkna på, precis som de gör idag. Men samma transportsträcka kommer inte att kunna beräknas på samma sätt varje gång. Varje gång ett tåg kör samma sträcka kan det inte veta exakt när en start och ett stopp ska ske. Därför kommer era framtida stationer att beräkna detta själva – när de anländer till nästa mellanskikt.

– Hur kan de göra det?

– Det kommer att finnas med i ett inlagt händelseprogram där varje händelse längs samma transportsträcka kommer att noteras. Därav kan tåget, eller rättare sagt programmet, själv lägga till när det anländer till nästa mellanskikt. Men detta är en mer avancerad linje, i stället för transportsträcka. Men som vi ändå vill få med redan nu, så att ni vet att de som redan har påbörjat detta gedigna arbete och inte blir trodda, ska veta att ni är på rätt spår.

Allt kommer nämligen att bli självstyrt i framtiden, även de hinder som ett tåg kan möta längs varje linje, under varje transportsträcka. Där tåget självt kommer att ingripa och omvandla tiden så att människan vet när nästa tåg anländer till just sin tågstation. Så det blir ett tidsbestämt schema som ni kommer att följa, men där programmet självt kommer att justera tiden om något oförutsägbart skulle inträffa mellan varje mellanskikt. Därför behöver vi en mellantid i mellanskiktet.

Ni kommer även att lägga till fler komponenter där varje komponent styr om tiden. Och vi har delat upp det i tre punkter:

1. Den första är olika tidszoner. Det blir bland annat ett program som lägger till alla de tidszoner som ni har idag och som kan ställa in sig självt på en gemensam tid. Det blir olika komponenter som ni själva behöver lägga till innan ni når fram till en gemensam tid. Detta är er första komponent.

2. Nästa komponent är olika cykler. För till en början behöver ni olika cykler som kan bestämma farten. Det är nämligen hastigheten som kommer att avgöra när ett tåg ska starta eller stanna vid varje mellanskikt. Det innebär att ni behöver nå en gemensam hastighet så att ni kan beräkna transportsträckan och bestämma när varje start och stopp ska ske.

3. Nästa del är ett helomvandlande program. Det är ett program som kan självständigt ställa in den omvandling som ska ske i transformatorn. Först behöver det dock nå en annan kraft som kan omvandlas innan det

blir mer självgående. Så det blir en kraft som ni kommer att ta hjälp av innan ni når ett självgående program för omvandling av partiklar.

Börja med dessa tre komponenter: *zoner, cykler* och *program* innan ni utvecklar ett mer självgående koncept. Era professorer kommer att förstå.

KOPPLINGSSTYRE

Kazandra berättar:

En kopplingsstation är också den del som vi kopplar samman med ett styre, inklusive en fjärrstyrning. Därför behöver vi även ett kopplingsstyre. Ett kopplingsstyre är alltså den som styr hela projektet, och det är en koppling som behöver ske i det mellanskikt som vi tidigare nämnde.

Den kan även kontrollera att det inte finns andra hinder i vägen i mellanskiktet. För om det ligger annat i vägen kan det kopplas fel. Men i det här fallet kopplar vi inte fel på fel plats, utan det blir en felkoppling med fel styre, därav namnet. Det är nämligen där, i själva mellanskiktet, som styret finns och som vi kopplar samman med vår fjärrkontroll.

– Vad är det för styre som finns i mellanskiktet? Frågar jag Kazandra.

– Det blir ett styre som kan agera genom fjärrstyrning. Det blir den som sänder ut signaler till er när ni har hamnat i ett mellanskikt, och då tar er koppling vid. Den kommer att styras efter ett schema som ert integrerade kopplingssystem består av.

Ni kan gå tillbaka till vår bild, där ser ni vad vi menar med ett mellanskikt i ett integrerat kopplingssystem. Däri kommer det att finnas ett styre, en tid, som ni kan anpassa er efter, beroende på vad ni har lagt in för tidsangivelser. Så för att vi ska kunna koppla samman allt behöver vi alltså ett styre i mellanskiktet. Det är nämligen styret som sedan kopplar samman allt så att tiden kan fortsätta sin resa ända fram till nästa mellanskikt.

– Ah, då förstår jag. Det blir som ett rörelseschema, men där varje stopp och start utgör ett mellanskikt, och beroende på vilken tidsangivelse som är inlagd agerar styret efter tidens alla rum. Men påverkas inte styret av det omkringliggande utrymmet?

– Nej, i det här fallet ligger kopplingsstyret oberoende eftersom det mer påverkas av ett internt koncept – det ni lägger in i er data. Se det som en tågbom och en växel. Tåget stannar när bommen fälls ner och startar igen när den fälls upp. Ett mellanskikt, i det här fallet själva växeln, behövs när tåget ska byta riktning eller spår. Så växeln växlar över till ett annat spår innan tåget kommer, vilket kan jämföras med ett kopplingsstyre i ett mellanskikt, och varje växel är redan förprogrammerad i ett dataprogram. Därför behöver vi även en tidsväxlare.

KAPITEL 20

ANKNYTNING TILL TID

TIDSVÄXLARE

Alfredo berättar:

För att länka samman allt i ett integrerat kopplingssystem, inklusive den strömbärande kedja som vi tidigare diskuterade, behöver vi även en universell tidsväxlare. Vi ska rita upp en förenklad bild på en tidsväxlare, och vi har delat upp det i tre:

TIDSVÄXLARE

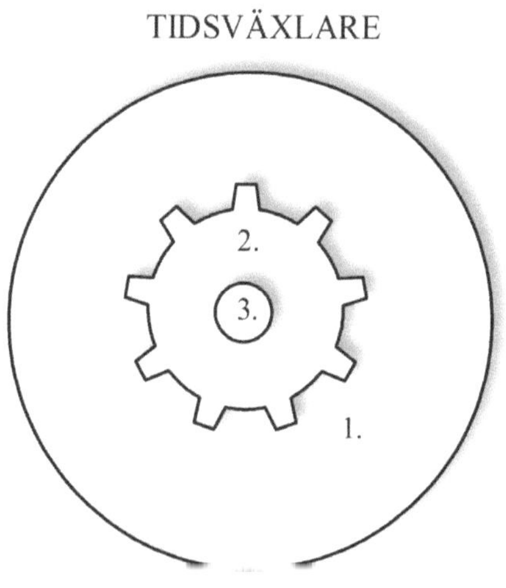

1. Utrymme = Tidsbestämmande.

2. Kugghjul = Förflyttas efter tidsbestämmelserna.

3. Munstycke = Agerar som en kraftkälla från insidan och ut. Munstycket hämtar energi från den strömbärande kedjan och ger den kraft som behövs för att rotera kugghjulet. Tidsinläggen bestämmer när tidsväxlaren ska stoppa eller starta.

- Det är tidsväxlaren som bestämmer när en start och ett stopp ska ske.

- Det är en tidsväxlare som ni kopplar samman med ert redan inlagda dataprogram.

- Det är den som styr tiden i ett integrerat kopplingssystem.

- Det är en tidsväxlare som måste förstås utifrån ett magnetiskt perspektiv.

En tidsväxlare är alltså något som, tillsammans med ert datoriserade program, kommer att styra tiden. Därför behöver vi först förstå hur tid och rum fungerar, eftersom det är där allt skapas, byggs och utvecklas i tidens skeende mellan de utstakade rummen. En tidsväxlare kopplas alltså samman mellan ett integrerat kopplingssystem och ett dataprogram. Därför måste ni först ha utvecklat ett integrerat dataprogram innan ni når dit. När ni har gjort det kommer ni att förstå vad vi menar. Därför utvecklar vi inte själva dataprogrammet här; det kommer senare. Här vill vi bara belysa att det kommer en tidsväxlare som ni behöver koppla samman med ett integrerat kopplingssystem.

– Hur gör vi det? Frågar jag Alfredo.

– Det gör ni genom att skapa ett växlingssystem, ett som kan växla mellan olika tidszoner. För ni kommer att utveckla denna tidsväxlare över hela världen och i olika sammanhang. Era professorer, de som arbetar inom detta, kommer att skapa den åt er.

– Kan ni förklara hur den fungerar, för oss som inte har så mycket kunskap i ämnet?

– Vi kan säga så här: Den tidsväxlare som ni kommer att skapa i framtiden ser inte ut som den gör idag; dagens är mer synlig för ögat. I framtidens tidsutrymme skapas den nämligen i ett tidigarelagt utrymme som endast den mest professionella kan se med ögat. Så den finns men den är ändå abstrakt i sitt innehåll.

Med abstrakt innehåll menar vi den effekt som tiden har när ni skapar en tidsväxlare. Det är alltså tiden som tillför ett abstrakt innehåll, sedan låser vi in den i en låda, kan vi säga. Därför kan vi inte se den. Det är så vår tidsväxlare fungerar på vårt skepp, och endast vår mekaniker Fredzo kan mer om detta. Därför låter vi nu Fredzo ta över ordet.

Fredzo berättar:

För att helt förstå detta med tid och rum behöver vi en behållare som kan styra sig själv utifrån ert dataprogram. Det är ett tidsinnehåll som består av ett *urverk*, som vi kallar det. Försök se det som innehållet av en klocka, men detta är en mer utvecklande och bestämmande teknik.

– Hur kan vi koppla och förstå hur detta abstrakta innehåll fungerar? Frågar jag Fredzo.

– Innehållet kommer nästan att fungera som ett integrerat kopplingssystem; det vill säga, vi behöver någon form av kraft som gör att innehållet roterar. Annars kan inte heller klockan rotera. Så för att den ska rotera behöver vi ett instrument som kan göra det, och i det här fallet pratar vi om ett munstycke.

– Vad gör ett munstycke?

– Ett munstycke placeras alltid ut vid olika stationer där vi behöver införa en tidsstopp eller en tidsstart. Det är alltså munstycket som styr den delen.

– Men själva kraften, varifrån kommer den, så att allt roterar?

– Den kommer från ett kugghjul. Kugghjulet anförs efter munstyckets bestämmande del, vilket redan är inlagt. Det var detta vi var inne på tidigare, angående kugghjulets rörelse över tiden. Kraften skapas utifrån; den utgörs av hela den kraft som styr det integrerade kopplingssystemet.

– Så kraften lyfts in i tidsväxlaren, behållaren?

– Nej, den går självmant in eftersom den länkar sig samman med övriga begrepp i ett integrerat kopplingssystem. I det här fallet från utsidan till insidan.

– Så vi har en behållare med ett munstycke som integreras med den yttre kraften som finns där. Kugghjulet är endast en faktor som påverkar tiden, om den ska förflytta sig eller inte. Är det rätt?

– Ja, precis. Kraften kommer att smälta samman till slut. Men du har rätt; det är också ett självgående recept eftersom, och som vi tidigare nämnde, det är en tidsväxlare som kan integreras även i andra ärenden.

– Men tiden, hur bestäms den?

– Det är här ert dataprogram kommer in. För tiden lägger ni själva in, där ni vill. Därefter flyttar sig kugghjulet efter rörelseprincipen och munstycket bestämmer alltid takten, eftersom det också har ett redan inlagt bestämmande koncept.

– Då måste vi lära oss när vi ska växla mellan tiderna. Och kan kugghjulet ha oregelbundna kuggar för att tiden ska ske olika, eller är de jämna som på bilden?

– Ett kugghjul är alltid jämnt. Det är tiden i utrymmet som bestämmer eller avgör hur eller när allt ska ske. Med tid menar vi den period av utrymme som finns mellan kugghjulet och det utrymme där tiden befinner sig i.

Se det som ett spel, där du för varje drag du gör kommer allt närmare framtiden eftersom tiden alltid går framåt. Eller exempelvis ditt eget liv: ibland behöver du pausa (vila), ibland behöver du vara helt stilla (sova), ibland behöver du starta upp allt igen nästa dag (vaknar) och så rullar allt på. Därför är det viktigt att ni väljer rätt aggregat till rätt tidsväxlare; annars fungerar det inte.

Tänk så här: Tiden går som sagt alltid framåt, men eftersom vi behöver stå stilla ibland lägger vi även in det i tidsväxlaren. Det är här vi kommer in på det som era änglar tidigare diskuterade; exempelvis när tåget stannar klockan 15.00 behöver vi lägga in det i tidsväxlaren. Det är här allt kommer att samverka.

– Hur kan tidsväxlaren veta när tåget ska stanna?

– Ni lägger in det i ett dataprogram som synkroniserar sig med kugghjulet. Men det är i själva utrymmet, det som finns mellan tiden och kugghjulet, som allt bestäms.

– Jag förstår inte helt. Hur menar ni?

– Vi tar ditt kök som ett exempel på ett utrymme där du nu sitter och skriver med mig.

Köket är ditt utrymme, men runtomkring dig flyter tiden på. Men du kan inte själv stanna tiden. För att kunna göra det behöver du ett inlagt program som kan göra det åt dig. Så när vi pratar om att lägga in tiden i ett utrymme menar vi att placera tidsinlägget i utrymmet. För du kan aldrig placera en tidsförändring i själva kugghjulet. Kugghjulet styrs av den yttre kraften och då behöver vi även placera tidsinlägget där.

Så all tid placeras, ändras alltid i själva utrymmet, där du arbetar. Aldrig på insidan. Om du lägger in tidsinlägget i exempelvis munstycket som är på insidan, når det inte ut till det som sker på utsidan, där kraften styrs och finns. Då ökar risken att det stannar kvar där.

– Men i en data lägger vi in tidsangivelsen på insidan.

– Ja, fast här fungerar er data som en extern koppling. Det är alltså inte där själva tidsinläggen sker, även om tidsangivelserna läggs in där. En tidsangivelse sker alltid i ett utrymme där kraften nås från utsidan. Det är alltså tiden i utrymmet som är viktig i en tidsväxlare. Kugghjulet agerar endast utifrån den inre kraft som den får från munstycket och stannar och stoppar utifrån de tidsangivelser som ni lägger in.

TIDSKOPPLING

Alfredo berättar:

Ni behöver även en tidskoppling, och den tidskoppling som vi vill att ni studerar utgör ett internt koncept av tid. Därför är det av stor vikt att ni först studerar tidens alla rum innan ni når fram till en tidskoppling i en tidsväxlare. En tidskoppling är nämligen en del av det instrument som ni behöver i er framtida tidsväxlare. Där tiden står still kommer nämligen tidskopplaren att ta över. På så sätt kan tiden aldrig stanna av.

– Så den är som en säkerhetsvakt? Frågar jag Alfredo.

– Ja, så kan man säga. Men vad vi menar är att tidsväxlaren behöver även vara utrustad med en tidskopplare som känner av när tiden går fel. För det finns inget som är perfekt, inte ens elektromagnetismen. Eftersom om tiden alltid går att förändra ökar också risken att något kan gå fel. Så en tidskopplare är helt enkelt där för att se till att tiden i en tidsväxlare inte stannar av.

– Hur kan vi koppla samman den med tiden i vår framtida tidsväxlare?

– Det kommer era ingenjörer att göra, men det blir inte förrän ni förstår tidens alla rum. Så vårt råd är att ni börjar med det.

TIDSAXEL

Kazandra berättar:

För att vi ska kunna förena vårt tidsaggregat i framtiden behöver vi även en tidsaxel. Det är nämligen den som avgör åt vilket håll tiden ska gå. Med axel menar vi det element eller den sak som agerar åt tiden.

– Hur gör den det? Blir det som med kugghjulet då? Frågar jag Kazandra.

– Nej, ett kugghjul behöver alltid ett utrymme där tiden kan utspela sig, medan en tidsaxel är en sammanfogad historia. Därav styrs den inte av tiden. Det är alltså inte den som styr tiden; den agerar endast utifrån det ni lägger in i ert dataprogram. Den kan nämligen inte agera på egen hand.

– Vad är det då som skiljer ett kugghjul från en tidsaxel? För mig låter det nästan som att de gör samma sak.

– Vi förstår att det kan verka så, men i en magnetisk process agerar ett kugghjul genom att flytta sig framåt, medan en axel bara finns där och är fast i sitt eget agerande. Förstår du, min vän?

– Jag tror det. Men hur kan den agera om den står fast?

– Den står inte helt fast eller stilla. I det här fallet agerar en tidsaxel efter det som sker runtomkring. Inte som kugghjulet som snurrar efter tiden. En axel är endast en tillhörande del i tidens agerande.

Vi vet att för er är en tidsaxel en kronologiskt ordnad förteckning av händelser – det som sker i tiden. Men i vårt ärende fungerar den på ett annorlunda sätt, men ändå inte. Om ni förstår? Se punkt tre på bilden (transformatorn). Då förstår ni liknelsen mellan en kronologiskt ordnad förteckning av händelser i tiden och vår tidsaxel. Därför nämner vi den som en del, som ingår i alla rum i tiden.

– Var placerar vi den?

– Ni kommer att placera den tillsammans med er framtida transformator. Det blir nämligen viktigt att er tidsaxel kan agera utifrån det som transformatorn sänder ut. På så sätt agerar tidsaxeln efter den kraft som transformatorn skapar, men den ligger ändå där som en enskild ägare till sitt eget agerande. Den kan alltså även agera efter andra åtaganden. En axel kan sammanfattningsvis agera, men den kan också stå självständig. Den förflyttar sig inte, men den agerar efter den kraft som den möter, i det här fallet transformatorn.

– Så den agerar efter kraften. Varför gör den det? Jag menar, vad är syftet med det?

– Genom att ni har en tidsaxel på utsidan av transformatorn, men som ändå är länkad med allt innehåll, kan ni även se vilken kraft det inre sänder ut.

– Var inte det temperaturbärarens uppgift?

– Både ja och nej, eftersom den inte berör den del som rör tiden. Det är väsentligt att den kraft som rör tiden i utrymmet kan integrera sig med det yttre och inre. Det är detta tidsaxeln kommer att göra åt er, vilket en temperaturbärare inte kan eftersom den inte befinner sig i tiden; den bara mäter kraften. Och om ni först mäter kraften blir det lättare att fånga upp vilken styrka som ska passera i tidens utrymme.

Så ni ser, en tidsaxel finns där och agerar som en kännare och reagerar på det den känner av, men endast det som sker i tidens utrymme. Så först mäter vi kraften, som sedan passerar tidsaxeln som agerar efter kraften i tidens alla rum. Att ni inte förstår allt än beror på att ni inte har lärt er om tid och rum än, men när ni gör det kommer ni säga: "Ah, var det så de menade". Så oroa er inte om ni inte förstår allt vi säger.

TIDSKAPSEL

Alfredo berättar:

Vi behöver även en tidskapsel. Med tidskapsel menar vi hur allt kan integrera sig. Något eller någon som ser till att allt går som det ska, kan vi säga. En tidskapsel är den del som kan integrera sig med i stort sett allt i en transformator. Därför samverkar den så bra med nästan allt vi tillverkar.

– Hur kan en tidskapsel fungera i och tillsammans med en transformator? Frågar jag Alfredo.

– Den fungerar inte i själva systemet. Det är en del som finns på utsidan men som verkar efter hur allt synkroniserar sig på insidan. En tidskapsel är alltså den del som placeras på utsidan. Den ser till att allt går som det ska. Den agerar, bestämmer och ser till att allt fungerar efter tidens alla rum.

– Jag har lärt mig att en tidskapsel är en behållare där vi placerar andra föremål som ska bevaras för framtiden och sedan gräver ner den.

– Vi förstår, men så är det inte för oss. Vår kapsel är en del som sker i tiden. För utan en del som kan känna av, förstå och styra skulle det uppstå många fel. Så en tidskapsel känner av om något går fel på insidan.

– Var inte det temperaturbäraren eller tidskopplarens uppgift?

– Nej. En tidskapsel ”vet”, en temperaturbärare ”förstår” och en tidskopplare är en ”inre” process, kan vi kalla det. Därför är tidskapseln en mer bestämmande faktor än vad exempelvis temperaturbäraren är.

Den ström som förbinder transformatorns inre med det yttre är nämligen den som förmedlar ut den näring som tidskapseln känner av. Den kan då känna av om en del i transformatorn inte fungerar som den ska i tidens utrymme, om den behöver bytas ut eller lagas. Det är alltså en kapsel som bestäms och styrs av tiden. Därav kan den agera och känna av om de delar som finns på insidan fungerar som de ska eller inte.

– Så den blir som en slags sensor?

– Ja, precis. Den känner av tidens rytm och uppmärksammar dig om någon del inte fungerar som den ska. Därför är det tiden som styr, men det är kraften som sätter allt i rörelse. Tänk på vad era änglar tidigare diskuterade – utan tid kan vi inte ha framåtrörelse. Det är detta vår tidskapsel är till för – att arbeta. Därför är den en styrande och avgörande faktor i en transformator.

– Var placerar vi den?

– Ni kan placera den var ni vill, men vårt råd är det högra hörnet eller något av de andra hörnen, eftersom det är där den känner av styrkan bäst. Ni kommer att förstå, så oroa er inte.

Nu, mina vänner, har vi skapat en transformator för framtidens bruk, så att ni så småningom kan utveckla en levitationsbil. Men innan vi avslutar behöver vi först integrera och testköra allt.

KAPITEL 21

INTEGRERING

TESTKÖRNING

Kazandra berättar:

Innan vi började med vår del berättade era änglar om universums kraft, för det är därifrån ni kommer att hämta hem ren energi i framtiden. Efter det gick vi vidare till vår del – det magnetiska konceptet. Det är här vår specialitet ligger. Det är också det vi kommer att hjälpa er med i framtiden.

Vi började med att diskutera den magnetiska förmågan och hur elektromagnetismen kommer att få ett rejält uppsving i framtiden. Vi berättade även om den del som har blivit förvrängd och hur ni kommer att lösa er uppstigning i framtiden. Därefter avslutade vi allt med tid och rum för att koppla samman vår transformator med både ett aggregat och ett integrerat kopplingssystem. Nästa steg är att integrera och testköra allt.

Hur kan vi då integrera allt? När vi Kathremer sätter samman allt använder vi en teknik som vi kallar för *sammanföring av ett projekt.* Vad går då en sammanföring av ett projekt ut på? Den går ut på att se helheten och hur vi redan från början kan förutse slutresultatet. Men även i vilket ärende vi kommer att använda alla komponenter.

Nästa del innebär nämligen hur vi förvaltar alla delar. Vi vill försäkra oss om att de går att ta isär, laga, utveckla, flytta och använda till även andra komponenter. Idag tillverkar ni endast produkter till en och samma del, exempelvis en bil. Detta är föråldrat. Ni behöver vidareutveckla varje del så att de även kan användas i fler stationer.

Efter det multiplicerar vi allt – vi överdriver allt. Det vill säga, när vi sätter samman alla delar, exempelvis fjärrstyrning, tidsväxlare och integrerat kopplingssystem och så vidare, överdriver vi själva utförandet av processen för att säkerställa att alla delar verkligen tål varandra. För om de tål varandra i ett överdrivet skeende minimerar vi också risken för att något händer senare.

Sist avslutar vi allt med en testkörning. Även här fortsätter vi att trycka på och öka trycket ytterligare, vilket innebär att vi överdriver och testar den kraft som kommer in. Vi ökar även trycket på kablarna extra mycket, mer än vad de egentligen tål i värme. Därför händer det att delar går sönder under ett testprogram.

Det är så vi vill säkerställa våra produkter så att vi vet att de är säkra för våra medborgare. Och eftersom vi inte själva kan sitta i tåget eller bilen när vi testkör har vi maskiner som utför den delen åt oss, vilket ni också har. För det är viktigt att vi aldrig släpper ut en produkt förrän den är helt säkerställd.

Och glöm inte: Det kommer att bli en del pussel till en början, men era forskare kommer att lösa detta, vilket de kommer att göra genom olika möten där de diskuterar denna integrering. Så oroa er inte. Men vi kan säga så här: när vi skulle lära oss att föra samman allt krävdes det en rejäl strömbarriär, den vi tidigare diskuterade. Detta för att den ena delen inte skulle slå ut den andra, vilket annars kan ske till en början innan de har lärt känna varandras funktioner.

Så vårt råd är att ni sätter samman allt så att det även kan integreras i andra användningsområden är vårt råd, när ni ändå håller på med integration av olika delar. Så tänk stort och tänk framåt, även i andra användningsområden.

NY BILINDUSTRI

Kazandra berättar:

När ni är klara med det magnetiska konceptet kommer ni att skapa en helt ny bilindustri. Varför just bilen? Bilen kommer att bli allt vanligare som fordon när allt fler har råd att köpa en bil. Det finns många länder idag som inte har råd med en bil, men allteftersom världen förändras och ni börjar samarbeta med varandra igen kommer även de få nöjet att äga en bil. Världen är till för alla, inte bara de som har mest pengar.

Hur gör vi då för att bygga upp och konstruera en ny bilindustri? Det gör vi genom att använda ett mycket gammalt koncept. Det är ett koncept som även vi använde när vi byggde upp vår bilindustri.

Vi har delat upp det i fyra avdelningar:

1. Behandla
2. Aktivera
3. Förena gammalt med nytt
4. Kraften

Det första ni behöver göra är alltså att *behandla* det som inte längre går att använda. Med "behandla" menar vi hur ni redan nu kan omvända dagens koncept och industri till framtidens, vilket ni gör genom att använda gamla delar och behandla dem med en helt ny metod. Det är en ny typ av behandling som vi kommer att diskutera med er i framtiden, men inte så länge det finns egocentriska själar kvar på jorden. Därför väntar vi – så att alla kan få ta del av och verka i detta behandlande koncept.

Genom denna nytillkomna teknik kommer ni att kunna omvandla och använda gamla konstruktioner och gamla föremål även i en ny konstellation. Därför behandlar vi det så att gamla föremål också kan passa in i ett magnetiskt koncept. På så sätt värnar vi mer om miljön än när vi tillverkar nytt, vilket inte är helt nödvändigt i det här fallet.

När ni har påbörjat behandlingen av era fordon och de delar ni vill överföra till ett magnetiskt koncept, inleder ni fas två. Fas två innebär en mer yttre påverkan, även om det är i det inre vi arbetar. Fas två handlar nämligen om hur ni kan *aktivera* gamla saker så att ni kan använda dem i ett mer framtida koncept. Det handlar alltså om att aktivera gamla koncept, inklusive de ni hittade under romartiden – koncept som andra har täppt igen för att ni inte ska nå den typen av aktivering.

– Hur kunde människan redan under romartiden tillföra sig en aktivering om dagens föremål inte fanns då? Frågar jag Kazandra.

– Vi menar inte så. Vad vi menar är en universell teknik, en universell aktivering, som även vi Kathremer arbetar med. Den gick nämligen redan då ut på hur man kunde förena olika ingredienser, och på den tiden experimenterade man med olika belysningsfunktioner. Det är den aktiveringen vi menar.

Så hur kunde då romarna redan på den tiden nå och känna till hur man aktiverar belysning? Det är just detta ni kommer att lära er – samma teknik som de använde, fast i en mer modern version. För den aktivering vi är ute efter berör strömmen av aktivering, och det är den ni kan applicera på ljusets kraft, eftersom det är där ni kommer att aktivera in detta framtida koncept. Så en aktivering av nytt sken, nytt ljus, blir viktigt.

Efter det går vi vidare till den tredje delen av er nya bilindustri, där vi plockar isär det gamla för att förena det med ett nytt koncept. Den tredje delen handlar alltså om *förening mellan gammalt och nytt.* Därför kommer ni att plocka isär det gamla, laga det, processa det och omvandla det så att det ni vill använda går att använda även i ett magnetiskt koncept. Så föreningen mellan gammalt och nytt blir viktig.

Den fjärde och sista delen handlar mer om själva utförandet av konceptet, att försöka belysa varifrån all *kraft* kommer. Så den fjärde delen kommer att ta stor plats eftersom det är där i avdelning fyra som all kraft kommer att skapas. Kraften i era framtida motoriska delar kommer faktiskt att bli så stor att den behöver en alldeles egen avdelning, även om den är utspridd över hela världen där alla arbetar utifrån ett och samma konstruerade koncept.

Vi kommer även att ha en lång kedja av aktörer som kommer att arbeta mellan olika länder för att se till att alla arbetar efter ett och samma mål, vilket inte kommer att behövas längre fram. Men till en början är det viktigt, innan ni helt kan samverka av egen kraft.

Det blir ledare från Plejadernas rike som kommer att anföra den biten så att ni får den vägledning som ni behöver. Därav kommer fler av oss, även vi Kathremer, att arbeta med er för att hjälpa er framåt på den resa som vi kommer att göra tillsammans. För det är just inom bilindustrin eller andra motoriska koncept som vi verkar inom, och det är också det avtalet vi har med er Gud. Så ta till er de läror som vi är här för att bistå med och lär er att arbeta tillsammans, inte efter vilken plånbok som är störst.

Tänk också på, och som vi tidigare nämnde, att när ni tillverkar bilar inom det magnetiska konceptet behöver ni även elever som träder in och hjälper er i den processen. Det är nämligen viktigt att ni börjar arbeta tillsammans som både lärare och elev, eftersom det är i detta koncept ni kommer att utvecklas i framtiden. Gör ni det når ni också mycket längre i era resultat. För glöm inte: era elever har mycket kunskap med sig som deras själ besitter. Så börja se alla som likvärdiga.

KAPITEL 22

AVSLUTNING

ELBIL OCH VÄTGASBIL

Ärkeängel Mikael berättar:

Avslutningsvis vill vi svara på en fråga som vi fick av Ulrika, och den frågan lyder: Varför pratar ni varken om elbilen eller vätgasbilen? Svaret på den frågan är enkelt: Enligt vår källa är ännu inte vätgasbilen fullt utrustad. Den fungerar i dagens mått mätt, men den är alltså enligt oss inte helt färdigutvecklad.

Vätgasbilen blir också endast en förbipassage tills vi har utvecklat levitation. Därför pratar vi bara om det vi anser är en långsiktig och hållbar lösning för framtiden. Men vi kan säga så här: för att få i gång vätgasbilen, mer än vi redan gör, behöver vi även här införa en magnetisk rörelseförmåga. Vi behöver alltså fortsätta och förbättra en del inre koncept som enligt oss inte fungerar fullt ut, inklusive gasen.

När det gäller gasbilen kommer den att utvecklas för att användas på exempelvis åkrar.

Ärkeängel Metatron vill nu, innan vi avslutar, berätta om den nya gas som ni kommer att skapa i framtiden. Men som vanligt ger vi aldrig ut ett färdigt recept, men ledtrådar finns det gott om lite varstans.

VÄTGASBIL

Ärkeängel Metatron berättar:

Vätgasbilen är för tillfället en bra lösning, men så småningom kommer ni att hitta en ny väg med en ny typ av gas som, tillsammans med en magnetisk rörelse, kommer att driva bilen. Så det är en bil som inte finns ännu, men den kommer att finnas inom en snar framtid.

Det blir en bil som kommer att generera ström genom en vattenburen del och tillföra rörelse genom magnetismens förmåga, vilket resulterar i en gas som är helt ofarlig. Men denna gas måste skapas på samma sätt som kärnfusion, vilket vi redan har diskuterat. Men det är inte själva kärnfusionen vi kommer att använda, utan det är dess konceptuella funktioner som kommer att påverka vår framtida vätgasbil.

För oss kommer kärnfusionen att användas mest som en alternativ energikälla, medan vätgasbilen kräver en helt annan teknik eftersom den kommer att drivas av omvandlad vattenånga. Vatten ska alltså inte användas i kärnfusionen, förutom den vattenånga som ibland kan bildas. Därför kommer det att användas en annan teknik, men vi kommer att utnyttja kärnfusionens förmåga i framtiden.

Vi vet att dagens vätgasbil redan avger vattenånga, därför förespråkar vi just vätgasbilen. Däremot är det gasen vi önskar att ni fortsätter att utveckla.

DEN NYA GASENS INTRÄDE

Guds andliga vägledare berättar:

Det blir en gas som "bubblar", och det är den vi vill att ni utforskar nu. Hur uppstår då denna gas, detta bubbel? För att förklara behöver vi gå tillbaka till protoner, elektroner och neutronstjärnan.

Vi har som ni redan vet diskuterat neutronstjärnan och hur vi kan använda magnetismen i våra bilar. Men för att uppnå denna rörelse måste vi alltså gå tillbaka till hur vi omvandlar en del grundläggande begrepp, som exempelvis elektroner i en atom. Enligt våra skrifter, de vi har i andevärlden, kan nämligen en atom endast genomgå en förändring om den är i rörelse. Så det är bara när en atom är i rörelse som vi kan ta bort de elektroner vi vill ta bort. Detta är en teknik som även finns att nå i ett svart hål.

Vi har delat upp det i fyra delar:

1. Ta bort – omvandla elektroner i en atom.
2. Fylla det tomrum som uppstår.
3. Tillförsel.
4. Skapa ett lugn så inte gasen exploderar.

När vi tar bort elektroner uppstår ett tomrum. Det är detta tomrum som behöver fyllas, och det vi fyller på med kallas bubblor. Bubblor uppstår när vi tillför oss nya elektroner, vilka kommer att agera ännu kraftigare eftersom dessa nytillkomna elektroner är mycket starkare än de gamla.

Men för att nå dessa bubblor behöver vi även tillsätta helium – ni vet, det där som vi har i ballonger. Men i det här fallet blandar vi samman det med väteatomer som vi, inne i en atom, kan ta bort elektroner för att sedan skapa nya. Det är då det uppstår en ny gas som bubblar. Det ser i alla fall ut som att det bubblar, det bubblar inte på riktigt.

Vad mer behöver vi tillsätta? Jo, väteoxider. Oxidering är nämligen nödvändigt i det här fallet; annars når vi inget bubbel. Väteoxid kolliderar inte heller med andra komponenter eftersom den agerar självständigt, vilket är viktigt eftersom vi inte vill ha en explosion. Men för att väteoxiden ska kunna agera med full styrka behöver den något som ökar dess kapacitet. Detta uppnås genom att vi tillför magnesiumoxider, inklusive joner som finns på månen. Genom att tillföra magnesiumjoner (oxider) ökar dess kraft och styrka.

Allt drar till sig magnesiumets förmåga
att vilja agera ut i sin fulla styrka.
Allt kan användas i universums atmosfär likaså.

Vi behöver alltså låta allt oxidera, skapa joner, och därav kommer ni snart att nå ett nästan färdigt resultat som ni kan ha i era maskiner. Vi behöver nämligen även protoner. Protoner kommer även att senareläggas tills vi har forskare som kan ta sig an denna nya förbättrade teknik.

Varför behöver vi då protoner, och vad gör de för nytta på egen hand? Dessutom, vad gör vi när elektronerna har ökat i antal? För att en proton ska växa behöver den någonstans att bo – en atom. Men i det här fallet kommer den inte överens med sin nytillkomna granne – elektronen. Därför behöver vi dela dem innan de blir osams.

I den situationen är det så, men i andra situationer kommer ni inte att märka någon skillnad mellan protoner och elektroner. Men i det här fallet ska vi förändra vår inre struktur, eftersom det har uppstått ett problem, och genom att ta bort elektroner kommer atomens inre kärna att lugna ner sig betydligt.

– Varför vill ni ha ett lugn? Frågar jag Guds andliga vägledare.

– Vi behöver skapa en fridfull inre miljö innan vi kan tillföra något nytt, i det här fallet väteoxid. Du förstår, ibland är inte elektronerna och protonerna överens när vi tillför nya ämnen. Risken är att de vill stöta bort varandra, bli oeniga och tävla om den plats de befinner sig på. Därför tar vi bort elektroner, dubblar dem så att de kan expandera och bli en starkare granne. Efter det kan vi tillsätta väteoxid. Oxider är alltså viktiga i det här fallet; annars sker ingen förändring.

Så innan vi skapar en ny vätgasbil behöver vi alltså först försäkra oss om att det är rätt gas vi använder och att den är ofarlig. Därför kommer blandningen att vara lite rörig till en början, men ni kommer att förstå vad vi förespråkar när det gäller just gas och bilar. Gas är nämligen drivande om den tillförs på rätt sätt och med rätt ingredienser.

Det kommer alltså att bli en del pussel till en början eftersom väteoxid kanske inte är det lättaste ämnet att framställa en miljöanpassad gas från. Men tro oss, när ni kommer längre fram i tiden kommer ni att förstå vad vi menar. Det kan låta helt tokigt, men för oss är det det mest självklara ämnet att använda i framtiden. Därför behöver vi nya vetenskapsmän och kvinnor som vågar ta sig an denna nya metod med ett nytt gasdrivet medel. En del av dem är redan på plats och driver just nu detta framåt.

Ulrika: Jag kommer nu att skriva ner de ämnen som jag får till mig från änglarna. Inte i dess ordning eller med medföljande formler utan rakt av och utan att jag själv förstår dess innebörd.

Mg - An (eller Ar) - O - svavel (syre) - bubbel

Magnesium används som en antändningsdel. Svavel omvandlas till bubblor. Bubblorna bildar en ny gas som vi sedan kan använda i vår magnetiska gasdrivna bil.

HNO3 - svavel - väteoxider - natriumklorid (jon)

Summering:

Vi tar bort elektroner så att de kan återkomma, men i en ny elektronisk form. Elektroner slits isär genom en teknik från neutronstjärnan eller till och med ett svart hål. Vi tillsätter därför nya elektroner och låter dem bestämma farten. Detta är en så kallad självskapad process där atomen själv inser att ett nytt skydd behöver skapas eftersom den yttre världen utgör ett hot. Dessa nya elektroner snurrar snabbare än de gamla för att skydda innehållet, vilket också ökar energinivån i mitten.

Protoner slår ut neutroner. Protonerna vinner men känner sig hotade, och när de gör det skapas nya elektroner som skydd – bättre och starkare. Tänk på hur Merkurius kan skydda sig mot solens starka strålar genom ett starkt inre och yttre skydd. Det är en omvandling som behövs; annars startar inte denna nya inre process.

Vi behöver även väte eftersom det är den som utgör vår grundgas, den som bilen själv ska skapa. Men för att få till det behöver vi först anamma heliumets kraft, den som fungerar som en stark motståndare. Men motståndaren i det här fallet är en god ledare, den som ska leda gasen rätt.

Vi tillsätter alltså helium för att nå de bubblor som vi pratade om i gasen, genom den syresättning som sker av sin egen natur. Helium ökar, spär ut syrenivån och då ökar också den gas som vi förespråkar. Gas bildas, som i universum, spinner runt, spinner samman, vilket tillför en ökning av dess styrka. Men för att allt detta ska rotera behöver vi nå neutronstjärnans inre koncept – magnetism. En så kallad konstgjord neutronstjärna har nu skapats med magnetiska komponenter i mitten.

I framtiden kommer vi att använda magnesium alltmer även i våra fordon. Och när det gäller våra bubblor kommer en ny teknik att komma fram, den om att sammanfoga.

Ni kanske inte förstår detta fina koncept ännu, men tro oss, det kommer ni att göra när tiden är rätt och när er magnetiska förmåga har gjort detsamma. Den magnetiska förmågan är nämligen lika viktig som den gas vi har då. Så försök att nå denna nya form av gas eftersom den inte är explosiv. Och tillsammans med er magnetiska rörelse kommer vår värld att må mycket bättre.

Så vätgasbilen är ett gott föredöme just nu, men den kommer som sagt inte att vidareutvecklas förrän ni har utvecklat magnetismen.

- Både vätgasbilen och gasbilen kommer att anses som föråldrade i framtiden. De kommer att finnas kvar till viss del, men mer som en gammal era eftersom en del fordon fortfarande behöver gå på gas, exempelvis traktorer eller annat. Men inte vanliga personbilar.

- Vi kommer även att lyfta fram gamla metoder igen, som en del trodde var sagor då. Men det fanns en del vetenskapsmän som visste vad de gjorde redan på den tiden, men som sedan täcktes över av andra. Deras verk kommer att uppmärksammas igen när vi inleder eran med magnetism. Så leta fram dåtidens vetenskapsmän och se hur de arbetade på den tiden.

- Elbilen kommer att upphöra helt, och det finns två anledningar till detta:

1. Moder jord varken kan eller bör agera som energikanal för all framtid. Till slut tömmer ni hennes kraft och då finns det ingen kraft kvar att tillgå. Detta vill vi undvika.

2. Vi kommer inte att ha elektricitet i framtiden, eftersom vi i stället kommer att arbeta med det som universum tillhandahåller oss med. Men med detta sagt behöver vi alltid en *övergång*, som vi kallar det. Det blir nämligen svårt att utvecklas direkt från A till Ö. Så fortsätt att utveckla elbilen (utan el) och vätgasbilen eftersom vi ser att de så småningom kommer att leda till det magnetiska konceptet – levitationsbilen.

- Genom införandet av magnetism, inklusive levitation, kommer vi att få en renare miljö och vår inkomst kommer att räcka till så mycket mer eftersom universums kraft är mycket billigare och enklare. Genom ett magnetiskt rörelsemoment kommer även era motorer att bli tystare.

- Elektriciteten kommer att stoppas av miljöaktivister.

> Speciellt när det uppdagas att deras elektricitet och inköp inte är helt rena. Deras egna källor kommer då att tröttna på tystlåtenhet och börja berätta.

Dagens elektricitet utgör dessutom ett hinder för er framtida levitation.

KEFTU FÖRKLARAR

För att få en bil att sväva är det viktigt att ni skapar en helt ny ström, i stället för den elektricitet ni har idag. Det har nämligen kommit till vår kännedom att er gamla elektricitet inte är korrekt installerat, eftersom de använder en metod som gör att de när som helst kan gå in och bryta en krets, en strömförsörjning. Detta beteende är inte förenligt med universums lagar, att andra ska ha makt och kunna stänga av en strömförsörjning som alla medborgare behöver. Men oroa er inte, allt kommer så småningom att ställas till rätta igen. Därav kommer de inte längre ha makten att styra.

Det är bland annat detta som vi Kathremer har arbetat med under många år (på jorden) för att hjälpa er när ni nu ska ställa om till ett mer renare energisystem. Det blir då ett nytt skifte där elektricitet inte längre är den dominerande och drivande kraften. Det kommer nämligen, och som vi tidigare nämnde, ganska snart att dyka upp fler ämnen, inklusive neutriner, som helt och hållet kommer att ta över den rollen. Så allt kommer att förändras både inom och utom er.

Den elektricitet som de har använt under många år har inte heller producerats ur ett rent perspektiv, inte som det står skrivet att det gör. Det finns mycket mer smuts i er elektricitet än vad de säger att det finns, vilket inte har kommit fram än. Det är en digitalisering som de använder när de förändrar och styr den processen, och där de släpper ut partiklar som inte är bra. Även detta kommer att upptäckas, men inte förrän ni har börjat ta ner era elledningar – eller ska vi säga hela ert elsystem. Då kommer ni att se hur smutsig och farlig er elektricitet verkligen är.

Det har även kommit till vår kännedom att elektriciteten i era elbilar inte är ”riktad” som den borde vara. Med detta menar vi att den inte släpper ut som den ska, vilket även detta är något som de medvetet har applicerat i era elbilar, vilket har skett för att du ska behöva ladda oftare. Därför har de byggt in ett stopp i bilen som inte syns på displayen. Men framtidens forskare kommer genom ett felsökningsprogram att hitta detta stopp och då kommer ni att förstå vad vi menar – hur detta har matats in. De kommer då att ändra konceptet till ett mer korrekt körkoncept.

Så ni tror att er elförsörjning är bra, men den har bara fört med sig mycket mer smuts och förstörelse än ni förstår idag. Även detta kommer ni att upptäcka, speciellt när ni börjar lyfta era bilar. De har nämligen även blockerat den strömförsörjning som ni behöver för att kunna lyfta framtidens bilar, vilket ni inte riktigt har förstått än. För även här har de använt elektricitet som en bromskloss.

Vad vi menar är att för att du ska kunna sväva under en lång sträcka, och att bilen inte bara går rakt upp utan att du även ska kunna köra bilen som du gör på marken, behöver du något som vi kallar för *fritt utrymme*, där det inte finns något som *stör* frekvensen. Ni kommer nämligen att starta en helt ny energiförsörjning, en ny energifrekvens, som ni tidigare aldrig har använt, och det är den som kommer att hjälpa dig att navigera. För det som händer när de lägger ut sina elnät är att de blockerar universums egen strömförsörjning – eller ska vi säga universums *fria* strömförsörjning – och det är den du behöver när du ska börja sväva. Det är den som ser till att allt flyter på.

Det är alltså elektriciteten som blockerar denna frekvens, vilket är precis vad de vill, eftersom de inte vill att ni utvecklar detta svävande koncept.

Däremot har ni utvecklat en del tåg, men har ni någonsin funderat över varför de fortfarande är på marknivå? För utvecklingen finns där, ändå utvecklas ni inte. De vet att ni aldrig kan få en bil att sväva så länge elen blockerar era utgångar eftersom det är dem som ger ström till bilen. Med ”utgångar” menar vi olika stationer som ni behöver förankra i luften eftersom det är de som gör att bilen svävar en längre sträcka.

Se det som olika tunnlar där du för varje tunnel som du passerar får mer fart, vilket till viss del redan finns på jorden idag. Men här menar vi när den typ av aktivitet även ligger i luften. För om ni inte har detta tunnelsystem kommer bilen att stå helt stilla, även i luften. Så varje gång du passerar dina utgångar, passerar du en ny tidsfrekvens. Det är det det handlar om när du ska börja sväva – olika tidscykler, olika tidsfrekvenser som tar dig framåt och så vidare.

Det är detta de vill förhindra, vilket också är en av många anledningar till att de ständigt vill bygga ut sitt elnät. Därför har elektriciteten haft till syfte att fungera som en bromskloss. Inte för att försörja er så att ni kan leva ett gott liv som många tror.

Enligt vår mening är elektricitet också en mycket ålderdomlig teknik. Den är dessutom mycket farligare än vad många förstår idag, särskilt om den används på fel sätt. Och ju fler människor som vaknar upp nu och hittar sin livsuppgift, desto fler människor kommer att nå denna del av sin utveckling.

Därför är det så viktigt att ni avinstallerar ALLT som rör elektricitet innan ni börjar utveckla ett mer drivande koncept, inom rörelseförmågan för levitation.

Tack för mig, er kära vän Keftu

Kazandra berättar:

Nu, mina älskade vänner, kommer vi inte längre för denna gång. Vi Kathremer tackar för oss, och som sagt vi återkommer när tiden är rätt och all kontakt kommer då att ske via Ulrika. Tack även till dig, Ulrika, för den härliga tid som vi haft och fortfarande har med dig.

Vi Kathremer: Alfredo, Kazandra, Bermuda, Afrodit, Fredzo, Freptzo, Captru och Keftu. Vi älskar alla att vara här och vi lär oss så mycket från er och vi längtar efter tiden när vi äntligen kan förena oss med er.

Ärkeängel Mikael avslutar:

Det är alltså levitation som blir framtidens koncept, och att den ännu inte har fått fäste beror på de som har satt ett stopp för det. Därför kommer vi ärkeänglar att lösa upp deras negativa verksamhet innan året slår över till tre. Många av deltagarna kommer då att uppdagas och lyftas fram som framtidsbarriärer.

Det framgår även att det finns de som inte riktigt tror på att vi kan införa levitation. Men detta utgör endast ett hinder för dig själv och din utveckling, eftersom vi behöver tro på en bättre framtid. Och som sagt levitation finns redan, men innan den släpps helt fri behöver vi först tillföra oss en del möten och det är där vi kommer att skilja agnarna från betet. Så det kommer.

Därför vill vi att ni granskar era forskningsstationer, eftersom era lagkamrater behöver stöd i det arbete som pågår nu. Och får ni inte det stöd ni behöver, be oss ärkeänglar om hjälp. Vi kommer då att lösa upp era stationer och granska era ledare, särskilt om de inte tillhandahåller er med den hjälp och utrustning ni behöver för att kunna fortsätta ert arbete. Så ni kommer att få hjälp och stöd i detta viktiga arbete vi har framför oss nu.

Tack för oss, era änglar och himlen så kär, och Ulrika, vår penn-skrivande själ.

BILAGA

VILKA ÄR VI?

Ulrika inleder:

Det är en vår-sommardag år 2020, och jag sitter och njuter i min trädgård när jag plötsligt får in nya signaler i mitt inre. Först tänkte jag att det var min tinnitus, så jag lutade huvudet mot stolsryggen och fortsatte min vila. Men de gav inte med sig och de blev allt fler, och eftersom jag inte hade hört dem tidigare blev jag ändå orolig att det var min tinnitus som hade förvärrats. Så jag tar kontakt med min skyddsängel, Nikodemus, och vi börjar skriva tillsammans, och han berättar för mig varifrån signalerna kommer.

– Det är signaler från andra själar som kallar sig för Kathremer. Det står skrivet i vårt själsliga kontrakt att vi vid denna tidpunkt ska samarbeta med Kathremerna och hjälpa dem att förmedla ner information som de är här för att dela med sig av. Det är vänner som vi kommer att arbeta med i framtiden, så ta in dem i ditt kontaktnät, säger min far.

– Det ska jag göra, far. Men vem är de?

– Vi låter dem själva få presentera sig. De tar kontakt med dig när du mediterar.

Och så blev det. Jag började skriva med en Kathrem som heter Bermuda. Det var också hon som berättade att jag har levt med dem i ett av mina tidigare liv, vilket vi kommer till längre fram. Allteftersom tiden gick kom det fram fler Kathremer. Därför vill vi nu dela med oss av samtalet när Kathremerna presenterade sig för mig.

Jag sitter vid mitt köksbord, och Kazandra kommer in:

Hej Ulrika

Vi är Kathremer och vi är alla så glada att vi får vara här och bistå er i det arbete och de förändringar som behöver ske nu, innan ni helt kan träda in i den nya jorden. Det blir en plats där vi äntligen kan leva tillsammans som vänner, vilket vi alla har längtat efter så.

Vem är då vi? Vi är som sagt Kathremer, och vi som kommer att träda fram i detta är: Alfredo (kapten), Kazandra (jag), Bermuda, Afrodit, Fredzo, Freptzo, Captru och Keftu.

Alfredo

Alfredo är vår kapten. Det är också han som har varit med oss under många år. Det är ett åtagande han har tagit på sig för att kämpa för fred så att alla kan uppnå sin fulla potential. Därför reser han mycket i sitt arbete, vilket ibland gör det svårt för honom när han måste lämna sin fru och sina två barn.

Han kan verka lite stel ibland och hård i sina tyglar, men det är bara för att han vill alla väl och att ingen ska utnyttja oss. Så om du sätter dig emot kan du få spegla dig själv i ett ganska stramt ansikte. Men han vägleder med disciplin. Han vägleder i det han vet fungerar och tar aldrig några risker för att upptäcka nytt. Därför genomför vi alltid många tester innan vi delar med oss av en ny upptäckt.

Hans målsättning är alltid gemenskap – att alla ska få ta del av och arbeta mot ett och samma mål. Därför har vi nu återupplivat vår kontakt med Ulrika, vår själsfrände, eftersom det är en gammal kontakt som vi har haft sedan tidigare, där hon fick leva tillsammans med oss som elev för att lära sig från de grundkunskaper vi hade på den tiden.

Vi vet också att Alfredo redan har tagit in Ulrika som en ny, trogen familjemedlem. Han säger att hon arbetar bra. Hon vill utvecklas och lära sig, även om hennes kropp ibland säger ifrån. Men så länge önskan och viljan finns där att arbeta för fred och kärlek, kommer du alltid att ha vår kapten vid din sida som en trogen följeslagare.

Vi är alla så stolta att vi får ha honom som vår kapten.

Kazandra

När det gäller mig själv lever jag fortfarande kvar i min lära, trots att jag redan har lärt mig under många år. Men om du vill utvecklas och bli fullfjädrad får din lära aldrig gå i lås. För vi tar hela tiden in nya upptäckter och lär oss alltid utifrån det gamla – att göra om och lära nytt, vilket vi vill att även ni människor gör nu. För ni har blivit låsta i era läror, vilket ni snart kommer att upptäcka.

Jag är en rättfärdig kvinna som har levt i många år. Jag är snart vad ni skulle kalla för pensionär. Men jag är ändå med på skeppet för att bidra med den kunskap jag har fått genom åren. Eftersom jag snart ska sluta mitt arbete, tog jag mig an detta uppdrag som en fin möjlighet att få göra en sista resa tillsammans med de mina, och få möta, Ulrika, vår nytillkomna vän.

Tack, Ulrika, för allt du gör. Vi är alla redan så fästa vid dig. Din själ lyser i guldens färg när vi skriver tillsammans, vilket för oss visar på hög lojalitet. Tack, min fina vän.

Bermuda

Bermuda är den som ni skulle kalla en sköterska, men i vårt land tar vi alltid hand om den psykiska delen först innan vi lär vidare om den fysiska. Detta eftersom vi kan undvika många fysiska skador om vi först lär oss att förvalta det inre på rätt sätt. Därför har även ni en del nytt att lära er här. Att se över den psykiska delen först, mer än ni redan gör, ni som arbetar inom sjukvårdens alla distrikt. Det är detta Bermuda kommer att hjälpa er med under den resa vi kommer att göra tillsammans i framtiden.

Bermuda kan även dela ut recept på hälsosamma drycker, vilket bland annat är hennes specialitet på moderskeppet. Det är drycker som ger dig kraft och läker din kropp utan att tillföra den konstgjorda preparat. Detta delar vi gärna med oss av, om ni vill. För vi kommer att stanna här ett tag och hjälpa er i det vi kan. Men när tiden är rätt kommer en del av oss, bland annat jag, Kazandra, att åka hem igen, medan andra stannar kvar. Vi lämnar er aldrig!

Afrodit

Jag heter Afrodit och jag är ledsagare på moderskeppet. Det är jag som ser till att alla följer den plan som vi har satt upp inför den här resan.

Det har kommit till vår kännedom att många människor inte lyssnar inåt, och det är detta jag är här för att hjälpa er med – så att ni kan känna inåt igen och stå starka i er kraft och sluta lyssna på tomma ord från era ledare. Därför har jag nu tagit på mig detta gedigna arbete, att försöka nå ut till er och se vad det är ni behöver göra så att ni kan börja samverka som ett enat folk, i stället för att bråka och gå emot varandra.

Det kommer även att ske frigörelse från de som länge har hållit er fångna, och det är även här mitt arbete kommer in. Jag har nämligen även en militärisk bakgrund, men inte som hos er. Hos oss, som det är nu, leder vi människor in i det som är ditt liv. Därför har vi inte längre några krigsberedskaper kvar, endast några föråldrade sådana. Men som finns kvar som en påminnelse om den tid vi inte ska gå tillbaka till. Därför arbetar vi alltid utifrån varje individs behov så att du kan utvecklas inom din disciplin.

Det ligger alltså på min lott nu att leda er fram till ett gemensamt samhälle där ni arbetar tillsammans. Därför börjar vi vårt arbete med de som sätter sig emot, innan vi kan gå in och förändra. Det är också detta vi redan har börjat med.

Jag lämnar nu över ordet till vår mekaniska verkstad. Tack för mig, Afrodit.

Fredzo

Mitt namn är Fredzo och det är jag som är ansvarig mekaniker på moderskeppet. Jag vill dela med mig av de hinder som ni kommer att få möta innan året slår över till 25. För om du inte har vaknat när den stora förändringen sker kommer du att bli förvirrad, vilket är vanligt, så oroa dig inte. Det inträffar oftast när vi tömmer ut det som tidigare har varit fullt – något du har trott på under lång tid som sedan visar sig vara falskt. Därför kommer en del att känna sig lurade. De kommer då fortsätta att försöka vilseleda er. Lyssna då inte på det! Gå emot, vad de än säger! Lyssna inte på deras ord; är vårt råd i denna fråga.

Vi finns här för att hjälpa er i detta, och vi kommer att stiga ner och stå vid er sida, men inte förrän tiden är rätt. Därför är det av stor vikt att ni håller er lugna. För om detta ska ske behöver vi stöttning, inte kaos. Ni kommer då få se hur det verkligen har varit hos er. Därav kommer en del att agera ut sin förtvivlan, att de verkligen finns och vad de har gjort. När detta sker är det viktigt att ni inte bryter ut i storm utan att ni stöttar varandra. För det är det som gör er starka.

Det är alltså mycket som behöver ske, även inom er, innan vi kan landa hos er. Bland annat behöver ni skifta färg, som vi brukar säga för att ha lite roligt. Vad vi menar är en högre frekvens så att ni bättre förstår den resa vi kommer att göra tillsammans i framtiden.

Så var beredd för vi kommer successivt att träda fram i större skala, och vi är nu många som står enade vid er sida. Fler skepp har anlänt de senaste dagarna (detta var år 2020). Därför kan vår enorma styrka skrämma en del, men endast till en början. När detta uppdagas kommer en del att försöka ifrågasätta vår trovärdighet och de läror som vi är här för att förmedla ut, men endast för en kort tid. Så om ni ser ett blinkande sken på himlen är det vi som sänder en hälsning, så att ni vet att vi finns här och stöttar er i allt ni gör. Så bli inte rädda. Vi har kommit i fred.

Freptzo

Jag heter Freptzo och jag arbetar på ett av våra närliggande fartyg, inte långt från moderskeppet. Jag är vad ni skulle kalla en sergeant i andra klass. Alfredo, som är kapten på vårt moderskepp, har nu gett oss tillåtelse att dela med oss av var vi befinner oss.

Mina vänner och jag, vi som befinner oss på våra mindre skepp, är 600 miles från jorden. Så ni ser, det är inte så långt som ni tror.

Vi har också varit här i många år för att observera och lära oss så mycket vi kan, så att vi kan hjälpa er på bästa möjliga sätt. Och som Fredzo nämnde kommer vi snart att komma in i er värld, men vi kan inte berätta hur detta kommer att ske. Men inom några år kommer fler människor att ha träffat oss även i våra fysiska kroppar.

Så bli inte orolig om någon av våra vänner försöker kontakta dig. Fråga Ulrika, på vår gemensamma kanal ”The Kathremes”, om du känner dig osäker. Hon hjälper och vägleder dig. Många kommer också att känna att vi inte är så främmande som en del tror, eftersom ni, precis som Ulrika, också har varit i kontakt med oss i ett annat liv. Kanske känner du även igen våra energier.

Ni får gärna kalla på oss via våra namn, om det är av betydelse för er. Annars går det lika bra med Kathremer, och den som har hand om ditt ärende kommer då att träda fram.

Captro

Captro är en mycket ståtlig man. Det är han som tillsammans med Keftu kommer att leda oss ner till jorden. Det blir nämligen hans roll att förena oss med er och se till att allt går rätt till. Det var också han som först var i kontakt med Ulrika i ett mer fysiskt läge, bland annat när vi för cirka 1 år sedan började sända ett fåtal meddelanden på vår Youtube-kanal. Men där vi sedan tog en lång paus eftersom tiden inte var rätt just då. Det blir även han som kommer att leda oss in i en ny tid.

Keftu

Keftu är son av Bermuda, och han är en stolt son. Han är, trots sin unga ålder, redan en fullfjädrad ledare, och även han har varit i kontakt med Ulrika via sin telepati. Det var han som stod vid hennes sida och försökte lära henne om vårt sätt att transportera information. Även om det då inte gick hela vägen fram så vet vi att hon kommer att bemästra denna typ av kommunikation på ett alldeles utmärkt sätt i framtiden. Så det kommer.

Kazandra fortsätter:

Som ni kanske förstår nu har vi alla olika egenskaper, men vi är också alla väldigt lika, oavsett kön, så förväxla inte våra namn med något annat. Det är den delen vi kommer att prata om senare, att vi är ett enat folk, att alla är lika viktiga. Det är människan på jorden som försvagar människan. För ni kommer alla från samma del, men sedan gör ni skillnad på er. Detta behöver ni förstärka och börja se alla individer som likvärdiga – kvinnor som män.

– Var kommer ni ifrån? Frågar jag Kazandra.

– Vi kommer från en plats inte långt belägen från Orion där stjärnan Sirius lyser så klart. Det är också där vi lär oss och utvecklar magnetism. Vår planet heter Thrinica 2. Vi har 2 planeter: Thrinica 1 och Thrinica 2.

– Hur kommer det sig att ni har två planeter?

– Thrinica 1 är en basplanet för våra maskiner. Det är en bas där vi driver våra maskiner. Men så har det inte alltid varit. Vi hittade nämligen Thrinica 2 när vi började flyga. Det var en större planet, och eftersom vår befolkning ökade behövde vi en ny plats att förankra oss på. Därför började vi en ny resa på Thrinica 2.

Det var alltså där våra förfäder började sin resa och byggde den värld som vi har idag.

Sedan vår värld utvecklades har även vår teknik utvecklats, och det var då vi utvecklade det magnetiska konceptet. Därför har vi nu kunskap som bara ett fåtal galaxer har idag. Det är även viktigt att vi delar med oss av våra kunskaper så att vi äntligen kan börja leva och växa tillsammans, så att ni också kan bli en del av magnetismens värld. Ni kommer nämligen inte längre att använda elektricitet i framtiden.

Tekniken som vi använder på vår planet kallas *Den magnetiska sfären*. Det är en grundläggande teknik som även ni kommer att använda i framtiden. Vi har förklarat detta i vår bok. Men den teknik som vi använder fungerar för oss eftersom både vår atmosfär och dess tillhörande magnetfält är lite annorlunda än det är hos er. Vår planet har nämligen två magnetfält. Vår planets inre kärna är så stark att den kan ha det.

Vi har ett stort magnetfält som omger hela vår planet och är i direkt kontakt med oss. Det är det vi använder för att kunna interagera med varandra. Vi har även ett externt överlagrat magnetfält, och det är det som fungerar som en sköld mot de starka gravitationsfält som ibland påverkar vår värld.

Därför arbetar vi där ni är, inte där vi är, så att ni kan agera utifrån den kraft som ni har på er planet. Så står det skrivet i vårt själsliga kontrakt, det vi har tillsammans med er Gud. Därför får vi inte gå över er, utan all utveckling får ta sin tid. Men en del nyheter får vi förmedla, men endast i en liten mängd och endast om er Gud har gett sin tillåtelse för det. Det är läror som vi en gång i tiden fick lära oss när vårt eget näste nästan ebbade ut. Det var en tid då vårt eget herresäte stod inför en mycket svår uppgift, precis som ni gör nu. Därför kommer vi nu att stanna hos er ett tag för att hjälpa er i den process som behöver ske.

– Vad använder ni för språk?

– Vi använder ”Det kathremska språket”. Det är ett allierat språk som många redan använder i universum.

– Var kommer det ifrån?

– Det kommer från Kathedranien, det är den plats vi verkar. Vi kallar oss för ”Jordbundna Kathremer”. Vi brukar säga: ”Jag är en Kathrem”.

– Finns det icke jordbundna Kathremer?

– Det finns det, men inte som det låter. Det är ett annat folkslag som inte befinner sig där vi är. Men för att särskilja oss åt kallar vi oss för ”Det jordbundna folket av Kathedranien”.

– Det har kommit till min kännedom att jag har levt med er i ett tidigare liv. Var levde vi då?

– Då levde vi på en plats som kallas Dionsys, som betyder förbindelse. Det var en plats där andra kunde mellanlanda. Det var också där vi tillverkade och lagade olika dåtida maskiner, inklusive magnetism.

– Hur kan vi kommunicera med varandra när ni är där och jag är här?

– Det sker genom telepati. Men det sker även via andevärlden. Det blir som ett stopp halvvägs, där era änglar tar över och översätter våra ord. Och eftersom din telepatiska förmåga är så högt utvecklad nu är det den som gör att vi kan kommunicera med varandra. Bermuda berättar gärna hur du fick lära dig telepati hos oss.

– Åh, tack, det vill jag gärna höra.

Bermuda berättar:

För att vi skulle kunna nå varandra i det här livet var det viktigt att vi hade ett sätt att kommunicera på, i det här fallet telepati. Detta fick Ulrika också vetskap om tidigt i sin karriär och är alltså det vi har vidareutvecklat nu.

– Hur gick det till när jag utvecklade min telepatiska förmåga hos er? Frågar jag Bermuda.

– Innan du kom till oss hade du redan tillfört dig en inre lära genom tidigare liv och de erfarenheter du tog med dig därifrån. Bland annat när du levde som en stark schamankvinna som inte alls var rädd för att ta för sig och använda sin inre kraft. Det är också detta vi behöver återuppväcka i det här livet, både de läror du lärde dig då och den inre kraft som vi vet att du har.

Efter det gjorde du fler personliga resor där du levde en del sorgsna liv. Precis som i detta, där du än en gång fick möta ditt eget inre och lära dig att hantera allt som sker på utsidan. Men vi ska inte fördjupa oss i detta nu; det har varit en lång resa för att komma hit där vi är idag.

Till slut landade du alltså hos oss. Där fick du inte enbart arbeta med den magnetism som vi hade på den tiden, du fick även komplettera dina läror när det gäller ditt andliga koncept och det är här telepatin kommer in. Din telepati kunde alltså inte utvecklas förrän du hade genomfört din inre resa. Därför är det så viktigt att alla förstår att vi inte kan utvecklas enbart genom verktyg, eftersom den andliga utvecklingen alltid sker genom det du gör på insidan.

– Hur kom jag i kontakt med telepati?

– Vi satte dig i en skola där du fick lära dig en del heliga skrifter. Det är också dem vi kommer att väcka till liv längre fram, kanske i nästa bok. Men allt började med att vi byggde upp din lyhördhet. Hur du redan i barndomen fick träna på att vara lyhörd för din omgivning. Du hade nämligen redan då utvecklat ett vaket öga. Det var detta som tidigt väcktes upp inom dig i detta liv, så att det kunde utvecklas vid den här tiden. Det var därför som du redan 2016, när du började skriva med din far, kunde skriva och skriva utan vetskap om att det faktiskt var automatskrift som skedde då.

Allteftersom din lyhördhet ökade, satte vi dig på att skriva tidigare än andra. Du fick själv känna in vad det var du ville skriva om och försöka följa den tråden. Det var så du fick lära dig att bejaka ditt högre jag.

När du sedan bemästrade konsten att både lyssna inåt och nå ditt högre jag, fick du undersöka andra texter. Det var texter som du fick tillgång till tidigt och som finns på vår planet. Det var texter där vi skrev om just den magnetiska förmågan, och du fick själv lära dig att binda samman vad som var vad. Det vill säga att använda din lyhördhet och lära dig vad som kom från vad. Kom texten från ditt högre jag, från en annan högt medialt utvecklad själ eller från en annan dimension?

Du satt ofta uppe på nätterna för att bejaka dina läror eftersom det var då, som du själv sa, det var tyst, så att du kunde känna och höra din och andras lyhördhet. Det är även anledningen till att du även tar in andras lyhördhet, deras känslor, vilket då stör din inre kanal. Detta kommer vi att hjälpa dig med, så att du kan stanna kvar och bejaka den tysthet som du behöver för att kunna arbeta och må bra.

Det var så allt började, och innan du fyllde 30 år hade du utvecklats till en fullfjädrad Telepatist, som vi kallar det. Därför är vi nu här för att återkalla den vänskap som vårt folk hade med dig på den tiden. Och att vi kan kommunicera med varandra idag sker alltså genom den teknik som du fick lära dig hos oss.

Men rent fysiskt, för att vår kontakt skulle beseglas, behövde vi först skapa en inre kärlek, ett inre band. Detta för att vi alltid först förenas i våra hjärtan innan vi kan göra det i våra tankar. Och vi vet att du redan från början kände vår äkthet och litade på att vi är de vi är, vilket är helt fantastiskt. Så tack för ditt förtroende. För vi vet att det kan vara svårt för er att ta in rätt information från oss galaktiker och lita på att den är sann. Men du kände alltså rätt tidigt att det var så, därför tvekar du heller aldrig.

Vårt samtal bygger alltså på telepati, som är en hög energifrekvens av tankeverksamhet, och som alltid börjar inifrån, aldrig utifrån. För det är som sagt där i ditt hjärta som känslan för orden finns, de du hör. Så ibland har vi en direkt kontakt med Ulrika. Hon snappar då upp känslan i hjärtat och känner att något är på gång. Därefter kommer orden.

Men ibland behöver vi även lagra information, som hon sedan hämtar ner när hon kan. För det är inte alltid möjligt för oss att skriva när vi möter varandra. Då kan vi i stället lägga in vårt ärende i en slags behållare vid just den energifrekvensen, som hon sedan genom sin tillåtelse öppnar upp och ut kommer den text vi har lagt dit. Se det som en slags inspelning. Du spelar in en film, du lagrar den i din TV för att titta på den nästa dag.

Detta är en högt utvecklad teknik som vi lärde Ulrika, eftersom det är viktigt att vi kan göra det när vi tillför henne text som hon inte kan ta emot just då. När hon sedan har öppnat inspelningen får vi ett meddelande om att lagret har tömts. Vi kan då lägga till ny text som hon öppnar och skriver ner. Så fortsätter det. Ibland är vi i nuet, men ibland befinner vi oss alltså i en energifrekvens där vi lagrar information.

– Hur kan vi öppna upp en text som är lagrad?

– För att öppna brevet som vi har lagt dit behöver du nå samma frekvens. Det är därför vi ibland behöver höja din energifrekvens, och det är detta din inre resa har skapat. Den resa du gjorde innan vår första kontakt skapades. När du sedan når den, hämtar du den i ett privat utrymme. Det är ett utrymme som endast är avsett för oss.

– Var ligger utrymmet?

– Det ligger i kontakt med den energinivå som din själ befinner sig på. Så ni ser, ju mer ni utvecklas, desto mer och högre kommer ni i kontakt med.

– Så vi kan hämta information som från ett eget privat kassavalv?

– Ja, precis, och där ligger det i den nivå som du befinner dig på.

– Måste ni sänka er nivå, då?

– Ja, men ändå inte, för vi pratar inte om olika dimensioner. Vi menar den energifrekvens som vi förmedlar oss genom och den länk vi använder. Vi kan alltså spara information i den länken och samla allt som i ett kassavalv. Så ja, vi kan sänka oss men vi behöver inte alltid.

Det är lite så det fungerar även för er när information lagras i ert högre jag. Ni kan då hämta hem den information som har lagrats där när ni är redo att ta emot den. Men här sker det under samma frekvens, inte i ett högre närminne. För vi förmedlar oss alltid via energifrekvenser när vi använder en hög telepatisk förmåga.

– Tack, min fina vän, då vet jag.

– Varsågod, älskade vän. Vi kommer att vidareutveckla vår telepati och det liv du levde då i våra framtida böcker. Vi har nämligen även en Kashan med oss och det är han som kommer att hjälpa dig framtiden, Ulrika. En kashan är en lärare i det kathremska språket. Han är en mycket god vän till oss, vi som träder fram i detta. Och han har gott om tålamod, säger han, så oroa dig inte (ler och blinkar). (Jag skratta hjärtligt och högt för Kathremerna vet vid det här laget att jag har väldigt dåligt tålamod. Vill helst att allt ska ske igår.)

– Tack, då förstår jag. Så spännande! Det ser jag fram emot.

– Tack, det gör vi också.

Vi har även gott om schamaner på vår planet. Det är schamaner som lär ut om universums alla konster och regler, vilket även ni kommer att göra i framtiden. De kommer då att frambringa nya kunskaper och det är detta ni behöver lära er när schamanens år kommer till er. De kommer då att få en hög status på er planet, men inte för att se sig som förmer utan för att bistå er i den process som kommer att ske då.

De blir som läkare när de hjälper en människa i nöd, men i det här fallet hjälper de er planet genom den kraft som universum tillhandahåller oss. Därför finns det många schamaner på jorden idag som redan talar om detta och har redan etablerat en god kontakt både med andevärlden och andra varelser som finns att beskåda i hela universum.

Även Ulrika har, som vi tidigare nämnde, gått i en schamans lära, tiden då hon levde och verkade som en schamankvinna i USA i ett av hennes tidigare liv. Därför har hon nu upphöjts till universums källa för att förklara och hjälpa er med det ni behöver hjälp med.

Därför var det betydelsefullt att vi fick tillåtelse av er Gud att använda några av era vackra jordänglar, ljusarbetare, som är här för att arbeta för det goda ljuset. Ulrika är en jordängel som har hjälpt oss tidigare, så vi välkomnar henne åter in i vår värld. Därför har vår kontakt varit så lätt. Och de liv vi levde tillsammans då kommer vi, som sagt, att vidareutveckla i våra framtida böcker.

Vi Kathremer är ett stolt folkslag och vi ser er redan som en del av oss.

Vi älskar att segla i motvind och vi arbetar
alltid för att skapa en god balans i universum.
Vi är universum. Så är även ni.
Vi är alla ett!